人気の講義 改訂新版

鈴木誠治の物理が初歩からしっかり身につく

力学・熱力学編

河合塾講師 鈴木誠治

技術評論社

授業のはじめに

物理を学んで役に立つのか？
って問われたら、そもそも現在社会は物理抜きで語ることができないだろう。

ビルや橋などの建築物、車のエンジン、携帯やスマホを動かす半導体、それらから発せられる電磁波……。

僕を含めた大多数は、英知から搾り出されたおいしい部分や便利さだけを享受するだけで、物理を意識することはない。

「足で地面を斜め後方に押す力の反作用が人間にはたらき、この反作用の水平成分である摩擦力が自分の推進力となるんだな」って物理法則を意識しながら歩く人がいたら、ちょっと怖い。

だけど、思いがけないところで物理が使われている場合があるのに、ときどき驚く。

以前、投資の分野で株のオプションの売買というのをやったことがあるのだが、オプションの価格がどのように決まるかの理論的な背景を読み解くと、物理学の気体分子の運動論と同じような確率論が使われていた。

投資の世界にも物理が使われていたとは！　だからね……、

社会の仕組みを理解したいなら、論理的な思考力を身につけたいなら、さらにさらに、カネを儲けようと思ったら、物理を学ぶ必要があるんだ!!

前フリが長くてごめんなさい。きっかけは何でも良いので、物理をゼロから学んでもらいたくて、この本ができたんだ。

現在高校で使用されている教科書は、フルカラーで実験が随所に盛り込まれ、「物理を通じて自然科学を学ぼう！」といったカンジで編集されている。

ところが、予備校という教育の現場で生徒に教科書の感想を尋ねると、次のような答えが返ってくる。

「公式が多すぎで、ちっとも理解できない」
「教科書を読んでも試験で全然点数が取れない」
そこで本書は、物理の教科書を読まなくても公式と法則の成り立ちを理解し、問題を解ける力を身につけるように編集されている。
まず、今までの参考書に見られるような教科書を読んでいることを前提として突如、公式が登場する手法は一切排除した。
学校でまったく物理を学んでいなくても理解できるように、公式や法則にいたるプロセスを詳しく解説した。
物理の法則や公式を覚えるのではなく、自分で導き出せるようにしてもらいたい。
公式の説明の後には、基本演習、演習問題がある。まず、解答を見ずに自分で手を動かして問題に取り組もう。
問題が解けなくてもがっかりする必要はないんだ。解答を読んで、法則や公式をどのように利用して問題に取り組むかを学んでもらいたい。
「継続は力なり」って言葉があるけれど、あれは本当だよ。毎日少しずつでも本書を、読むことが大切だと思う。
最後に本書を書くにあたり、いつも的確なアドバイスをくださった技術評論社の浦野翔哉さん、僕の書いた原稿を2色刷りの校正紙に立ち上げてくれた職人さん、イラストレータのサワダサワコさん、印刷所の皆さん、取次店の皆さん、書店の販売員の皆さん…この本に関わった全ての方に心から御礼申し上げます。

2023年10月吉日

目　次

※単元にある記号は次のように対応しています。
基…物理基礎
物…物理（物理基礎の発展問題を含みます。）

第1部

運動と力

1章 位置、速度、加速度

1-1 位置、速度、加速度（運動を表す物理量）

次の図のように「クマ君」が直線上を移動中だよ。

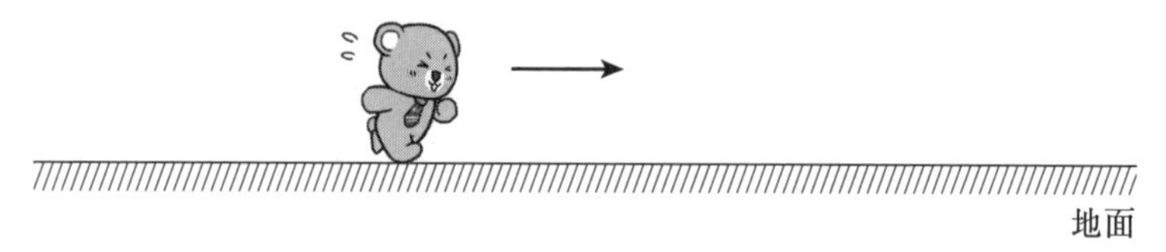

「クマ君の**運動状態**を表してください！」って問われたら、どう答える??

物理では、物体の運動状態を①**位置**、②**速度**、③**加速度**の3つの物理量で表す必要があるんだ。

■①位置（ある時刻の場所）

まず、直線に沿ってx軸を与えよう。クマ君のスタートの位置を原点（$x=0$）とし、スタートの瞬間にストップウォッチを押そう！

ストップウォッチを押したスタートの時刻が、$t=0$sだよ！

時刻はt〔s〕で表すよ！　時間を表すtimeの頭文字だ。

時刻t〔s〕におけるクマ君の**位置は、*x*座標で表す**ことができるよね。

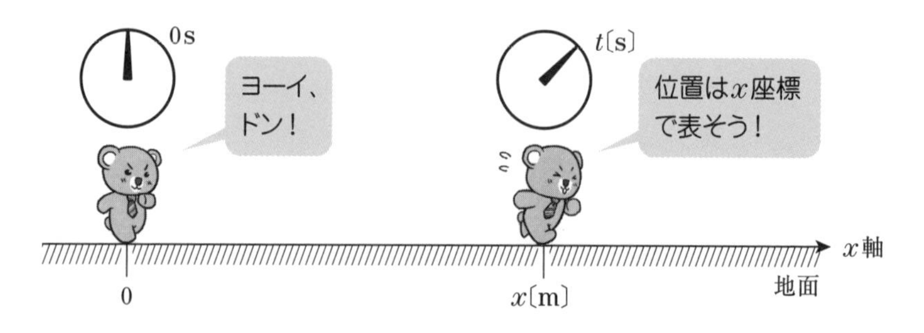

■②速度

速度とは、**1s当たりの移動距離**だよ。では、クマ君の時刻t〔s〕における**瞬間の速度**：vは、いくらかな？

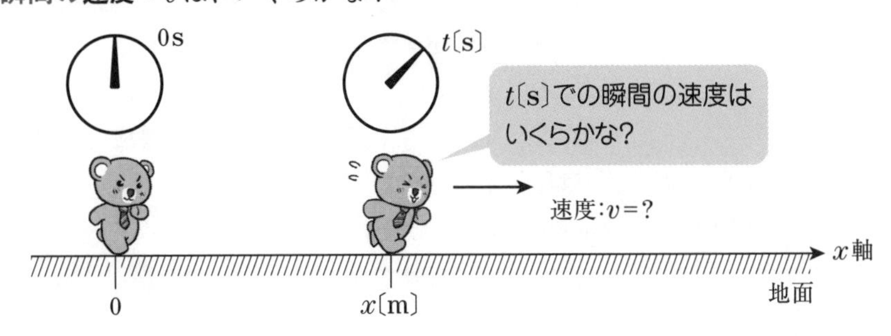

POINT

速度はvで表すよ！　速度を表すvelocityの頭文字だ。速度って言うと、speedって単語がひらめきそうだけど、speedは「**速さ**」を表す。

速度は、**方向を含めた物理量**であるのに対し、速さは、**大きさのみの物理量**だよ。次の図のように、同じ速さ3m/sでも、方向が右か左かは、速度の符号で区別するんだ。

速度は1s当たりの移動距離だから、移動距離を時間で割ればいいよな……。

$v=\dfrac{x(距離)}{t(時間)}$で良いんじゃね??

$v=\dfrac{x(距離)}{t(時間)}$は、時刻t〔s〕での瞬間の速度を表してるかな??

例えば、$x=100$m、$t=10$sの場合を考える。100m走を10sちょうどで走った場合のゴールでの速度は、次の計算で大丈夫??

$v=\dfrac{100\,\mathrm{m}}{10\,\mathrm{s}}=10\,\mathrm{m/s}$……これってゴールでの瞬間の速度って言えないよねぇ。だって、スタートからゴールまで、速度はどんどん変化するでしょ。

そこで次の図のように、時刻t〔s〕から**ちょっとの時間**：Δt〔s〕経過する間に、クマ君がちょっとの距離：Δx〔m〕移動したとする。

POINT

Δって記号は「デルタ」って読み、**変化**または**増加**を表す記号だよ。Δxは位置xの増分だから移動距離を表し、Δtは時間の増分だから経過時間を表すことになるんだね。

速度：$v=\dfrac{\Delta x\,〔\mathrm{m}〕(移動距離)}{\Delta t\,〔\mathrm{s}〕(経過時間)}$　速度vの単位は〔m/s〕だね！

なお、経過時間Δt〔s〕は、ちょっとの時間と表現したけど、t〔s〕の**瞬間の速度**を与えるためには、Δt〔s〕は、うーんと小さくしたいんだ。

$\Delta t=0.01\,\mathrm{s}$？　いやいや、もっと小さく。

0.001s、0.0001s……というように、限りなく0sに近づけるんだ。この極限がt〔s〕における瞬間の速度：v〔m/s〕なんだよ！

■③加速度

加速度は1s当たりの速度の増加分だよ。次の図のように、クマ君の速度がどんどん増加する運動を考える。

t〔s〕でのクマ君の速度v〔m/s〕が、**ちょっとの時間**：Δt〔s〕経過する間に、Δv〔m/s〕増加する場合を考える。

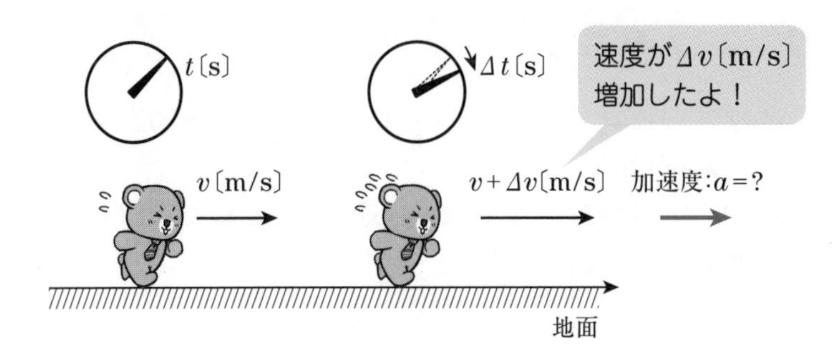

加速度は、1s当たりの速度の増加なので、速度の増分：Δv〔m/s〕を経過時間：Δt〔s〕で割ると、加速度：a〔m/s^2〕が計算できる。

加速度：$a=\dfrac{\Delta v〔\mathrm{m/s}〕(速度の増分)}{\Delta t〔\mathrm{s}〕(経過時間)}$　単位は〔m/s^2〕だね！

具体的な数字で示すと、加速度aは次のように計算できる。

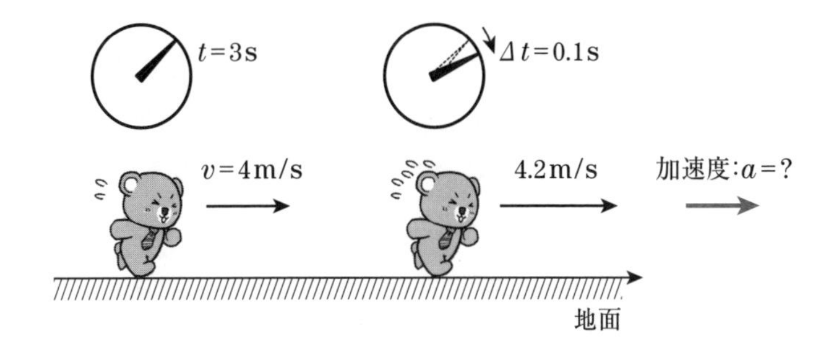

加速度：$a=\dfrac{\Delta v〔\mathrm{m/s}〕(速度の増分)}{\Delta t〔\mathrm{s}〕(経過時間)}=\dfrac{4.2\mathrm{m/s}-4\mathrm{m/s}}{0.1\mathrm{s}}=2\mathrm{m/s}^2$ ……答

t〔s〕における瞬間の加速度aは、経過時間Δtをうーんと小さくとり、0sに近づける。すると、加速度：aは、t〔s〕における**瞬間の加速度**を表すことになるんだね。

1-2 v-t グラフ

物体の運動が、時間とともにどのように変化するかを視覚的に表現する方法に**v-t グラフ**がある。

v-t グラフの横軸は**時刻**：t〔s〕、縦軸は**速度**：v〔m/s〕だよ。時刻：$t=0$s の速度を**初速度**といい、v_0 と表す。

POINT

vの右下についている文字を、**添字**（そえじ）って言うんだ。v_0の添字0は、時刻$t=0$での速度って意味だよ。

■ v-t グラフから、読み取れる情報は、3つある!!

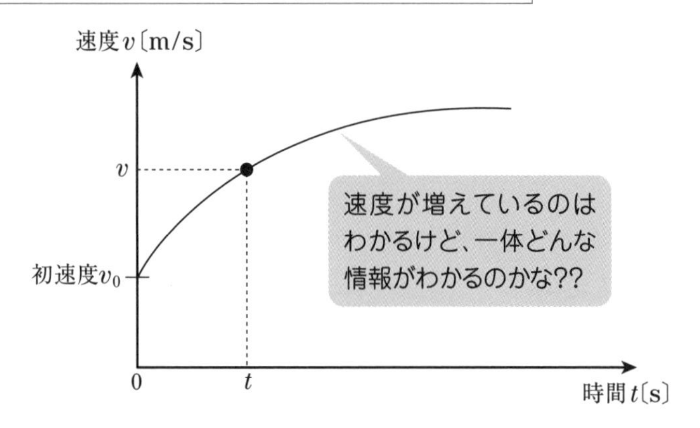

情報❶　t〔s〕における**速度**：v〔m/s〕

時刻t〔s〕における速度v〔m/s〕は、グラフから読み取ることができるね。グラフ上の黒丸●がそうだよ。

情報❷　t〔s〕における**加速度**：a〔m/s^2〕

加速度は次のように、速度の増分：Δv〔m/s〕を経過時間：Δt〔s〕で割り算した、次の式で与えられるね。

$$加速度：a=\frac{\Delta v〔\mathrm{m/s}〕（速度の増分）}{\Delta t〔\mathrm{s}〕（経過時間）}$$

上式より、時刻t〔s〕と、ちょっとあとの時刻$t+\Delta t$〔s〕のグラフ上の2点A、Bを通る**直線の傾き**によって、表すことができるよ。

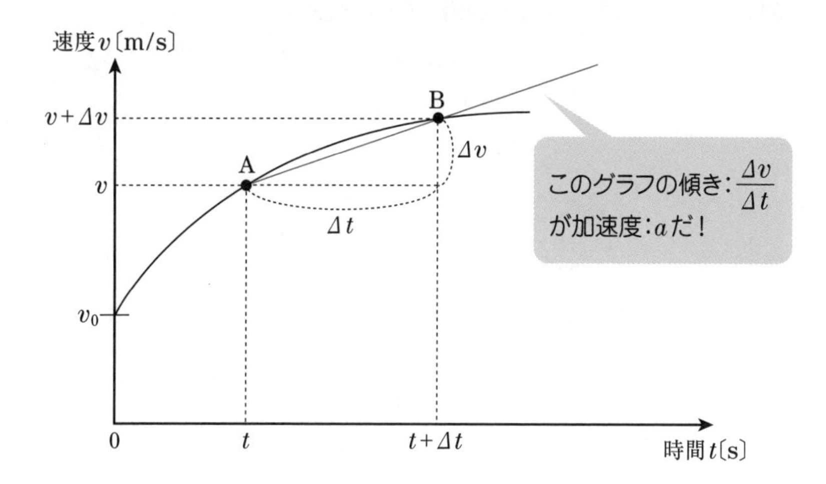

ところで、時刻t〔s〕における**瞬間の加速度**：aは、経過時間：Δt〔s〕を0に近づける必要があるよね。

点Bが、点Aに近づくことをイメージしてみよう。すると、次の図のように、点Aにおける**接線の傾き**が、時刻t〔s〕における、**瞬間の加速度**を表していることが、わかるよね。

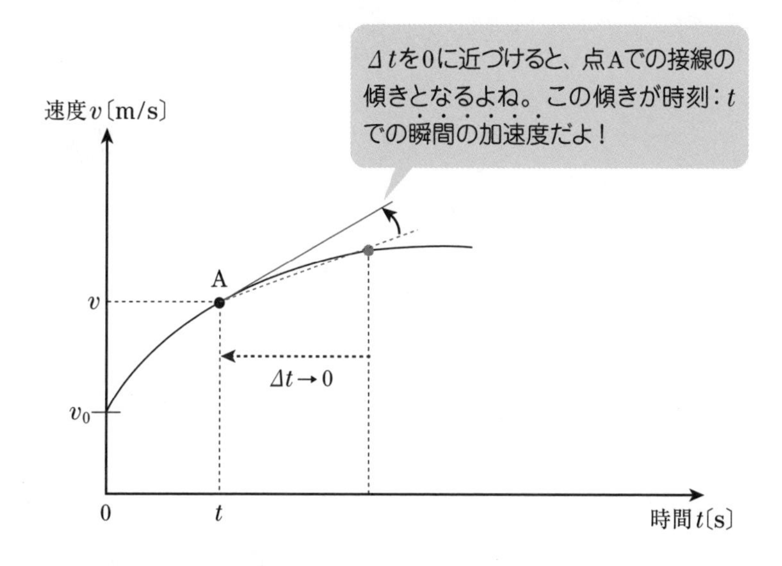

a（加速度）＝v-tグラフの接線の傾き

情報❸　$0\sim t$〔s〕まで進んだ**距離**（または**位置**）：x〔m〕

速度vは次の式のように、移動距離：Δx〔m〕を経過時間：Δt〔s〕で割り算したもので表されるよね。

速度：v〔m/s〕$=\dfrac{\Delta x〔\mathrm{m}〕（移動距離）}{\Delta t〔\mathrm{s}〕（経過時間）}$

上式を移動距離；Δxについて計算すると、次のように表すことができる。

Δx（移動距離）$=v$（速度）$\times\Delta t$（経過時間）

もし、次のように速度：v〔m/s〕が一定の場合、この移動距離を考えてみよう。

移動距離は、（速度）×（時間）なので、$0\sim t$〔s〕の移動距離：x〔m〕は、**v-tグラフと時間t軸で囲まれた面積**となるね。

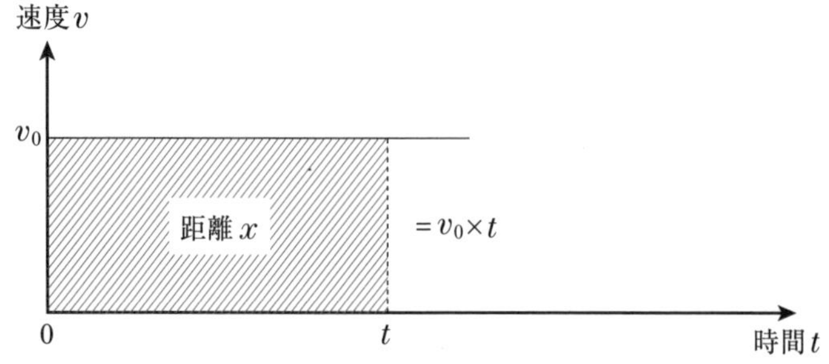

だけど、速度vがどんどん変化する場合は、「移動距離＝速度×時間」って訳にはいかないよねぇ??

最初に登場したv-tグラフのように、速度：v〔m/s〕が、どんどん変化する場合、次の図のように経過時間：t〔s〕をいくつかの区間に等分してみよう。

等分したそれぞれの時間をΔt〔s〕とし、そのΔt〔s〕の間は**近似的**に速度vが一定と考えるんだ。

すると、Δt〔s〕の移動距離Δx〔m〕は、$\Delta x=v\times\Delta t$で計算ができ、図形的に長方形の面積だね。

次の図は、t〔s〕を3等分した場合を示してるよ。

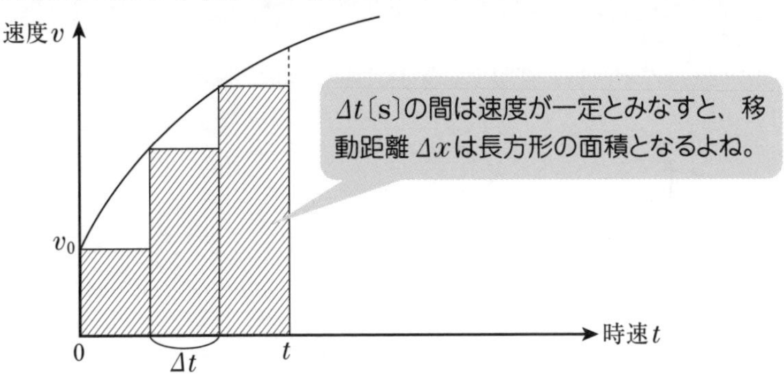

この長方形の面積の和が、0〜t〔s〕の間の移動距離となるよね？

なぜガタガタが気になるかといえば、等分の数が3等分と、少なすぎたからだ(汗)。

そこで、5等分に増やすと、ガタガタがチョット減る。10等分、100等分、……1億等分と、等分の数を増やすにしたがって、ガタガタが減り、実際の速度変化に近づくよね。

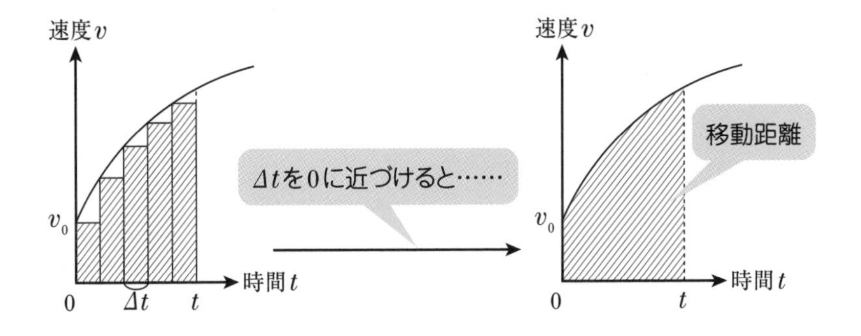

結局、0〜t〔s〕の間の移動距離：x〔m〕は、v-tグラフがどんな形であっても、v-tグラフと時間t軸とで囲まれた面積となるよね！

x(移動距離)＝v-tグラフの面積

演習問題

次のv-tグラフは、直線上を運動する物体の、速度変化を表している。

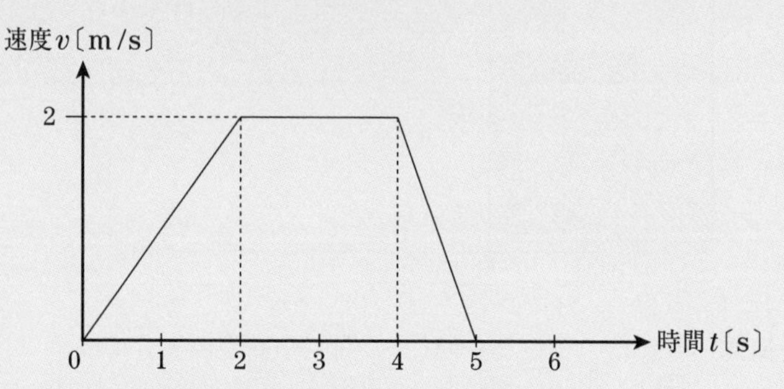

(1)　加速度a〔m/s^2〕を縦軸に、時間t〔s〕を横軸にとり、加速度の変化をグラフで表せ。

(2)　0～5sの間に、進んだ距離を求めよ。

解答

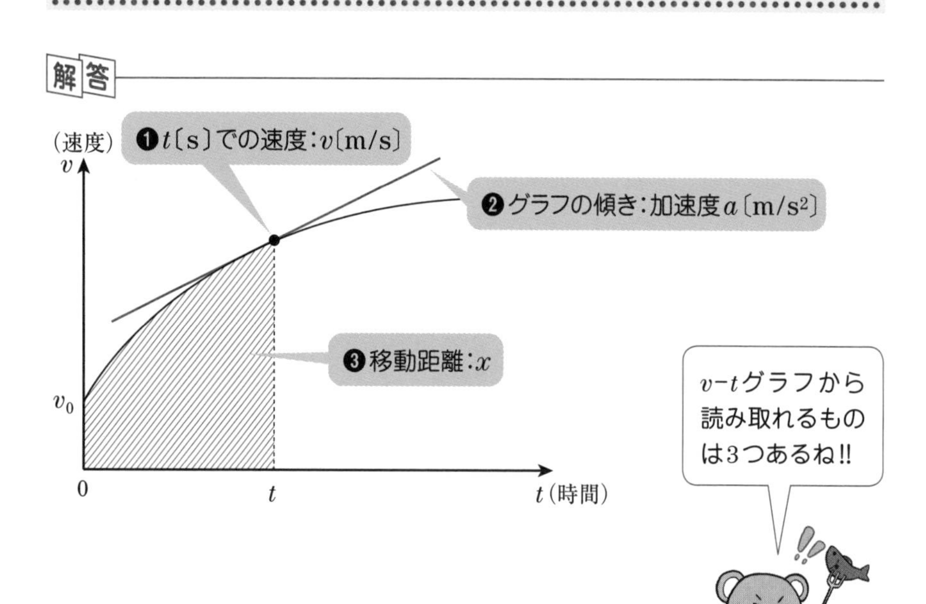

(1) **加速度**は、**v-tグラフの傾き**だね。

$$加速度a〔m/s^2〕=\frac{\varDelta v〔m/s〕(速度の増加)}{\varDelta t〔s〕(経過時間)}=v\text{-}tグラフの傾き$$

0〜2s、2〜4s、4〜6sのグラフの傾きが一定なので、場合分けしよう！

$$0〜2s：a=\frac{2m/s-0m/s}{2s-0s}=1m/s^2$$

$$2〜4s：a=\frac{2m/s-2m/s}{4s-2s}=0m/s^2$$

$$4〜5s：a=\frac{0m/s-(+2)m/s}{5s-4s}=-2m/s^2$$

以上をもとに、a-tグラフをかくと、次のようになるよ。

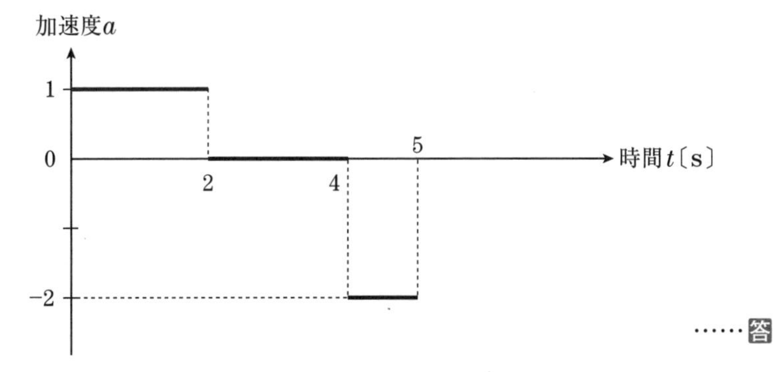

……答

(2) 移動距離：x=**v-tグラフの面積**だね。0〜5sまでの移動距離は、「台形の面積＝(上底＋下底)×高さ÷2」で計算できる。

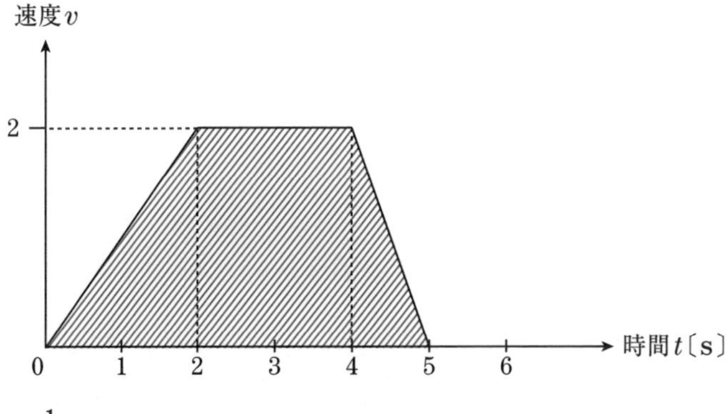

$$x=\frac{1}{2}\times(2+5)\times2=7m$$ ……答

2章　等加速度直線運動

前章では、物体の運動を表す物理量として、位置：x、速度：v、加速度：aが登場したね。

この章では、直線上で物体の**加速度：aが一定**の運動を考えるよ！

2-1　等加速度直線運動の速度：v、位置：x、時間含まずの式

x軸上を移動するクマ君、またまた登場だ。

時刻：$t=0$sで、原点：$x=0$mを**初速度**：v_0〔m/s〕で通過し、速度v〔m/s〕がどんどん増えるとしよう。

速度の増加を表す物理量は、前章で学んだ**加速度**：a〔m/s^2〕だね！

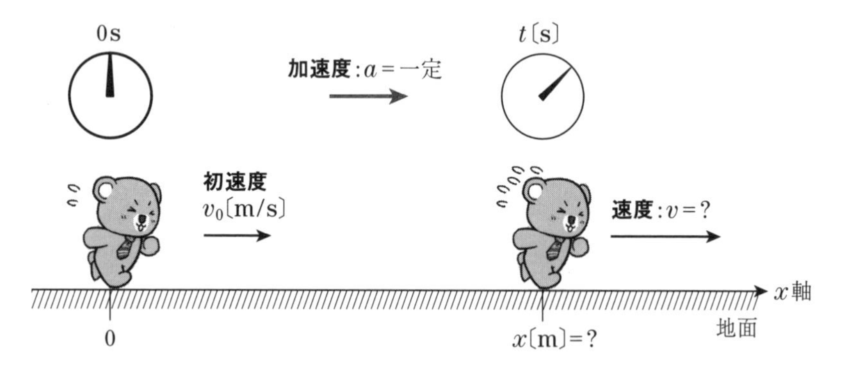

この章では、クマ君の加速度：a〔m/s^2〕が一定の運動を考える。直線上で加速度が一定の運動を、**等加速度直線運動**っていうんだ。

「加速度が一定」という運動って……、いまいちイメージがわかないなあ??

等加速度というのは、加速度が$a=3$m/s^{2}とか、$a=-9.8$m/s^{2}のように数字で表されるってことなんだ。

例えば、$a=3\text{m/s}^2$であれば、1sごとに3m/sずつ速度が増加するってことを表すんだね。

では、**等加速度直線運動**しているクマ君の、t〔s〕後の**速度**：v〔m/s〕と**位置(移動距離)**：x〔m〕は、加速度a〔m/s^2〕と時間t〔s〕を用いて、それぞれどう表すことができるかな？

まず、速度vを計算してみよう。前章で登場した加速度：aの定義が再登場だ！

$$\textbf{加速度}：a〔\text{m/s}^2〕=\frac{\Delta v〔\text{m/s}〕(\text{速度の増分})}{\Delta t〔\text{s}〕(\text{経過時間})}$$

上式から、速度の増分：Δvに$v-v_0$〔m/s〕を、経過時間：Δtにt〔s〕をあてはめると、加速度aは次のように表すことができる。

$$\text{加速度}：a〔\text{m/s}^2〕=\frac{\Delta v〔\text{m/s}〕(\text{速度の増分})}{\Delta t〔\text{s}〕(\text{経過時間})}=\frac{v-v_0〔\text{m/s}〕}{t〔\text{s}〕}$$

上式を、t〔s〕における速度：v〔m/s〕について求めると、次のように計算できる。この式が、**等加速度直線運動の速度**を表す式だ。

$$v〔\text{m/s}〕=v_0(\text{初速度})+a(\text{加速度})\times t(\text{時間}) \qquad \cdots\cdots①$$

次に、t〔s〕における**位置(t〔s〕間の移動距離)**：x〔m〕を求めてみよう。

もし車の速度が一定ならば、移動距離は**速度×時間**で計算できるけど、クマ君の速度はどんどん変化してるので、「距離＝速度×時間」って計算できないよねぇ……。

そこで、前章で学んだことを、思い出そう。

速度が変化する場合の移動距離は、**v-tグラフとt軸で囲まれた面積**だね！

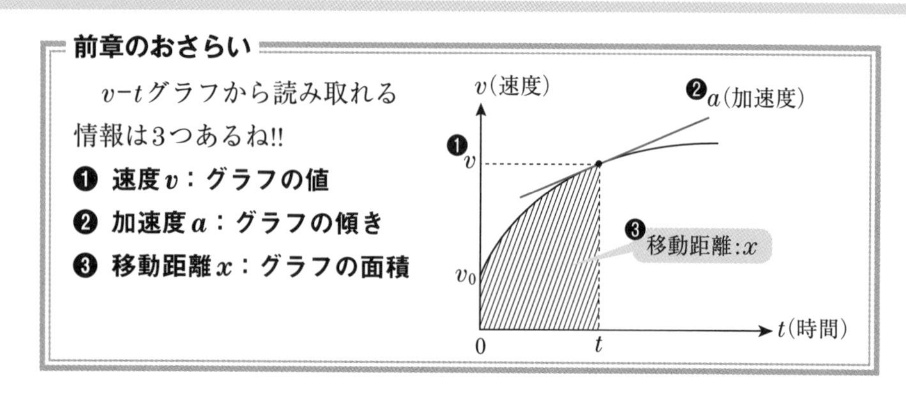

まず、**等加速度直線運動**の**v-tグラフ**をかいてみよう！　**加速度はv-tグラフの傾き**なので、加速度：aが一定ならば、次のグラフのように傾きが一定となる。

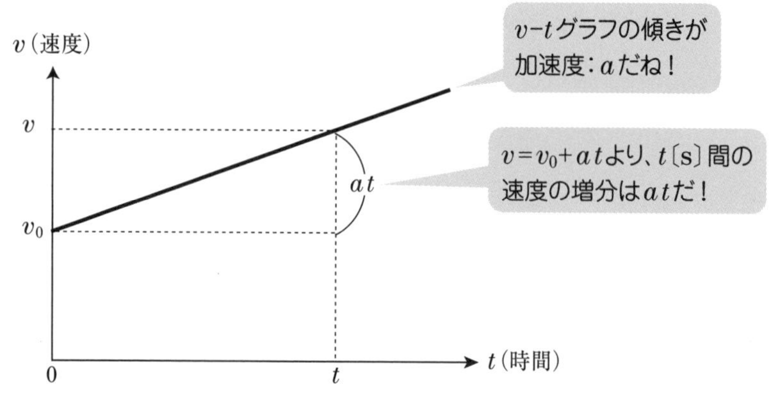

クマ君の**移動距離**：x〔m〕は、v-tグラフとt軸で囲まれた面積だね。そこで次の図のように、黒斜線の長方形と、赤斜線の三角形に分けてみよう。

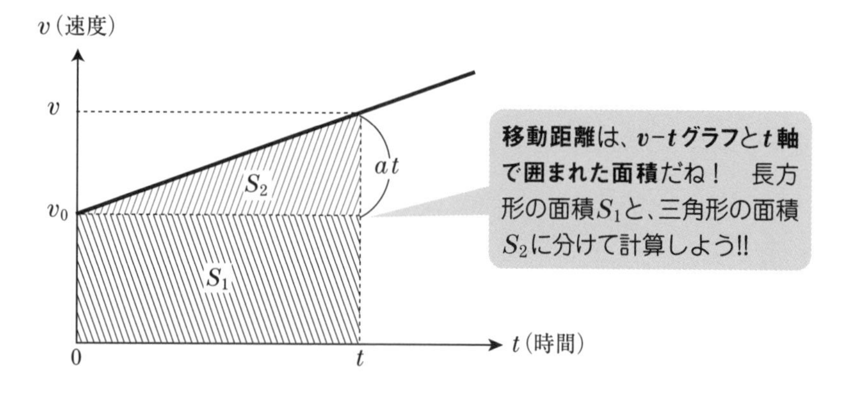

長方形の面積(黒い斜線):$S_1 = v_0 \times t$

三角形の面積(赤い斜線):$S_2 = \frac{1}{2} \times t \times at = \frac{1}{2}at^2$

車の**移動距離**:x〔m〕は、$S_1 + S_2$なので、次のように計算できるね。

t〔s〕後の位置(移動距離):$x = v_0 t + \frac{1}{2}at^2$ ……②

①速度:v〔m/s〕の式、②位置(移動距離):x〔m〕の式に共通しているのは、いずれも時間:t〔s〕が含まれているところだ。

そこで……、

①、②の2式から**時間:t〔s〕を消去する**と、どんな式が生まれるかな?

時間:tを消去するって……。
そんなことやって意味あるのかな??
まあ、とりあえずやってみるか……。

まず、式① $v = v_0 + at$より、t〔s〕を求めると、次のように計算できる。

$$t = \frac{v - v_0}{a} \quad \cdots\cdots ㋐$$

式②をtについて因数分解すると、次のようになる。

$$x = \frac{1}{2}t(2v_0 + at) \quad \cdots\cdots ㋑$$

㋐で求めた時間:tを、㋑に代入してみよう!

$$x = \frac{1}{2} \cdot \frac{(v - v_0)}{a}(v + v_0)$$

上式の分母をはらい、数学の公式:$(a + b)(a - b) = a^2 - b^2$を用いると、次のように、全く**時間を含まない式**が得られるよ。

時間含まずの式:$2ax = v^2 - {v_0}^2$ ……③

式③ $2ax = v^2 - {v_0}^2$ は、**時間を使わず**に、物体の**加速度**：a と**初速度**：v_0〔m/s〕、**最後の速度**：v〔m/s〕を利用して、**移動距離**：x〔m〕を計算できる便利な式なんだ。

今後、この式を「**時間含まずの式**」と呼ぶよ。この「**時間含まずの式**」は**仕事とエネルギー**の章で、もう一度登場だ！

等加速度直線運動は、次の3つの公式を必ず覚えよう！

速度の式：$v = v_0 + at$

位置の式：$x = v_0 t + \frac{1}{2}at^2$

時間含まずの式：$2ax = v^2 - {v_0}^2$

※v_0 は初速度を示す。

基本演習

右向きに、10m/sの速さで移動していた自動車が、進行方向に、大きさ2.0m/s^{2}の等加速度直線運動を始めた。

自動車が等加速度直線運動を始めてから5.0s後の速度と、5.0s間の移動距離を求めよ。

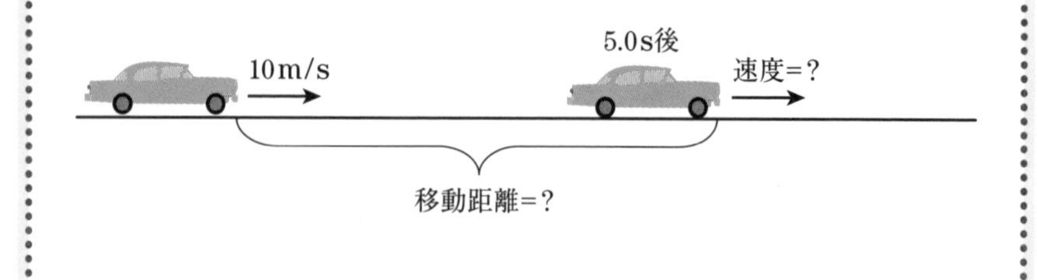

解答

まず、等加速度直線運動が始まった位置を原点($x=0$)とし、進行方向右向きを(+)に定めたx軸を与えよう。

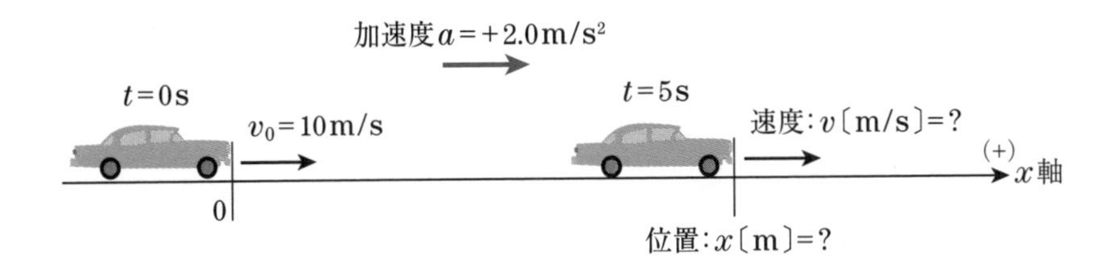

加速度は「**進行方向に**」とあるので、加速度は方向を含めると、$a=+2.0\text{m/s}^2$と表すことができるよね。

等加速度直線運動の公式に、初速度:$v_0=10\text{m/s}$、加速度:$a=+2.0\text{m/s}^2$、時間:$t=5.0\text{s}$をあてはめると、速度:v〔m/s〕、位置:x〔m〕は、次のように計算できるね。

速度:$v=10\text{m/s}+2.0\text{m/s}^2\times5.0\text{s}=20\text{m/s}$ ……答

位置(移動距離):$x=10\text{m/s}\times5.0\text{s}+\dfrac{1}{2}\times2.0\text{m/s}^2\times(5.0\text{s})^2=75\text{m}$ ……答

ちなみに……、移動距離は、
「時間含まずの式」でも解けるよ!

移動距離:x〔m〕は、$t=5.0\text{s}$での速度$v=20\text{m/s}$が求まった時点で、次のように**時間含まずの式**で計算することもできるよ!

初速度：$v_0=10\mathrm{m/s}$、最後の速度：$v=20\mathrm{m/s}$、加速度：$a=2.0\mathrm{m/s^2}$を「時間含まずの式」にあてはめて、移動距離：xを計算しよう。

> **時間含まずの式**：$2ax=v^2-{v_0}^2$

$$2\times(+2.0\mathrm{m/s^2})\times x\,[\mathrm{m}]=(20\mathrm{m/s})^2-(10\mathrm{m/s})^2$$

$$\therefore\quad x=75\mathrm{m}$$ ……答

最初と最後の速度がわかったら、移動距離xは、「時間含まずの式」が便利だね！

演習問題

直線状の点Oを右向きの初速度5.0m/sでスタートした物体が、左向きの加速度2.5m/s^{2}で運動している。

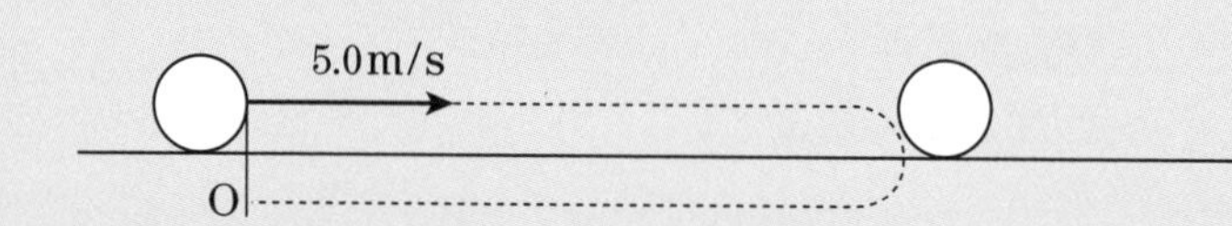

(1)　物体が静止するのは、スタートから何秒後か。

(2)　この物体が、最も右に進んだときのスタートからの移動距離は、いくらか。

(3)　この物体が再び点Oに戻るのは、スタートから何秒後か。

解答

まず、スタートの位置を$x=0$にとり、初速度の方向を正(+)とするx軸を与えよう。

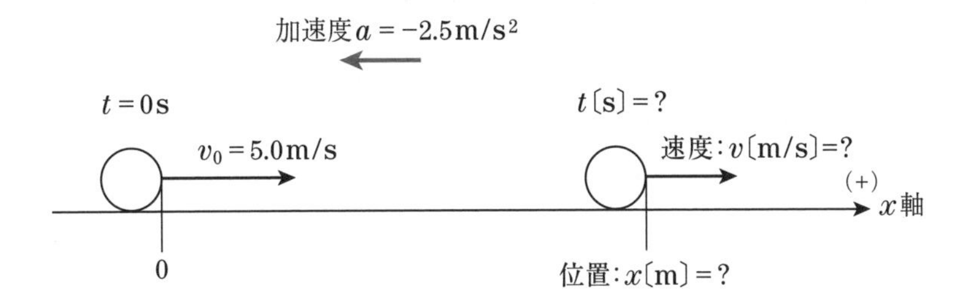

等加速度直線運動の公式に、初速度：$v_0=5.0\mathrm{m/s}$、加速度：$a=-2.5\mathrm{m/s^2}$をあてはめると、時刻t〔s〕における速度：v〔m/s〕、位置：x〔m〕は、次のように計算できる。

$$v=v_0+at \quad \Rightarrow \quad v=+5.0+(-2.5)t \quad \cdots\cdots ①$$

$$x=v_0t+\frac{1}{2}at^2 \quad \Rightarrow \quad x=+5.0\,t+\frac{1}{2}(-2.5)t^2 \quad \cdots\cdots ②$$

(1)　①の速度の式$v=5.0-2.5t$より、時間t〔s〕が経過するにしたがって速度v〔m/s〕が減少するのがわかるよね？

　問題文に「静止」とあるので、速度：vが0 m/sとなる時刻tを、求めよう！

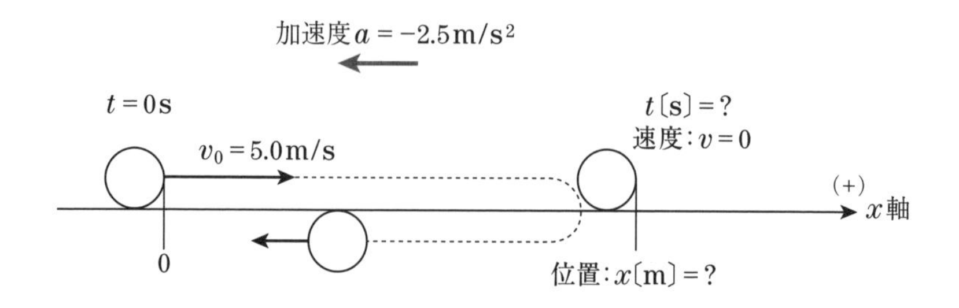

①より、$v = 5.0 - 2.5t = 0$

$$t = \frac{5.0\mathrm{m/s}}{2.5\mathrm{m/s^2}} = 2.0\mathrm{s}$$ ……答（有効数字に注意しよう！）

POINT

有効数字の計算

掛け算、割り算の計算は、使われている数値の**最小桁数**で答えよう！　例えば、ある物体が1.0mの距離を1.00sで移動した場合、速さvは、次のように計算できる。

速さ：$v = \dfrac{1.0\mathrm{m}}{1.00\mathrm{s}} = 1.0\mathrm{m/s}$

（1.0m：2桁、1.00s：3桁）

2桁と3桁を比較すると、最小桁数はもちろん2桁だね！

(2)　問題文の「最も右に進んだ場所」は、物体の折り返す位置だね。折り返し点で、物体は一瞬**静止**している。

よって、速度：$v = 0\mathrm{m/s}$となるときの、位置：xを計算しよう。

$v = 0$となる時刻tは、(1)で求めた$t = 2.0\mathrm{s}$だね。この値を②式に代入し、位置xを求めよう。

$$x = 5.0\mathrm{m/s} \times (2.0\mathrm{s}) + \frac{1}{2} \times (-2.5\mathrm{m/s^2}) \times (2.0\mathrm{s})^2$$

$x = 5.0\mathrm{m}$ ……答

別解

初速度：$v_0=5\text{m/s}$、最後の速度：$v=0\text{m/s}$、加速度$a=-2.5\text{m/s}^2$がわかっているので、時間tを用いずに移動距離x〔m〕を求める方法があるよね！

最初と最後の速度がわかったら、移動距離xは、**時間含まずの式**が便利だね！

時間含まずの式：$2ax=v^2-{v_0}^2$

上記の式に初速度、最後の速度、加速度をあてはめて移動距離xを求めると、次のように計算できる。

$$2(-2.5\text{m/s}^2)x=(0\text{m/s})^2-(5.0\text{m/s})^2$$

$$\therefore\quad x=5.0\text{m}\ \cdots\cdots \text{答}$$

(3)　点Oに戻る時間は、$x=0$となる時間t〔s〕を求めればいいね！

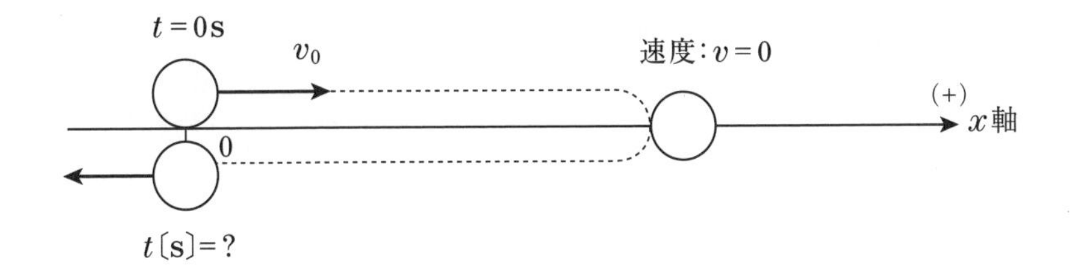

$x=0\text{m}$を②に代入すると、tの2次方程式となる。

$$0=5.0t+\frac{1}{2}\times(-2.5)t^2$$

$$0=t\left(5.0-\frac{2.5}{2}t\right)$$

$t>0$より、　$t=\dfrac{2\times5.0}{2.5}=4.0\text{s}\ \cdots\cdots$ 答

応用問題

スタートラインに静止している2台の車A、Bが同時に動き出した。2台の車はともに一定の割合で加速した後、一定の割合で減速し同時にゴール地点に停止した。

加速中の車Aの加速度の大きさは車Bの3倍であり、車Aがスタート後、最高速度に達するまでに要した時間は10秒、車Bが最高速度に達してからゴールで停止するまでの時間は20秒であった。

両車が発進してからゴールに達するまでの時間は何秒か？

解答

■絶望的な解答

まず、問題の意味をはっきりさせるために、図を描いてみよう！

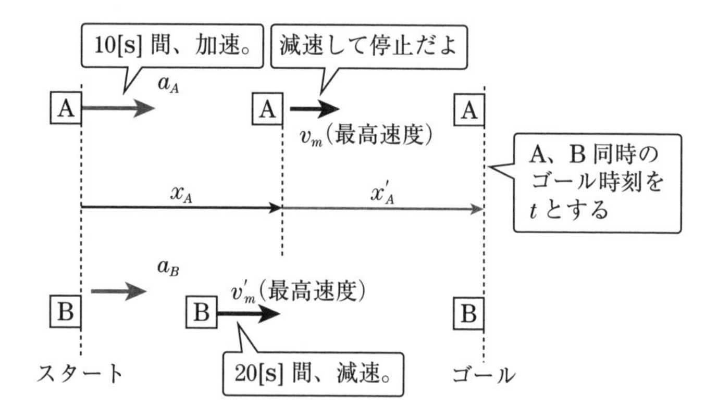

加速中の車Aの加速度を α_A、ゴールまでの時間をtとする。

まず、加速中の車Aの移動距離x_Aおよび最高速度v_mを計算しよう！

前章で学んだように初速度v_0、加速度aを用いて等加速度運動の速度、位置は次のように表すことができるよね。

等加速度運動の速度、位置(移動距離)の式：

速度：$v = v_0 + at$

位置：$x = v_0 t + \frac{1}{2}at^2$

上式に、$v_0 = 0$、$t = 10$を代入する。

加速中の車Aの移動距離：$x_A = \frac{1}{2}a_A \times 10^2$ ……①

車Aの最高速度：$v_m = a_A \times 10$ ……②

次に、減速してからゴールまでの車Aの移動距離x'_Aを計算しよう。減速してからゴールまでの時間は$t - 10$、②で求めた最高速度$v_m = a_A \times 10$が、減速中の初速度となるよね。

減速中のAの加速度a'_Aは、次のように計算できる。

減速中のAの加速度：$a'_A = \frac{\Delta v(\text{速度の変化})}{\Delta t(\text{経過時間})} = \frac{0 - a_A \times 10}{t - 10}$

減速中の移動距離x'_Aを、等加速度運動の位置の公式に当てはめてみよう。

$$x'_A = v_m(t - 10) + \frac{1}{2}a'_A \times (t - 10)^2$$

$v_m = a_A \times 10$、$a'_A = \frac{0 - a_A \times 10}{t - 10}$を代入し式を整理する。

$$x'_A = a_A \times 10(t - 10) - \frac{1}{2}\ \frac{a_A \times 10}{t - 10} \times (t - 10)^2$$

$$= \frac{1}{2}a_A \times 10 \times (t - 10) = 5a_A(t - 10) \text{ ……③}$$

以上をもとに、移動距離の合計$x_A + x'_A$を①+③で求めよう。

$$x_A + x'_A = \frac{1}{2}a_A \times 10^2 + 5a_A(t - 10) = 5a_A t \text{ ……④}$$

車Bの加速度をa_B、加速中の移動距離をx_B、減速中の移動距離をx'_Bとする。

車Bは、20〔s〕間減速しているので、加速時間は$t - 20$だね。車Aと同様の計算を行い、移動距離の合計$x_B + x'_B$を求めると、次のように計算できる。

$$x_B + x'_B = \frac{1}{2}a_B \times (t-20)^2 + a_B(t-20) \times 20 - \frac{1}{2}\ \frac{a_B(t-20)}{20} \times 20^2$$

$$= \frac{1}{2}a_B \times (t-20)^2 + \frac{1}{2}a_B \times (t-20) \times 20$$

$$= \frac{1}{2}a_B(t-20)\,t \cdots\cdots⑤$$

車Aと車Bの移動距離はもちろん同じなので、④＝⑤だね。

④＝⑤より、$5a_At = \frac{1}{2}a_B(t-20)\,t$

車Aの加速度a_Aの大きさは、問題文より車Bの加速度a_Bの3倍なので、$a_A = 3a_B$を上式に代入する。

$$5 \times 3a_Bt = \frac{1}{2}a_B(t-20)\,t$$

$t = 0$は不適当なので両辺のa_Btを消去する。

$$15 = \frac{1}{2}(t-20)$$

よって、$t = 50$〔s〕　……**答**

■別解（現実的な解法）

この問題のように、物体の加速度が途中で変化するような問題の場合、$v-t$グラフが有効だよ。

車Aの加速も減速も加速度が一定だから、**$v-t$グラフの傾き（＝加速度）は一定**だね！

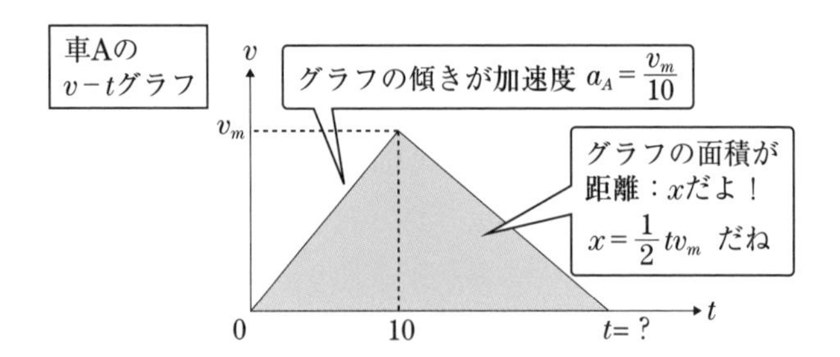

車Aの移動距離は、$v-t$グラフとt軸で囲まれた面積だね。速度の最大値v_mと、ゴールまでの時間tを用いて次のように計算できる。

$$車Aの移動距離 = \frac{1}{2}t\,v_m$$

次に、車Bの$v-t$グラフを描いてみよう。

車Bの移動距離は車Aの移動距離 $(=\frac{1}{2}t\,v_m)$ と同じだよね？　ということはゴールまでの時間 t（三角形の底辺）は共通なのだから、最高速度 v_m（三角形の高さ）は当然同じだ。

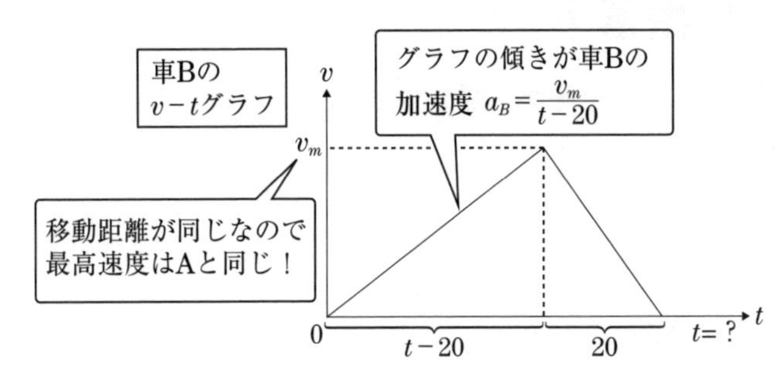

車Aの加速度 a_A の大きさは、車Bの加速度 a_B の3倍なので、$a_A=3\,a_B$ だね。

加速度を、v_m を用いて表したものを当てはめてゴールに達する時間 t を求めると次のようになる。

$a_A=3\,a_B$ より、

$$\frac{v_m}{10}=3\times\frac{v_m}{t-20}$$

$t-20=3\times10$、よって $t=50$〔s〕　……答

3章 落下運動（1次元）

3-1 自由落下

自由落下とは、物体を**静かに離し**（初速度：$v_0=0$）、地面に向かって落下する運動だ。

g

落下加速度$a=9.8\text{m/s}^2$を**重力加速度**といい、文字でgと表すよ！

地面に向かって落下する物体は、速度が増えまくりだよね。落下する物体の加速度の大きさは、**物体の質量によらず、9.8m/s²**なんだ。この落下する物体の加速度9.8m/s^2を、**重力加速度**といい、文字で$\boldsymbol{g}$と表すよ。

落下運動って、自由落下だけじゃないよね??投げ上げとか、水平に投げ出すとか……、自由落下以外の落下の場合、加速度はどうなるのかな??

そうそう、落下運動は、次の図のように、**投げ上げ**、**投げ下げ**、**水平投射**、**斜方投射**……いろんなパターンがあるよね。

だけど、次のことが言えるんだ。

> **どんな落下運動**でも、加速度はすべて、鉛直（地面に対して直角）下向きで大きさが9.8m/s^2の**重力加速度**となる。物体の質量とは無関係だ！

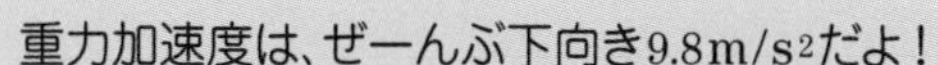

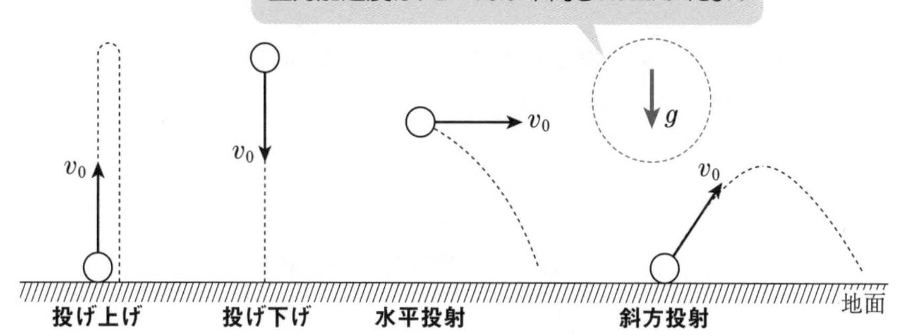

「なぜ、落下運動の加速度は同じ$9.8\mathrm{m/s^2}$なのか」 それは、……。

先取りなんだけど、7章で登場する運動方程式：$ma=F$より、加速度aは、力Fと質量mを用いて、次のように表すことができる。

$$a=\frac{F}{m}$$ **（加速度は力に比例し、質量に反比例する）**

一方、物体にはたらく**重力の大きさ：Fは質量に比例**し、$F=mg$と表すことができる。この力を上式に代入すると、次のように加速度が計算できる。

$$a=\frac{mg}{m}=g$$ （重力加速度は、質量によらないよね）

結局どんな落下運動でも、重力加速度は、質量とは無関係に同じとなる。

落下する物体の問題が登場したら、次の手順にしたがって、**速度**と**位置**を決めよう！

〈落下する物体の速度と位置の決定方法〉

❶ 鉛直下向きの**重力加速度** g（↓）をかき込む！

❷ **スタート**(0s)**の位置を原点**にとり、**初速度** v_0 **の方向を**(+)**に定めた軸**(鉛直方向は y 軸、水平方向は x 軸)を与える。
(自由落下では初速度がないので、下向きを(+)にする)

❸ 加速度 a に符号をつけて($a=+g$ or $a=-g$)、初速度 v_0 と加速度 $a=(+g$ or $-g)$ を、**等加速度直線運動の速度と位置の公式**：
$v=v_0+at$、$x=v_0t+\frac{1}{2}at^2$ にあてはめる。

具体例を次に示すよ！

〈例 1〉　**自由落下**

初速度が0m/sの落下運動が**自由落下**だ。問題文に「**物体を静かに離すと**」と書いてあったら、自由落下だよ。

落下が始まってから t〔s〕後の速度：v と、位置：y を決めよう！

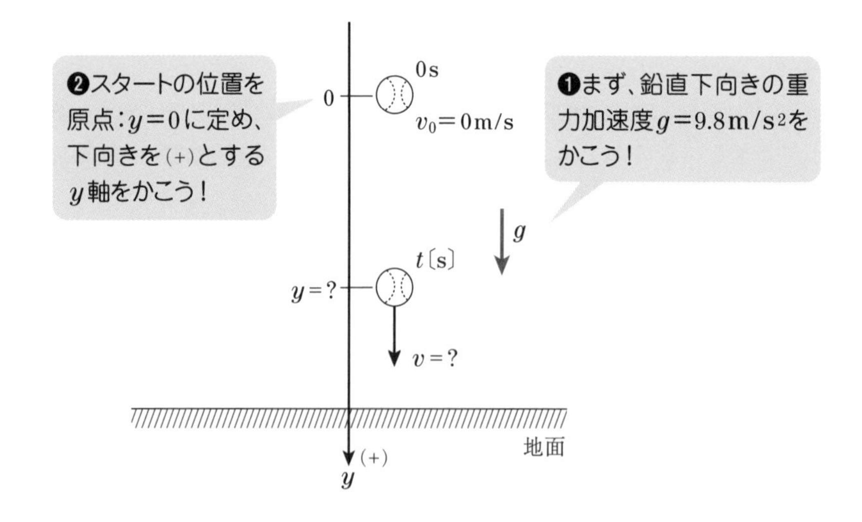

❸ 自由落下の速度と位置を決めよう！

加速度の大きさは$g=9.8\mathrm{m/s^2}$、方向は**下向き**なので符号は(+)だね。(**下向きを＋に定めたからだよ！**)

等加速度直線運動の速度と位置の式に、初速度$v_0=0$、加速度$a=+g$をあてはめるだけだ。(位置xは鉛直方向の位置を表すyに置き換えるよ！)

$$\begin{cases} 速度：v=v_0+at \\ 位置：x=v_0t+\frac{1}{2}at^2 \end{cases} \Rightarrow \begin{cases} v=0+gt=gt \\ y=0t+\frac{1}{2}gt^2=\frac{1}{2}gt^2 \end{cases}$$

〈例2〉 投げ上げ

物体を、地面から初速度の大きさv_0で、投げ上げる運動を考えてみるよ。まず、**下向きの重力加速度**を図にかき込んでから、**初速度の方向**を(+)とする上向きのy軸を与えよう！

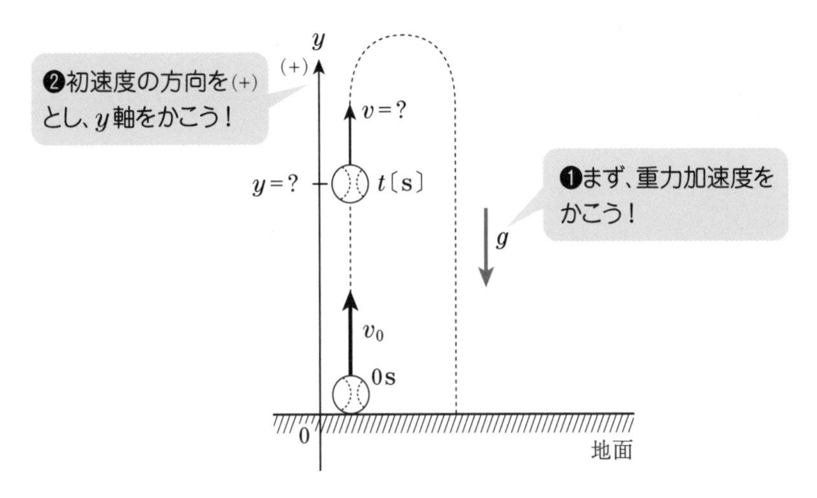

❸ $v_0=+v_0$、$a=-g$(**上向きを正に定めたからだね！**)を、等加速度直線運動の速度と位置の式にあてはめると、次のようになる。

$$\begin{cases} 速度：v=v_0+at \\ 位置：x=v_0t+\frac{1}{2}at^2 \end{cases} \Rightarrow \begin{matrix} v=v_0+(-g)t \\ y=v_0t+\frac{1}{2}(-g)t^2 \end{matrix}$$

落下運動の速度、位置の公式は、覚える必要ないよね。
「等加速度直線運動の速度と位置の式」に初速度と加速度をあてはめるだけだ！

基本演習

橋から小石を静かに落下させたところ、2.0s後に水面に達した。重力加速度を$9.8\,\mathrm{m/s^2}$として、次の問いに答えよ。

(1)　水面から測った橋の高さを求めよ。

(2)　小石が水面に達したときの速さを求めよ。

解答

問題文に「**静かに落下**」とあるから、初速度：$v_0=0\,\mathrm{m/s}$の自由落下だよね。

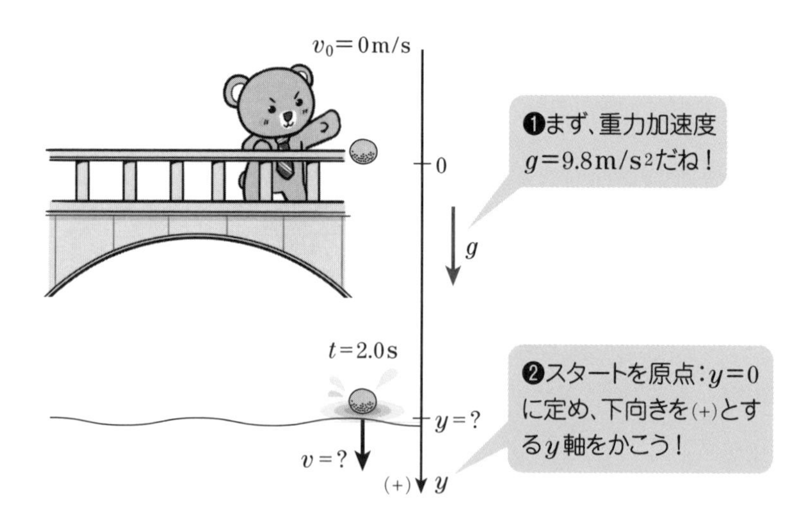

❸ 小石の速度と位置を決めよう！

等加速度直線運動の速度と位置の式に、初速度$v_0=0$、加速度$a=+g$をあてはめよう。

$$\begin{cases} 速度：v=v_0+at \\ 位置：x=v_0t+\frac{1}{2}at^2 \end{cases} \Rightarrow \begin{cases} v=0+gt & \cdots\cdots① \\ y=0t+\frac{1}{2}gt^2 & \cdots\cdots② \end{cases}$$

(1) 水面から測った橋の高さとは、水面に達した際の位置：yを求めればいいね。

水面に達した時間：$t=2.0\text{s}$、重力加速度：$g=9.8\text{m/s}^2$を②に代入し、橋の高さyを計算すると、次のとおり。

②より、$y=0\times t+\frac{1}{2}\times 9.8\times 2.0^2=19.6=20\text{m}$ ……答

有効数字に注意しようね！
問題文に与えられた数値はすべて2桁だから、解答も2桁で答えよう！

(2) 水面に達した時間：$t=2.0\text{s}$、重力加速度：$g=9.8\text{m/s}^2$を、①に代入し小石が水面に達した速度：vを計算しよう。

①より、$v=9.8\times 2.0=19.6=20\text{m/s}$ ……答

演習問題

地面から物体を初速度v_0で鉛直上方に投げ上げた。重力加速度をgとする。次の問いに答えよ。

(1)　物体が最高点に達するのに要する時間を求めよ。

(2)　最高点の地面からの高さを求めよ。

(3)　物体が再び地面に戻る時間を求めよ。

解答

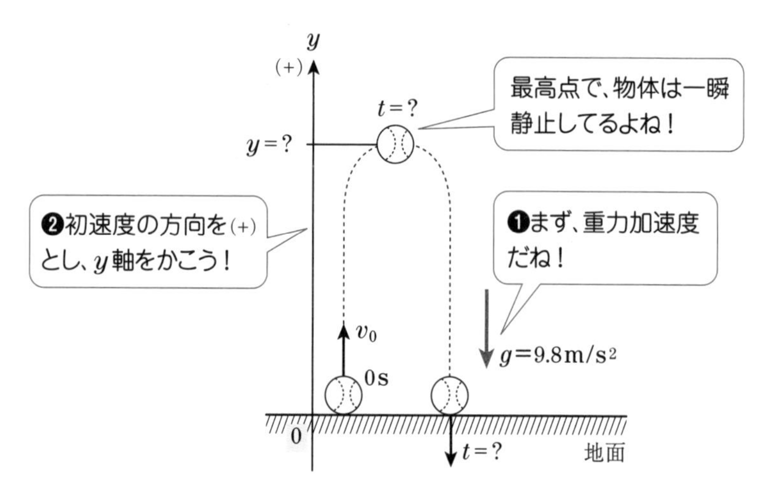

まず、初速度v_0、加速度$a=-g$(**上向きを正に定めたからだね！**)を、等加速度直線運動の速度と位置の式にあてはめよう！

$$\begin{cases} 速度：v=v_0+at \\ 位置：x=v_0t+\dfrac{1}{2}at^2 \end{cases} \Rightarrow \begin{cases} v=v_0+(-g)t & \cdots\cdots① \\ y=v_0t+\dfrac{1}{2}(-g)t^2 & \cdots\cdots② \end{cases}$$

(1)　「**最高点**」とは、物体が折り返す点なので、一瞬静止しているよね。だから「**最高点**」を式で表すと、速度$v=0$m/sだね！

最高点　➡　鉛直方向の速度：$v=0$m/s

速度の式①に$v=0$を代入し、時間：tを求めよう。

$$v=v_0-gt=0$$

よって、最高点の時間：$t=\dfrac{v_0}{g}$ ……答

(2) (1)で求めた最高点に達する時間を、位置yの②式に代入して、最高点の高さ：yを求めよう。

$$y=v_0\times\frac{v_0}{g}+\frac{1}{2}(-g)\times\left(\frac{v_0}{g}\right)^2$$
$$=\frac{{v_0}^2}{2g} \quad \cdots\cdots 答$$

チョット計算が大変だったな(汗)
もっと楽な方法ないの??

最高点の高さ：yは、時間を使わずに求める方法があるよね！
前章で登場した等加速度直線運動で成り立つ「**時間含まずの式**」だ。
覚えてる??

時間含まずの式：$2ax=v^2-{v_0}^2$

上記の時間含まずの式に、加速度$a=-g$、初速度v_0、最後の速度$v=0$を代入し、最高点の高さ：yを求めてみよう！

$$2(-g)\cdot y=0^2-{v_0}^2$$

$$\therefore \quad y=\frac{{v_0}^2}{2g} \quad \cdots\cdots 答$$(たった2行で解けちゃった！)

(3) 「**地面に達する**」を式で表すと、$y=0$だね。$y=0$を、位置yの②式に代入し、地面に達する時間：tを求めよう。

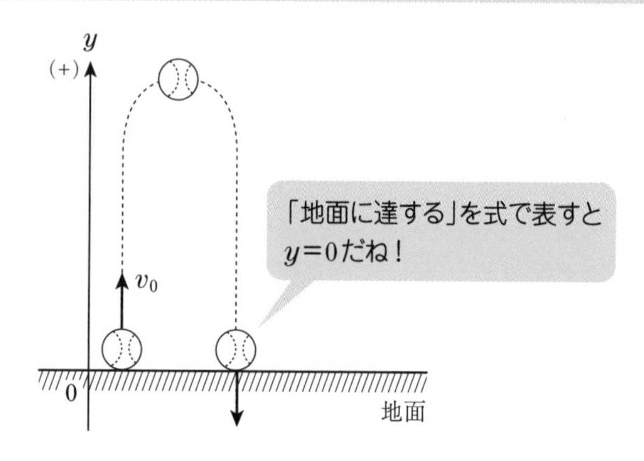

$$y = v_0 t + \frac{1}{2}(-g)t^2 = 0$$

上記の式は、時間tの二次方程式だ。tで括(くく)って因数分解すると、次のように計算できる。

$$t \times \left(v_0 - \frac{1}{2} g t \right) = 0$$

上記の二次方程式をtについて求めると、

$t=0$、$\dfrac{2v_0}{g}$となるよね。

ただし、$t=0$は、初めに地面にいた時刻だから、意味ないね。よって、地面に達した時刻tは、$t>0$なので、

$t=\dfrac{2v_0}{g}$ ……**答**

ところで、この結果は(1)で求めた**最高点の時間**：$t=\dfrac{v_0}{g}$のちょうど**2倍**となってるね。

ということは、投げ上げにおいては、次のことが言えるよ！

物体の投げ上げ ➡ **上昇の時間＝下降の時間**

「**上昇の時間＝下降の時間**」を覚えておくと、地面に達する時間が問われたら、最高点の時間の2倍で済んじゃうよね！

また**地面に戻った速さは、初速度の大きさと同じ**となるんだ。このことを「**運動の対称性**」っていうので、ぜひ覚えておこう！

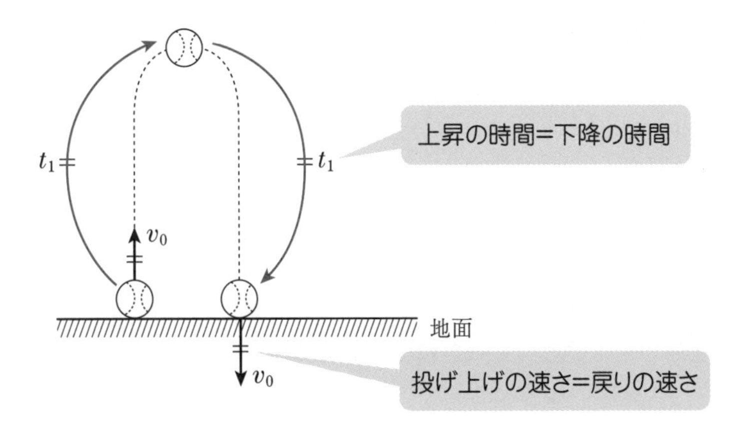

4章 落下運動(2次元)

前章では自由落下、投げ上げなどの1次元の落下運動を考えたね。この章では**水平投射**や**斜方投射**などの2次元の落下運動が登場だ！

2次元の落下運動でも、重力加速度gは鉛直下向きで、大きさもは変わらないことに注意しよう！

4-1 水平投射

次の図のように、物体を大きさv_0の初速度で、水平方向に投げ出す運動：**水平投射**を考えてみよう。

自由落下や、投げ上げに比べて、水平投射の軌道って、チョット複雑だなぁ……。

水平投射のような、2次元の落下運動は、正面から眺めると放物線を描き（えが）ながら落下するので、運動が複雑に見えるよね。

そこで、次の図のように、水平方向(x方向)と鉛直方向(y方向)の2つの方向に運動を分解して考えると、前章で学んだ1次元(直線上)の運動として捉（とら）えることができるんだ。

運動を2つの方向に分解するとは、次の図のように、**2通りの視点で眺めるっ**てことだよ。

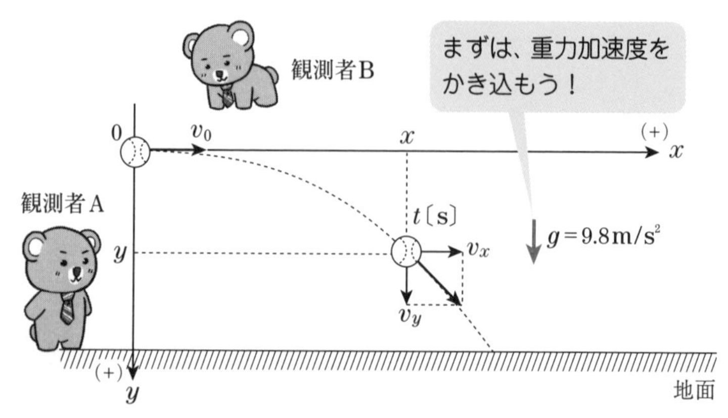

真横から見る観測者A ➡ **鉛直方向（y方向）の落下運動**
真上から見る観測者B ➡ **水平方向（x方向）の等速運動**

前章と同じように、次の手順で、落下運動の**速度**と**位置**を決めよう！

❶ 鉛直下向きの**重力加速度 g**（↓）をかき込む！

❷ **スタート**（0s）**の位置を原点**にとり、**初速度 v_0 の方向を**(+)**に定めた軸**（鉛直方向はy軸、水平方向はx軸）を与える。
（自由落下では、初速度がないので、下向きを(+)にする）

❸ 加速度aに符号をつけて（$a=+g$ or $a=-g$）、初速度v_0と加速度$a=(+g$ or $-g)$を、**等加速度直線運動**の**速度と位置の公式**：
$v=v_0+at$、$x=v_0t+\frac{1}{2}at^2$ にあてはめる。

■真横から見る

真横から見た場合、鉛直方向（y方向）の運動だけが見えるよね。初速度が0の**自由落下**だ！

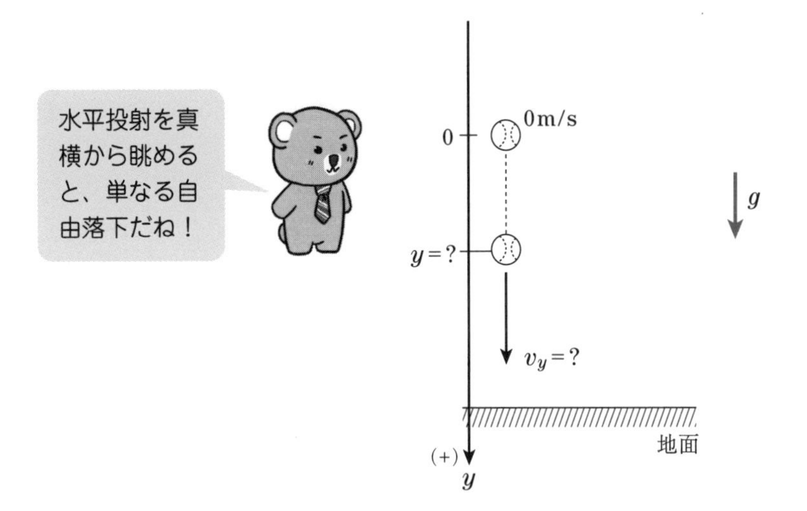

初速度：v_0は0で、y方向の加速度a_yは下向きが正なので、$a_y=+g$と表すことができるね。

等加速度直線運動の速度と位置の公式に$v_0=0$と、$a_y=+g$をあてはめて、y方向の速度：v_yと、位置：yを求めよう！

$$\begin{cases} 速度：v=v_0+at \\ 位置：x=v_0t+\frac{1}{2}at^2 \end{cases} \Rightarrow \begin{cases} v_0=\boxed{0}+\boxed{g}\,t \\ y=\boxed{0}\,t+\frac{1}{2}\boxed{g}\,t^2 \end{cases}$$

■真上から見る

真上から見た場合、水平方向(x方向)の運動だけが観測できる。水平方向の加速度は0なので、**等速直線運動**となるよね。

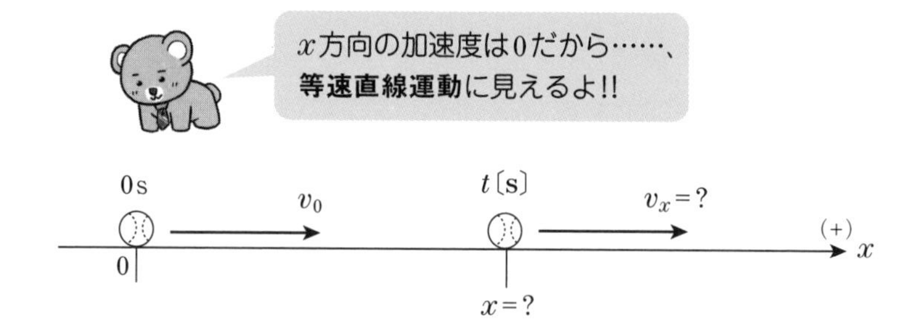

等加速度直線運動の速度と位置の公式に初速度v_0と、加速度0をあてはめて、x方向の速度：v_xと、位置：xを求めよう！

$$\begin{cases} 速度：v=v_0+at \\ 位置：x=v_0t+\frac{1}{2}at^2 \end{cases} \Rightarrow \begin{cases} v_x=\boxed{v_0}+\boxed{0}\times t=v_0 \quad \left(\text{時間}t\text{によらず一定だね}\right) \\ x=\boxed{v_0}\,t+\frac{1}{2}\boxed{0}\,t^2=v_0t \end{cases}$$

4-2 斜方投射

斜方投射では、三角比の知識が必要なんだ。

次のように斜辺A、頂角θの直角三角形の底辺x、高さyは、どのように表すことができるかな？

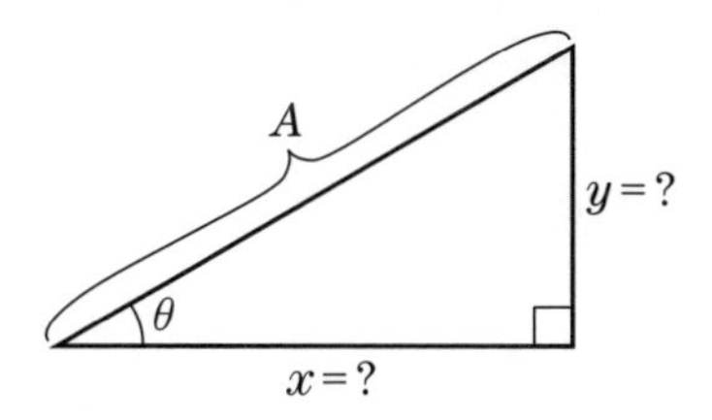

ここで、三角比が登場だ。

斜辺と底辺の比を$\cos\theta$(コサインシータ)、斜辺と高さの比を$\sin\theta$(サインシータ)といい、式で表すと次のようになる。

$$\cos\theta=\frac{x}{A} \Rightarrow x=A\cos\theta$$

$$\sin\theta=\frac{y}{A} \Rightarrow y=A\sin\theta$$

$\cos\theta$ ➡ θ

$\sin\theta$ ➡ θ

つまり、直角三角形の底辺xは$A\cos\theta$、高さyは$A\sin\theta$と表すことができる。しっかり覚えようね！

次の図のように、地面に対する角度θで、大きさv_0の初速度で物体を投げ出す。物体は放物線を描(えが)きながらの落下運動となるが、この運動が**斜方投射**だ。

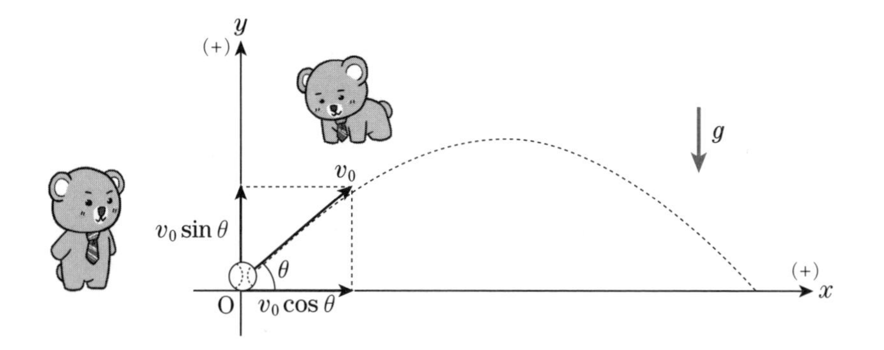

斜方投射も水平投射と同じように、2次元の運動なので、鉛直方向と水平方向の2つの方向に分解して運動を捉(とら)えよう！

■真横から見る

真横から眺めた場合、鉛直方向(y方向)は初速度が$v_0 \sin\theta$の**投げ上げ**だね！

等加速度直線運動の速度と位置の公式に、初速度$v_0 \sin\theta$と、加速度$-g$をあてはめて、y方向の速度：v_yと、位置：yを求めよう！

$$\begin{cases} 速度：v=v_0+at \\ 位置：x=v_0t+\frac{1}{2}at^2 \end{cases} \Rightarrow \begin{cases} v_y=v_0\sin\theta+(-g)t \\ y=v_0\sin\theta\, t+\frac{1}{2}(-g)t^2 \end{cases}$$

■真上から見る

水平方向の加速度は0なので、等速直線運動となるね！

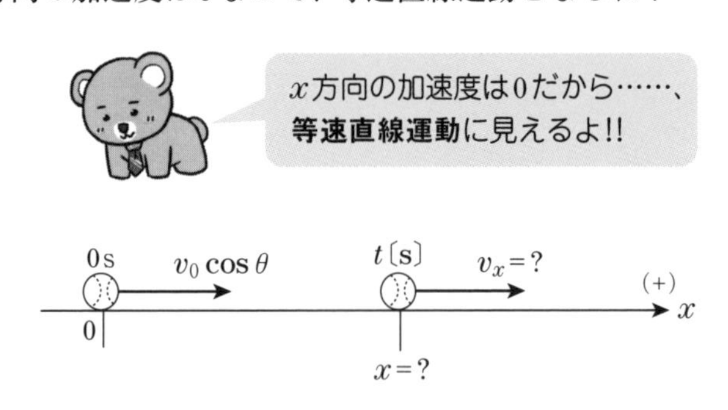

$$\begin{cases} 速度：v=v_0+at \\ 位置：x=v_0t+\frac{1}{2}at^2 \end{cases} \Rightarrow \begin{cases} v_x=v_0\cos\theta+0\times t \quad (時間tによらず一定) \\ x=v_0\cos\theta\, t+\frac{1}{2}\,0\,t^2 \end{cases}$$

基本演習

次の図のように、地面からの高さ4.9mの点から、小物体を初速度9.8 m/sで、水平に投げたところ、放物運動を描(えが)いて地面に達した。次の問いに答えよ。

ただし、重力加速度の大きさを$9.8\mathrm{m/s^2}$とし、空気による抵抗を無視する。

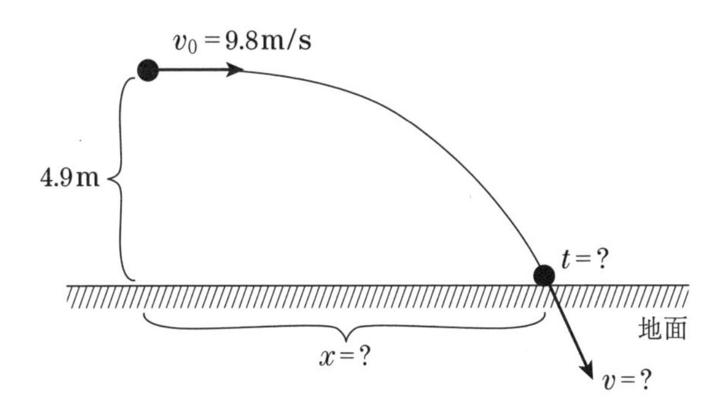

(1) 落下に要する時間を求めよ。

(2) 落下するまでに水平方向に進んだ距離を求めよ。

(3) 地面に達した瞬間の速さを求めよ。

解答

2次元の落下運動は、鉛直方向(y方向)と水平方向(x方向)の2つの方向に運動を分解してから考えよう！

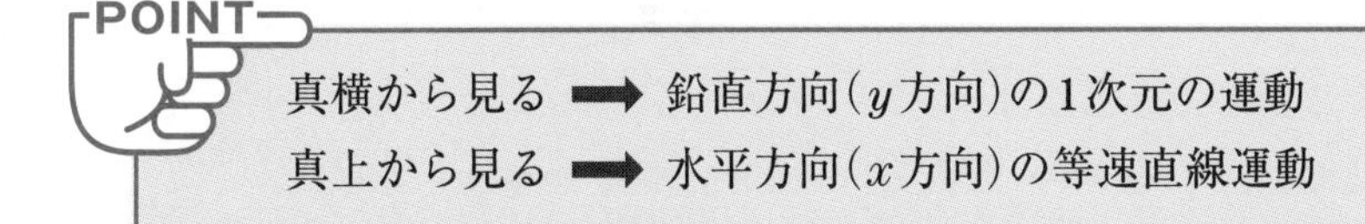

手始めに、等加速度直線運動の速度と位置の公式にあてはめて、それぞれの方向の速度と位置の式を与えよう！

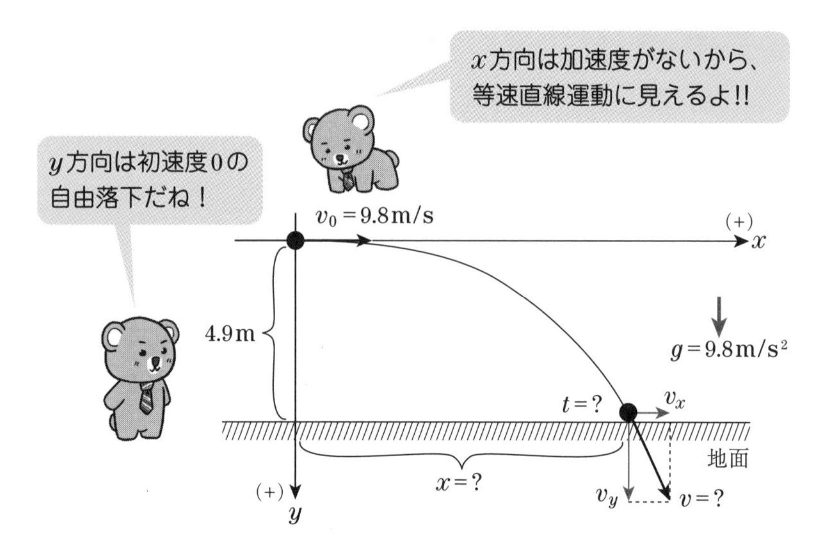

《鉛直方向(y方向)について》

初速度＝0、加速度＝$+g$をあてはめるよ！

$$\begin{cases} 速度：v = v_0 + at \\ 位置：x = v_0 t + \frac{1}{2}at^2 \end{cases} \Rightarrow \begin{cases} v_y = 0 + g\,t & \cdots\cdots ① \\ y = 0\,t + \frac{1}{2}\,g\,t^2 & \cdots\cdots ② \end{cases}$$

《水平方向(x方向)について》

初速度＝v_0、加速度＝0をあてはめるよ！

$$\begin{cases} 速度：v = v_0 + at \\ 位置：x = v_0 t + \frac{1}{2}at^2 \end{cases} \Rightarrow \begin{matrix} v_x = v_0 + 0 \times t & \cdots\cdots ③ \\ x = v_0\,t + \frac{1}{2}\,0\,t^2 & \cdots\cdots ④ \end{matrix}$$

(1)　落下に要する時間をt〔s〕とする。「**地面に達した**」を、式でどのように表すことができるかな？

地面に達する ➡ 鉛直方向に4.9m移動 ➡ $y = 4.9$だね！

②のy座標に4.9、重力加速度$g = 9.8\text{m/s}^2$を代入し、落下の時間tを求めよう！

②：$y=\frac{1}{2}gt^2$より、

$$4.9=\frac{1}{2}\times 9.8\times t^2$$
$$t^2=1.0$$

$t>0$より、$t=1.0\text{s}$ ……答

(2)　水平方向に進んだ距離：xは、物体が地面に達したx座標だね。
(1)で求めた、時間$t=1.0\text{s}$と初速度$v_0=9.8\text{m/s}$を、④のx座標に代入しよう。

④より、$x=v_0t$
$=9.8\times 1.0=9.8$〔m〕……答

(3)　地面に達した瞬間の速さ：vを、水平成分v_xと鉛直成分v_yに分解して、それぞれの成分を計算しよう！

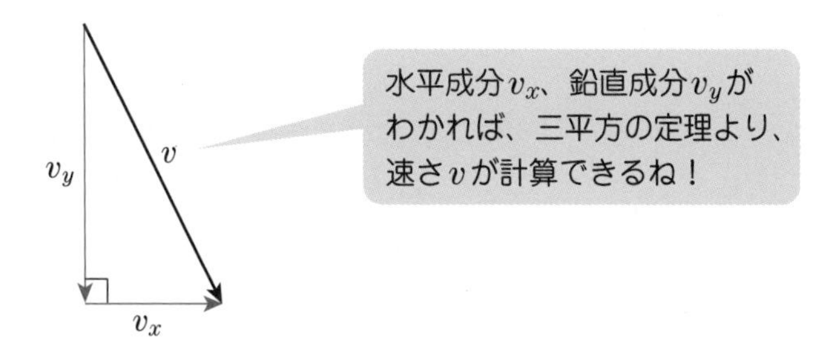

水平成分v_xは、③式より、$v_x=v_0=9.8\text{m/s}$なので、時間によらず一定だね。

一方、鉛直成分v_yは、①式より、$v_y=gt$に、$g=9.8$と、(1)で求めた$t=1.0\text{s}$を代入する。

$v_y=9.8\times 1.0=9.8$〔m/s〕

三平方の定理より、地面に達した速さvを求めよう！

$$v=\sqrt{{v_x}^2+{v_y}^2}=\sqrt{9.8^2+9.8^2}=9.8\times\sqrt{2}$$
$$=9.8\times 1.41=13.8\cancel{18}\fallingdotseq 14\text{〔m/s〕}$$ ……答

演習問題

次の図のように、地上から物体を大きさv_0、地面に対する角度θの初速度で投げ出した運動を考える。ただし、重力加速度の大きさをgとし、空気による抵抗は無視する。

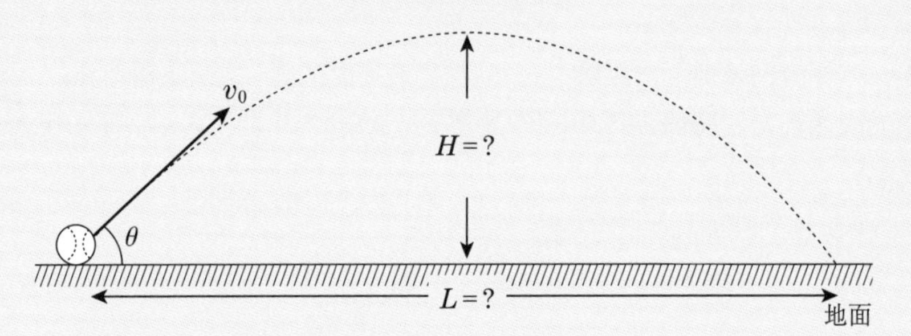

(1)　物体が最高点に到達するまでの時間：t_1、および最高点の地面からはかった高さ：Hを求めよ。

(2)　物体が、地面に達するまでの時間：t_2、および水平到達距離：Lを求めよ。

(3)　同じ大きさの初速度で物体を投げ出す場合、水平到達距離：Lが、最大になる角度を求めよ。必要ならば、次の倍角の公式を用いてよい。$\sin 2\theta = 2\sin\theta\cos\theta$

解答

2次元の落下運動は、鉛直方向(y方向)と水平方向(x方向)の2つの方向に運動を分解するんだったね！

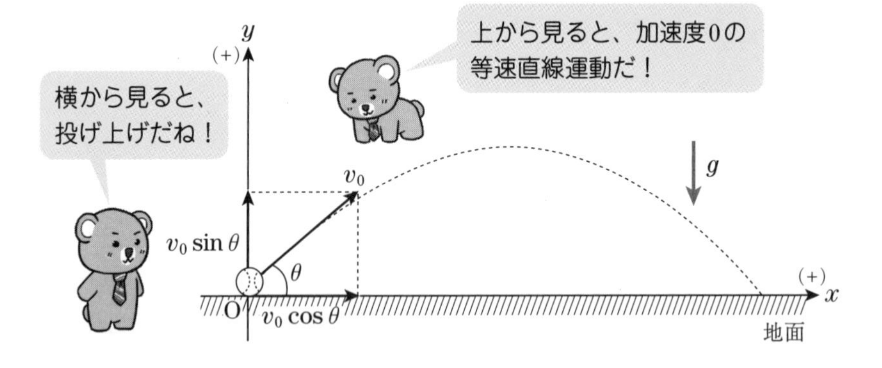

y方向の初速度$v_0 \sin\theta$と、加速度$a_y = -g$を、等加速度直線運動の公式にあてはめて、y方向の速度：v_yと、位置：yを求めよう！

答えが複雑になるけど、あせらずに式変形をすれば、楽勝だよ!!

■鉛直方向

$$\begin{cases} 速度：v = v_0 + at \\ 位置：x = v_0 t + \frac{1}{2} a t_2 \end{cases} \Rightarrow \begin{cases} v_y = v_0 \sin\theta + (-g)t & \cdots\cdots ① \\ y = v_0 \sin\theta\, t + \frac{1}{2}(-g)t^2 & \cdots\cdots ② \end{cases}$$

x方向の初速度$v_0 \cos\theta$、加速度0を等加速度直線運動の公式にあてはめて、x方向の速度：v_yと、位置：yを求めよう！

■水平方向

$$\begin{cases} 速度：v = v_0 + at \\ 位置：x = v_0 t + \frac{1}{2} a t^2 \end{cases} \Rightarrow \begin{cases} v_x = v_0 \cos\theta + 0 \times t & \cdots\cdots ③ \\ x = v_0 \cos\theta\, t + \frac{1}{2}\, 0\, t^2 & \cdots\cdots ④ \end{cases}$$

(1)　真横から見た運動は、投げ上げだね。**最高点**を式で表すと、鉛直方向の速度：$v_y = 0$だ。

①のy方向の速度：v_yに$v_y = 0$を代入し、時間t_1を求めよう！

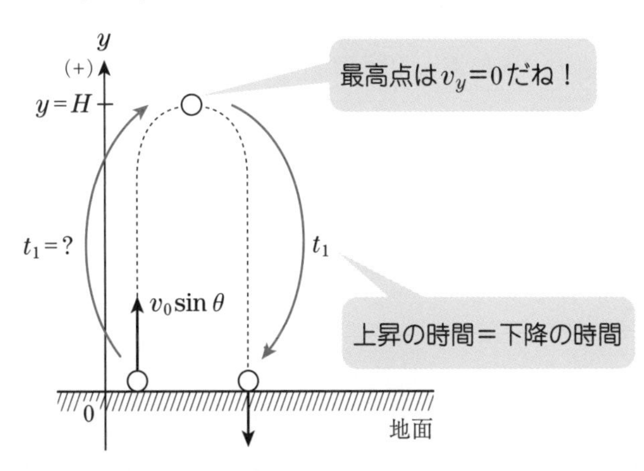

$v_y = v_0 \sin\theta + (-g)t_1 = 0$

よって、$t_1 = \dfrac{v_0 \sin\theta}{g}$ ……答

最高点の高さ：Hは、t_1を②式に代入し計算しよう。

$y = v_0 \sin\theta \times \dfrac{v_0 \sin\theta}{g} + \dfrac{1}{2}(-g)\left(\dfrac{v_0 \sin\theta}{g}\right)^2$

よって、$H = \dfrac{{v_0}^2 \sin^2\theta}{2g}$ ……答

別解　最高点の高さ：yは、「**時間含まずの式**」でも解けるよね！

時間含まずの式：$2ax = v^2 - {v_0}^2$

$a = -g$、$y = H$、$v = 0$、初速度$v_0 \sin\theta$をあてはめる。

$2(-g)H = 0^2 - (v_0 \sin\theta)^2$

$\therefore\ H = \dfrac{{v_0}^2 \sin^2\theta}{2g}$ ……答

(2)　地面に達する時間は、$y = 0$から計算することができるけど、次の原理を使うと、簡単に求められるよ。

投げ上げでは、**上昇の時間＝下降の時間**

よって、地面に達する時間t_2は、最高点に達する時間t_1の2倍だね。

$t_2 = 2t_1 = 2 \times \dfrac{v_0 \sin\theta}{g}$ ……答

水平方向に進んだ距離は、地面に到達したx座標だ。t_2を④式に代入しよう。

$x = v_0 \cos\theta \cdot 2\dfrac{v_0 \sin\theta}{g}$

よって、$L = \dfrac{2{v_0}^2 \sin\theta \cos\theta}{g}$ ……答

(3) 倍角の公式：$\sin 2\theta = 2\sin\theta\cos\theta$ を用いて、前問で求めた水平到達距離Lを書き換えると、次のようになる。

$$L = \frac{v_0{}^2 2\sin\theta\cos\theta}{g} = \frac{v_0{}^2 \sin 2\theta}{g}$$

$\sin 2\theta$は、$2\theta = 90°$で、最大値1となるね。

よって、$\theta = 45°$で投げ出すと、最も遠くに達することができる。

$\theta = 45°$ ……答

応用問題

水平面に対して角θをなす斜面がある。この斜面の最下点Oから斜面に対して角αをなす方向に速さv_0で小球を投げ上げる。重力加速度の大きさをgとして次の問いに答えよ。

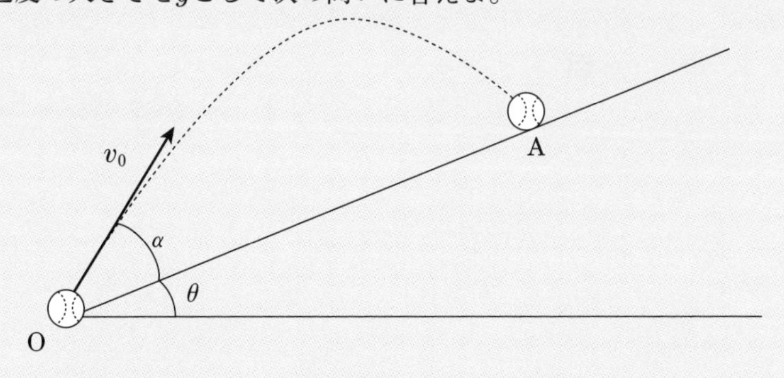

(1)　小球を投げ上げてから、斜面上の点Aに衝突するまでの時間を求めよ。

(2)　小球が斜面に衝突するまでに、斜面方向に進んだ距離を求めよ。

解答

(1)　落下運動は、まず鉛直下向きの重力加速度gを描こう！　次に2次元の運動なのだから、水平方向のx軸と、鉛直方向のy軸を与え、初速v_0を分解だ。

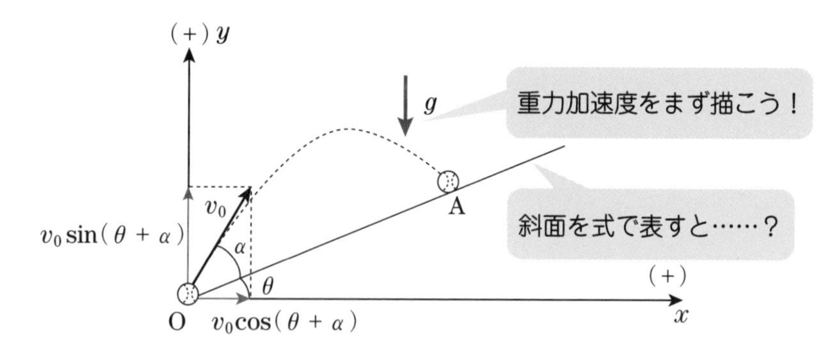

各方向の加速度は、次のとおり。

$a_x = 0$、$a_y = -g$

等加速度運動の位置の式：$x = v_0 t + \frac{1}{2}at^2$に$x$、$y$方向の初速度と、加速度を当てはめる。

$$x = v_0 \cos(\theta + \alpha) \cdot t \cdots\cdots ①$$

$$y = v_0 \sin(\theta + \alpha) \cdot t + \frac{1}{2}(-g)t^2 \cdots\cdots ②$$

次に、「斜面上の点Aに到達した」を、式で表すことを考えよう。

斜面は$y = \tan\theta \cdot x$だね。①、②を代入すると次のようにtの2次方程式になる。

$$v_0 \sin(\theta + \alpha) \cdot t + \frac{1}{2}(-g)t^2 = \tan\theta \cdot v_0 \cos(\theta + \alpha) \cdot t$$

$$t\left[\frac{1}{2}gt - \{v_0 \sin(\theta + \alpha) - \tan\theta \cdot v_0 \cos(\theta + \alpha)\}\right] = 0$$

$t = 0$はもちろん不適当だね。[ ] = 0より、時間tを求めよう。

$$t = \frac{2}{g}\{v_0 \sin(\theta + \alpha) - \tan\theta \cdot v_0 \cos(\theta + \alpha)\}$$

$\tan\theta = \frac{\sin\theta}{\cos\theta}$ を当てはめ、通分すると次のとおりになる。

$$t = \frac{2v_0}{g}\frac{\sin(\theta + \alpha)\cos\theta - \cos(\theta + \alpha)\sin\theta}{\cos\theta}$$

加法定理$\sin(A - B) = \sin A \cos B - \cos A \sin B$より、

$$t = \frac{2v_0}{g}\frac{\sin(\theta + \alpha - \theta)}{\cos\theta} = \frac{2v_0 \sin\alpha}{g\cos\theta} \cdots\cdots \text{答}$$

■ (1)の別解

斜面との衝突が絡む場合は、次の図のように**斜面に平行にX軸、斜面に垂直にY軸**を与えるのが有効だ。重力加速度も**X軸**、**Y軸**二方向に分解しよう。

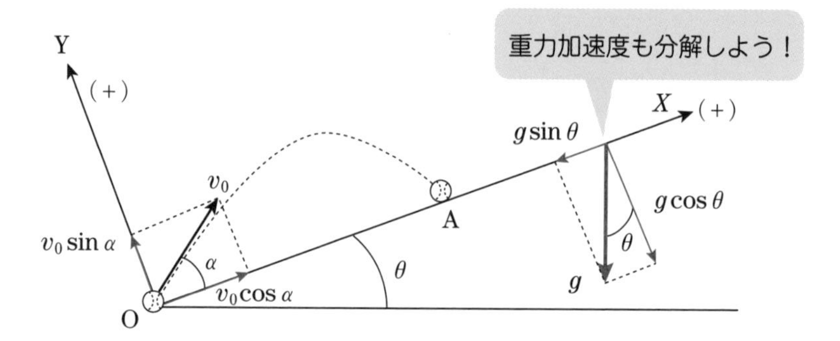

各方向の加速度は、次のとおり。

$\alpha_x = -g\sin\theta$ 、$\alpha_y = -g\cos\theta$

Y方向の運動に注目すると、次の図のように一種の投げ上げだ。

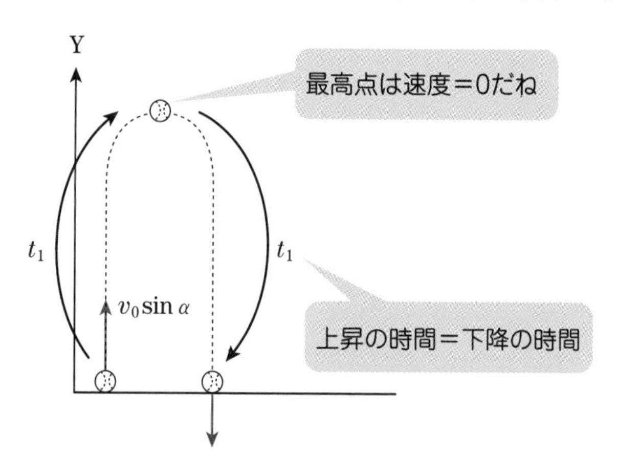

最高点に達する時間t_1を、Y方向の速度：$v_Y=0$として、等加速度運動の速度の式：$v=v_0+t$よりv_Yは次のようになる。

$$v_Y = v_0\sin\alpha - g\cos\theta \cdot t_1 = 0$$

よって、$t_1 = \dfrac{v_0\sin\alpha}{g\cos\theta}$

上昇時間＝下降時間なので、斜面上の点Aに達する時間はt_1の2倍だね。

$t = 2t_1 = \dfrac{v_0\sin\alpha}{g\cos\theta}$ ……答

(2)　斜面方向の位置Xを等加速度運動の位置の式：$x=v_0t+\frac{1}{2}at^2$ から求めると、次のとおりである。

$$X=v_0\cos\alpha\cdot t+\frac{1}{2}(-g\sin\theta)t^2$$

(1)の結果$t=\frac{2v_0\sin\alpha}{g\cos\theta}$を代入する。

$$X=v_0\cos\alpha\frac{2v_0\sin\alpha}{g\cos\theta}-\frac{1}{2}g\sin\theta\left(\frac{2v_0\sin\alpha}{g\cos\theta}\right)^2$$

$$=\frac{2{v_0}^2\sin\alpha(\cos\theta\cos\alpha-\sin\theta\sin\alpha)}{g\cos^2\theta}$$

加法定理$\cos(A+B)=\cos A\cos B-\sin A\sin B$より、

$$X=\frac{2{v_0}^2\sin\alpha\cos(\theta+\alpha)}{g\cos^2\theta}$$ ……答

(2)の問題を斜面に沿ったX軸で捉えると、意外と手間がかかるよね。そこで、水平方向と鉛直方向に分けて考えた最初の解法を思い出してほしい。

x方向（水平方向）は加速度が0の等速直線運動なので、位置xはシンプルな式だったよね。

水平方向の位置：$x=v_0\cos(\theta+\alpha)\cdot t$

(1)の結果$t=\frac{2v_0\sin\alpha}{g\cos\theta}$を代入し、$x$座標を計算しよう。

$$x=v_0\cos(\theta+\alpha)\times\frac{2v_0\sin\alpha}{g\cos\theta}$$

$$=\frac{2{v_0}^2\sin\alpha\cos(\theta+\alpha)}{g\cos\theta}$$

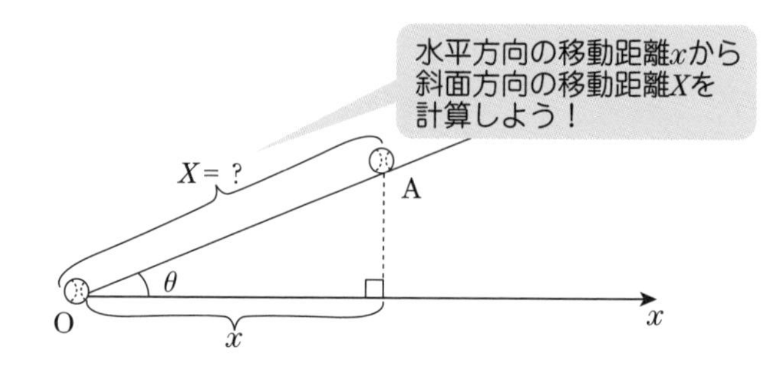

OAの距離Xは、xとθを用いて表すことができるよね。

$$\cos\theta = \frac{X}{x} \Leftrightarrow X = \frac{x}{\cos\theta}$$

上式に、$x = \dfrac{2v_0{}^2\sin\alpha\,\cos(\theta+\alpha)}{g\cos\theta}$を代入し、$X$を計算する。

$$X = \frac{x}{\cos\theta}$$

$$= \frac{1}{\cos\theta}\cdot\frac{2v_0{}^2\sin\alpha\,\cos(\theta+\alpha)}{g\cos\theta}$$

$$= \frac{2v^2{}_0\sin\alpha\cos(\theta+\alpha)}{g\cos^2\theta}$$ ……答

つまり、斜面を基準にX軸、Y軸を与え計算を進めると、水平、鉛直に分解するx、y軸のキホンを忘れてしまうよね。そこで物理を極めようと思ったら、視点を偏らせずに柔軟に両方の視点を持つことが大切であることがわかるよね。

5章 合成速度、相対速度

5-1 合成速度

この章ではまず、**合成速度**を考えるよ。次のように右向きに移動する電車の中を、電車の進行方向と同じ方向に走ってるクマ君が登場だ(車内を走るって、迷惑な話だなぁ……)。彼をクマAとしよう。

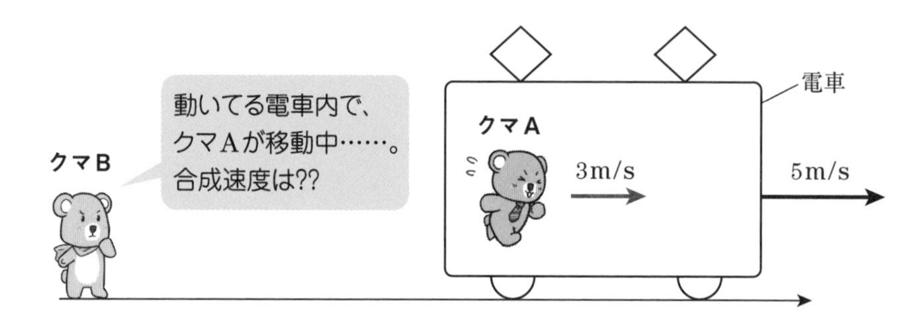

電車の速度が右向きに5m/s、クマAの電車に対する(電車内での)速度が、右向きに3m/sであった場合、ホームに立っているクマBから眺めると、クマAの移動速度はいくらになるかな？

めちゃめちゃ簡単！
クマBから見ると、電車の速度と電車内でのクマAの**速度を足す**だけね。

電車とクマAの速度の和を**合成速度**っていうんだ。

合成速度＝(**乗り物の速度**)＋(**乗り物内でのクマAの速度**)

＝(＋5)＋(＋3)＝＋8m/s……**右向きに8m/s**

右向きを正(+)とすると、電車もクマAも、**右向きに進んでいる**のだから、**速度の符号は正**(+)となるね。

速度は一般的に、大きさと方向を兼ね備えている。方向をもった物理量を**ベクトル量**というんだ。

すると、**合成速度**は次の図のように、**ベクトルの和**として表すことができるよ。

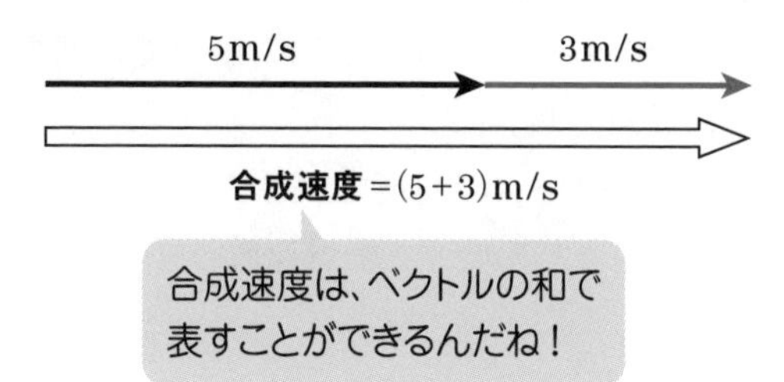

また、次の図のように、電車の速度：$\vec{v}$に対して、クマAの電車内での移動速度：$\vec{u}$が斜めの場合も、クマBから見た**合成速度**：$\vec{V}$は、**ベクトルの和**を考えるんだ。

ベクトル量は、速度の大きさを表す文字vの上に矢印(→)をのせてv のように表すんだ！

合成速度：$V = v$（乗り物の速度）＋ u（乗り物内での速度）

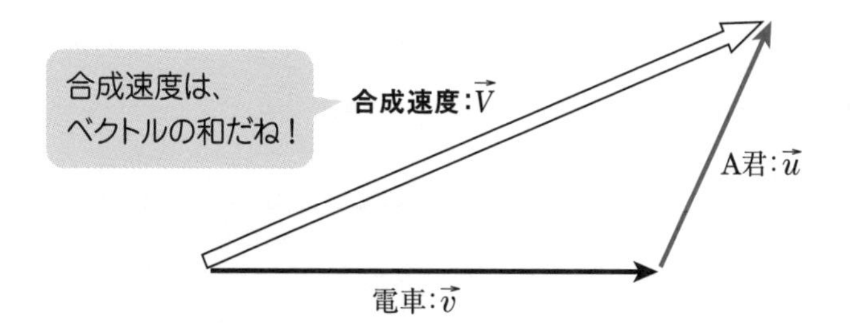

5-2 相対速度

次の図のように、右向きに3m/sで走っているクマAを、クマBが同じ方向に2m/sで追いかけているとしよう。

足の速い犯人を、だらしのない刑事が追いかけてる刑事ドラマなら、なんともしまりのない場面だね。

では、クマBから見たクマAの速度はいくらかな？　このような移動する観測者(クマB)から眺めた速度を、**相対速度**っていうんだよ。

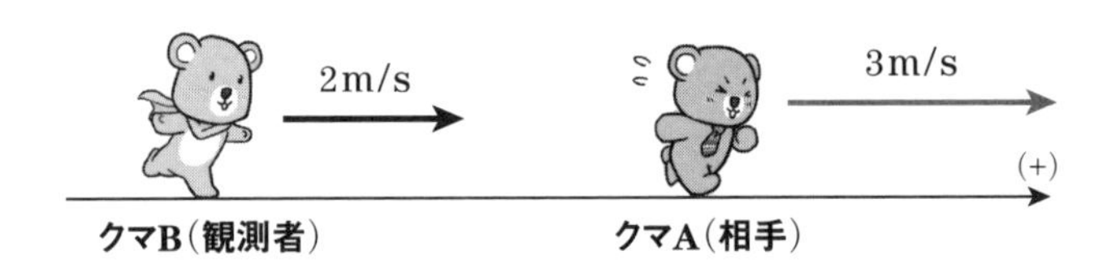

イメージをはっきりさせるために、クマB(観測者)が読者の皆さんと考えてみよう。

自分が、相手であるクマAを追いかけている状態をイメージできたかな？

まず、次の図のように、クマBとクマAが同じ位置からスタートしたとしよう。

1s間にBから見てAはどれだけ進んだかを考えてみよう。このBから見たAの移動距離が**相対速度**だよ。

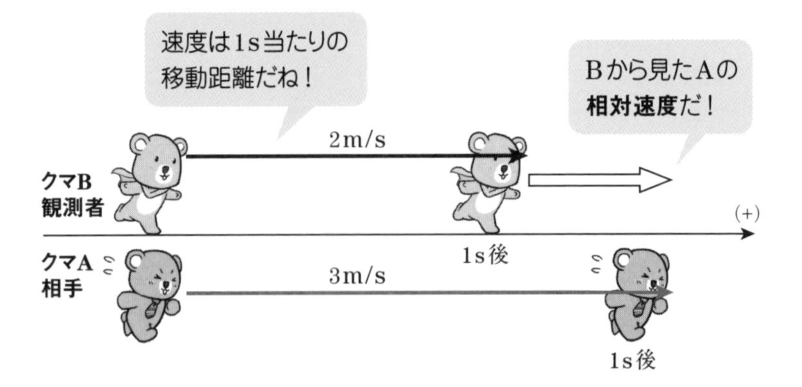

1s間にクマAは3m、観測者であるクマBは2m進むよね。このとき、クマBから見たクマAの1s当たりの移動距離(＝相対速度)は、3－2＝1〔m〕となるよね。

結局、相対速度は、**(相手の速度)－(自分の速度)**で計算できるね。

相対速度＝相手の速度－自分の速度

次の図のように、クマAが速度：$\overrightarrow{v_A}$で、クマBが速度：$\overrightarrow{v_B}$で、斜めに移動している場合でも、「**相手の速度－自分の速度**」の原理が使えるよ。

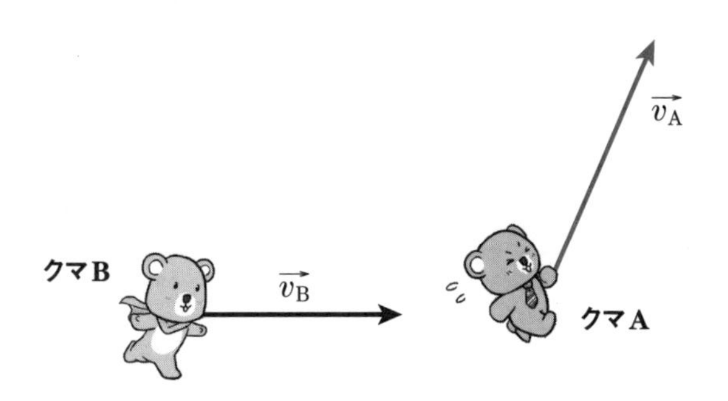

Bから見たAの相対速度：$\vec{v}$は、次のように表すことができる。

Bから見たAの相対速度：$\vec{v} = \overrightarrow{v_A} - \overrightarrow{v_B}$

つまり、相対速度：$\vec{v}$は、次の図のように、$\overrightarrow{v_A}$と$\overrightarrow{v_B}$の始点をそろえて終点を結ぶベクトルで、$\overrightarrow{v_A} - \overrightarrow{v_B}$を作図することでも求まるね！

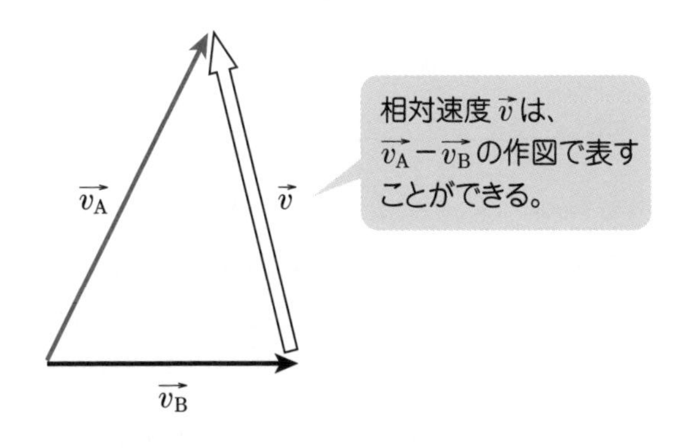

基本演習

走っている電車から雨を見ると、斜めに降って見える。次の図のように、電車の窓に残った雨の軌跡が、鉛直線に対して、進行方向と逆向きに30°だった。

電車が水平方向に10m/sの速さで移動し、雨は鉛直下向きに等速で降っているとして、雨滴の落下速度を求めよ。

必要ならば、$\sqrt{3}=1.7$とせよ。

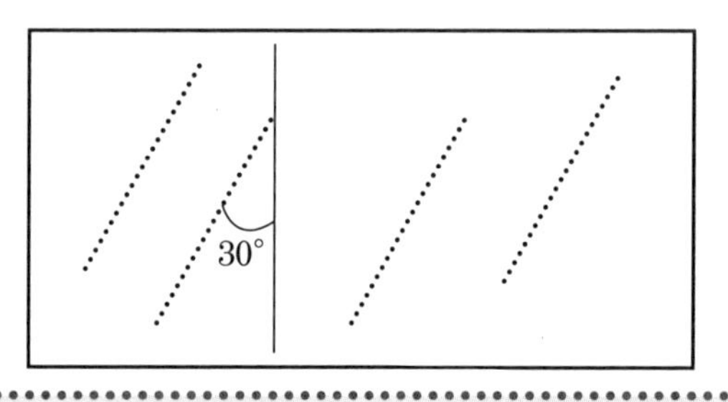

解答

雨滴の速度を$\vec{v}$、電車の速度を$\vec{u}$、相対速度を$\vec{V}$とすると、電車から見た雨滴の**相対速度**は、次のように表すことができるね。

相対速度＝相手の速度（雨滴）－自身の速度（電車）

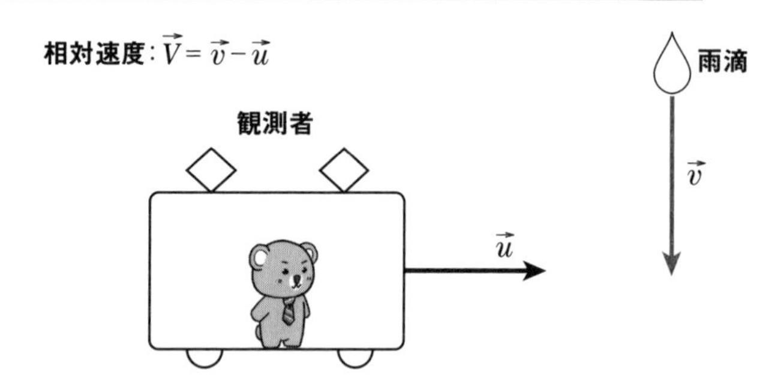

ベクトルの引き算は、「始点をそろえて、終点どうしを結ぶ」でも良いのだが、次の式のように、ベクトルの和の形に変形してみよう。

相対速度：$\vec{V}=\vec{v}+(-\vec{u})$

雨滴の相対速度$\vec{V}$を$\vec{v}$と$-\vec{u}$の和として作図すると、次のようになる。

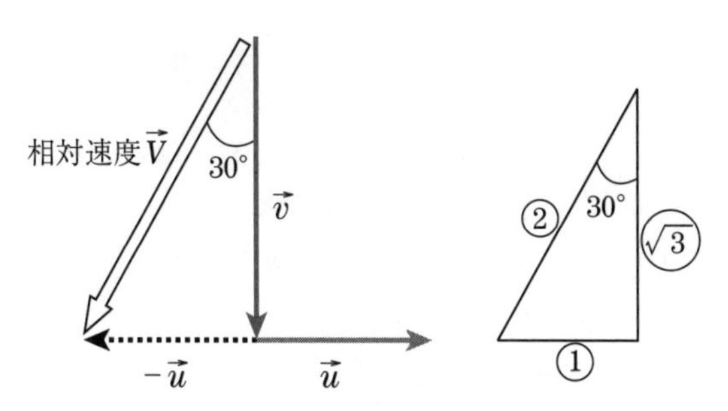

上の図を見てわかるように、電車から見た雨滴の**相対速度**は、斜め後方になるよね。

相対速度の方向が、鉛直線に対して30°の方向であることをもとに考えると、雨滴の速度$\vec{v}$の大きさは、電車の速度$\vec{u}$の大きさの$\sqrt{3}$倍であることがわかるよね(上右図を参照)。よって、雨滴の速さは、次のように計算できる。

雨滴の速さ＝電車の速さ×$\sqrt{3}$＝10×1.7＝17m/s ……答

演習問題

図のように、水平な地上にある小球Aから水平方向にL、鉛直方向にH離れた場所に小球Bがある。Bが自由落下し始めた瞬間、小球Aを発射して、これに命中させることができた。

小球Aの初速度の大きさ、およびその方向と地面とのなす角をそれぞれv_0、θとし、重力加速度の大きさをgとする。

初速度の地面とのなす角度θに対する$\tan\theta$の値を求めよ。

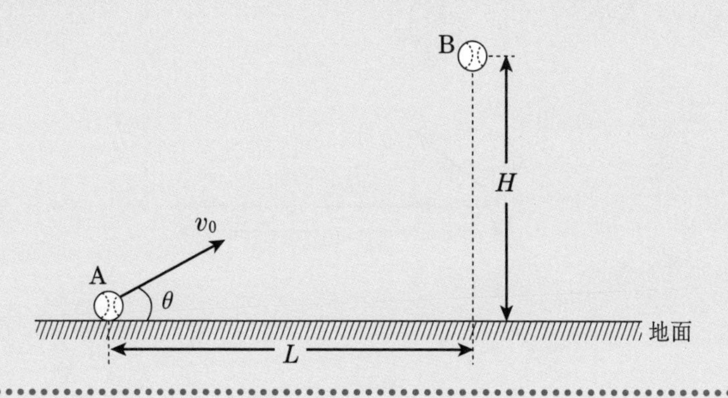

解答

■普通の解答

まず、地上にいる観測者から眺めた場合で考えよう。

小球A、Bの加速度は、ともに鉛直下向きの重力加速度：gだよね。

小球Aのスタートの位置を原点として、次の図のように、水平右向きにx軸、鉛直上向きにy軸を与える。

ある時刻：tにおけるAの座標を$(x,\ y)$、Bの座標を$(x',\ y')$としよう。

では、A、Bが衝突するってことを式で表すと、どうなるかな？

衝突 ⟹ 座標が一致！ ⟹ $(x,\ y)=(x',\ y')$ってことだよね！

では、それぞれの小球の時刻tにおける座標を、等加速度直線運動の位置の式を用いて、表してみよう。

等加速度直線運動の位置の式：$x=v_0t+\dfrac{1}{2}at^2$

x軸方向の加速度a_x、y軸方向の加速度a_yは、次のようになるね。

$a_x=0$

$a_y=-g$（鉛直下向きだから負だね）

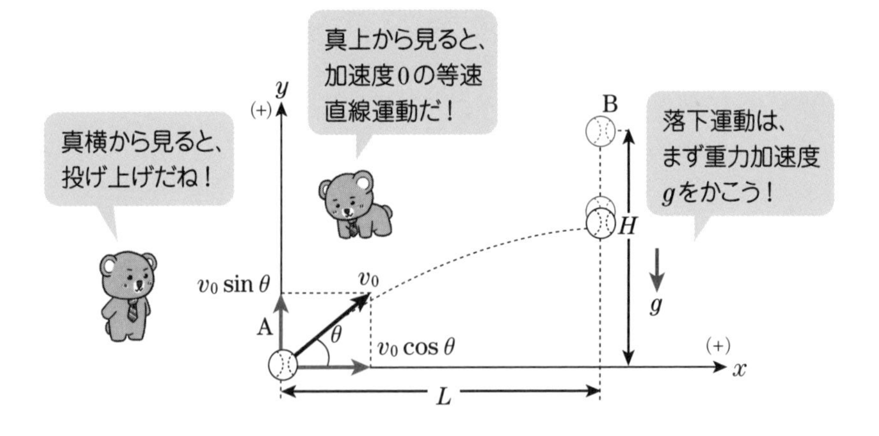

等加速度直線運動の位置xの式：$x=v_0t+\frac{1}{2}at^2$に初速度、加速度を代入し、小球A、Bの位置を計算だ。

小球Aの位置：$x=v_0\cos\theta t$、$y=v_0\sin\theta t+\frac{1}{2}(-g)t^2$

一方、小球Bは鉛直方向のみの運動なので、x座標は$x'=L$をキープだね。

y座標は、運動が**$y=H$から始まることに注意して**、y'を与えると、次のように表すことができる。

小球Bの位置：$x'=L$、$y'=\frac{1}{2}(-g)t^2+H$　　$t=0$の位置だよ！

衝突は、座標が一致！　$(x,\ y)=(x',\ y')$だよね。

$x=x'$より、$v_0\cos\theta t=L$　……①

$y=y'$より、$v_0\sin\theta t+\cancel{\frac{1}{2}(-g)t^2}=\cancel{\frac{1}{2}(-g)t^2}+H$

$v_0\sin\theta t=H$　……②

①、②から時間tを消去することを考えて、次のように辺々割り算を行うことで、$\tan\theta$を計算しよう。

$\frac{②}{①}$より、$\frac{v_0\sin\theta}{v_0\cos\theta}=\frac{H}{L}$

$\frac{\sin\theta}{\cos\theta}=\tan\theta$より、$\tan\theta=\frac{H}{L}$　……答

衝突は座標が一致ってコトなんだね!!　でも……、チョット計算量が多いなぁ……。
もっと簡単に解く方法ってないのかな??

■すばやい方法

相対速度、相対加速度を利用すれば速攻で解けるよ！

この問題のポイントは、落下運動をする小球A、Bはどちらも鉛直下向きで、9.8m/s^{2}の**同じ加速度**をもってることなんだ。

そこで、「**小球Bと一緒に落下する観測者**」の立場で考えてみよう。

小球Bから見た、小球Aはどのような運動になるかな??

まず、小球A、Bともに**同じ方向の重力加速度**なので、**相対加速度**は0だよね。

相対加速度＝重力加速度－重力加速度＝0

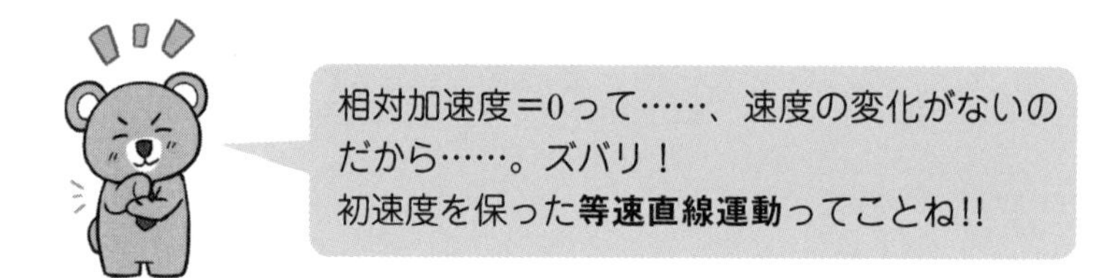

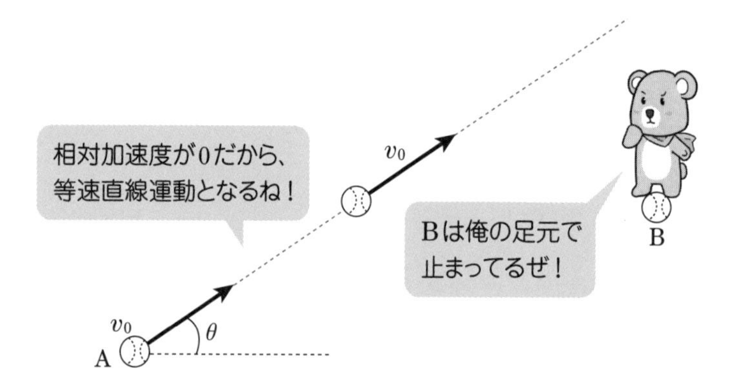

Bから眺めるとAは、**初速度を保った等速直線運動**となるよね。ということは、AがBに当たるためには、次の図のように、Aの初速度がBの方向に向かっていればよい！

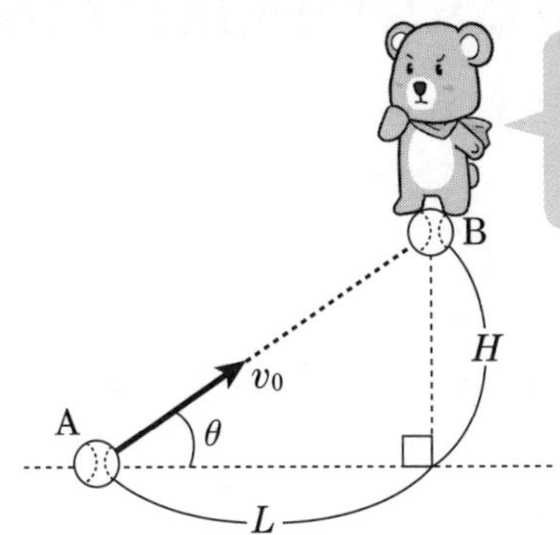

よって、$\tan\theta = \dfrac{H}{L}$ ……答

6章 力のつり合い、作用・反作用の法則

6-1 力のつり合い

■①2力のつり合い

次の図のように、物体に大きさF_1の右向きの力と、大きさF_2の左向きの力がはたらいていたとしよう。

物体が静止するためには、どんな条件が必要かな？

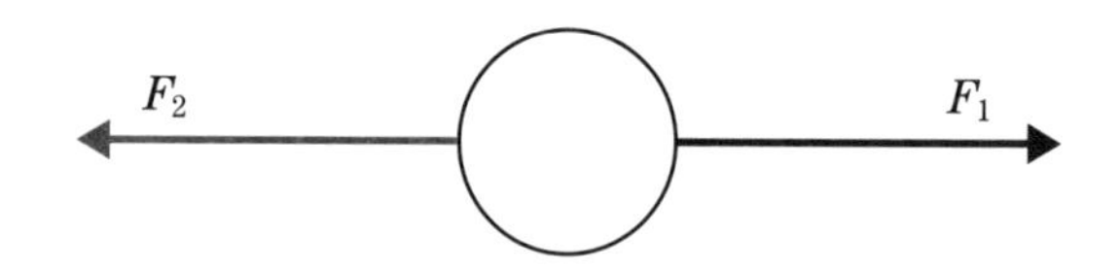

物体が静止する条件？
もちろん、$F_1 = F_2$だね！　この状態が**力のつり合い**ってことね。

ところで、力は**大きさだけじゃなく、方向をもっている**よね。方向をもっている物理量を**ベクトル量**っていうんだ。

ベクトル量は、力の大きさを表す文字F_1の上に、矢印(→)をのせて$\overrightarrow{F_1}$のように表すんだったね！

大きさF_1、F_2の力を、方向を含めたベクトル記号で$\overrightarrow{F_1}$、$\overrightarrow{F_2}$と表しておく。$\overrightarrow{F_1}$、$\overrightarrow{F_2}$の2つのベクトルは、**大きさが同じで逆向き**なので、ベクトルの和$\overrightarrow{F_1} + \overrightarrow{F_1}$は$\overrightarrow{0}$(ゼロベクトル)となるね。

■②3力以上のつり合い

では次の図のように、大きさF_1、F_2、F_3の3力がはたらくような場合は、力のつり合いは、どう表すことができるかな？

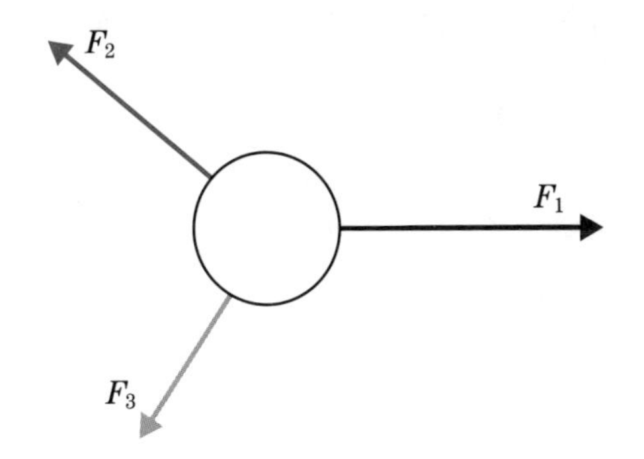

2力のつり合いは、$\overrightarrow{F_1}+\overrightarrow{F_2}=\vec{0}$だよね。3力のつり合いも、それぞれの力をベクトル記号で$\overrightarrow{F_1}$、$\overrightarrow{F_2}$、$\overrightarrow{F_3}$と表すと、力のつり合いは、ベクトルの和：$\overrightarrow{F_1}+\overrightarrow{F_2}+\overrightarrow{F_3}=\vec{0}$だね。

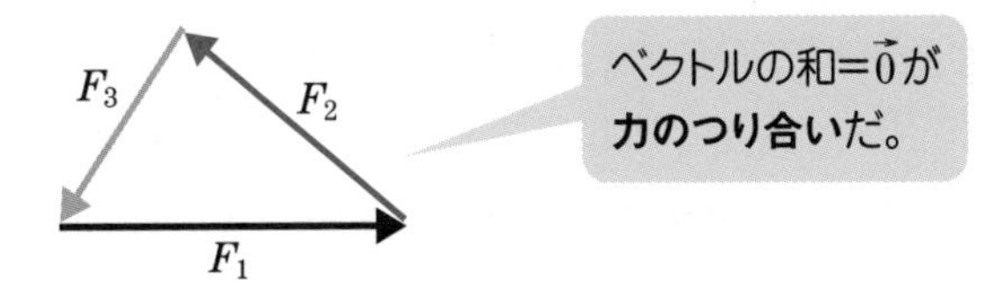

もっとたくさんの力がはたらく場合も、力のつり合いは、合力$\overrightarrow{F_1}+\overrightarrow{F_2}+\overrightarrow{F_3}+\cdots\cdots=\vec{0}$と表現できるんだね。

> **物体が静止する条件 ➡ 力のつり合い**：$\overrightarrow{F_1}+\overrightarrow{F_2}+\overrightarrow{F_3}+\cdots\cdots=\vec{0}$

なお、力の単位は、物理では**N(ニュートン)**を用いて表す。力の単位については、次の章で登場する**運動方程式**で詳しく説明するよ！

6-2　作用・反作用の法則

ここでは、2つの物体が及ぼし合う力の関係を考えるよ。次の図のように、クマAがクマBを大きさFの力で押したとしよう。

クマAがクマBを押す力Fを**作用**という！

クマBは作用：Fによって痛みを感じるが、じつは、クマAも痛みを感じるよね？

クマBは、クマAを同じ大きさFで押し返す。
この力が**反作用**だね！

POINT

つり合いと作用・反作用は全く別物!!

作用・反作用の力はベクトルの和を考えると0となるよね。これは、力のつり合いもベクトルの和が0だ。

「なーんだ、どっちも同じなのかな？」って勘違いしそうなのだが全く別物なんだ。

力のつり合い ➡ **1つの物体**にはたらく力に注目している。
作用・反作用 ➡ **2つの物体**にはたらく力の関係だ。

力のつり合いは、**1つの物体**にはたらく力に注目してるけど、作用・反作用は**2つの物体**にはたらく力の関係だね！

6-3 物体にはたらく力

力のつり合いや、次の章で登場する運動方程式を考える場合、一番大切な作業が、**物体にはたらく力をすべてかく**ことなんだ。

決しておどすわけじゃないけれど、物体にはたらく力を1つでもかき漏らしたら、アウトだよ！
そこで、次のことをしっかり覚えよう。

POINT

物体にはたらく力は、次の2種類しかない！
物体にはたらく力＝①重力＋②接触力

■①重力

地球上にある物体には、常に鉛直下向きの力がはたらく。この力が**重力**だね。

先取りなんだが、次の章で登場する**運動方程式**を利用すると重力の大きさは、**力＝質量×加速度**で計算できるんだ。

落下する物体の加速度は、3章の落下運動で登場した重力加速度：$g=9.8\mathrm{m/s^2}$だね。物体の質量をm〔kg〕とすると、重力の大きさ：Wは、**力＝質量×加速度**を利用すると、$W=mg$となるね。

重力 ｛ 大きさ：$W=mg$〔N〕（質量に比例する。gは重力加速度）
　　　 方　向：鉛直（地面に対して直角）下向き

POINT

重力は物体が**落下している場合**でも、地面に**静止している場合**でも、常に一定力$W=mg$〔N〕がはたらくんだ。

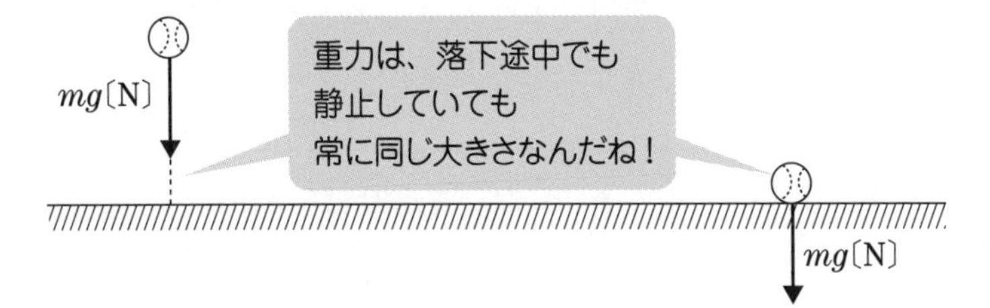

■②接触力

接触力とは、注目物体が**接している物体から受ける力**だよ。例えば、次の図のように、クマ君が玉転がしをしてるとする。

クマ君に注目すると、クマ君は床と玉に接しているのがわかるよね。当然、接触物体である床と玉から力を受ける。

このような、注目物体(クマ君)にくっついている物体から受ける力を、**接触力**というんだ。接触力の具体例を次に示すよ！

〈例1〉　糸の張力：T〔N〕

次の左図のように、物体に**質量の無視できる**糸を取り付け、手で糸の一端を引いてみる。

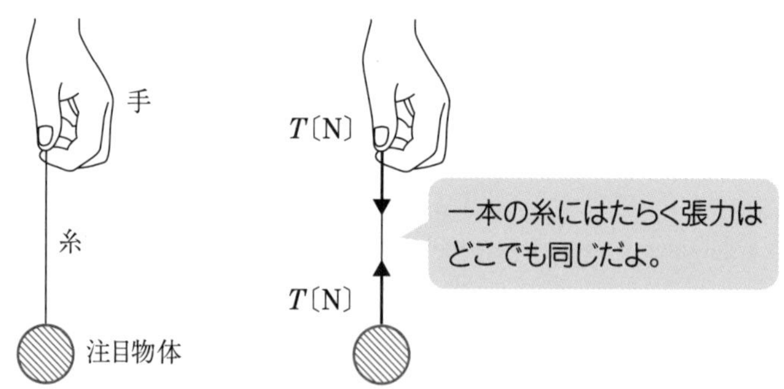

赤い斜線の注目物体に、はたらく接触力は何かな？　注目物体は**糸に接している**のだから、糸が引っ張る力だね。これを**張力：T〔N〕**という。

ちなみに、手も糸に接しているのだから、糸の張力を受けるのだが、じつは、注目物体にはたらく張力と同じ大きさなんだ。質量の無視できる糸の張力については、次のことをしっかり覚えよう！

質量無視の1本の糸にはたらく張力の大きさは、どこでも同じ。

〈例2〉 **垂直抗力：N〔N〕**

次の図のように、水平な床の上に、物体を乗せてみよう。物体は、**床に接している**ので、床から床面に対して、垂直に力を受ける。

この力を、**垂直抗力：N**という。

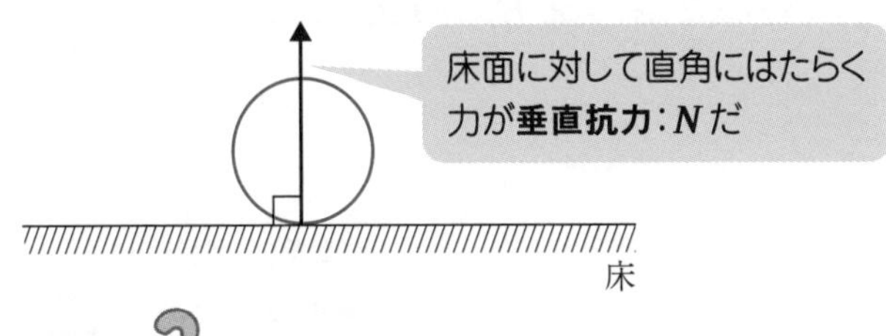

接触力は張力、垂直抗力以外に、**摩擦力、ばねの力、浮力、空気の抵抗力**などがあるのだが、これらの接触力については、あとの章で登場するよ。

基本演習

質量mのおもりに糸をつけて、他端を天井に固定する。この物体に水平方向の力を加えたところ、糸が鉛直方向と30°の角をなして静止した。

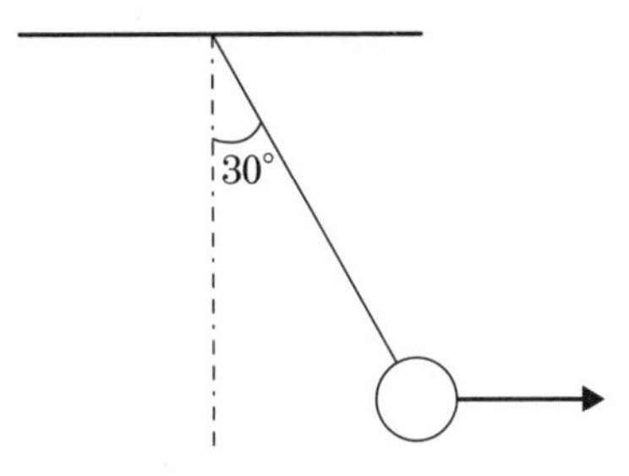

重力加速度をgとして、次の問いに答えよ。

(1) 水平方向に加えた力Fを求めよ。

(2) 糸の張力Tを求めよ。

物体が静止しているので、物体にはたらく力は、つり合っているよね。

物体が静止する条件 ➡ 力のつり合い：$\vec{F_1}+\vec{F_2}+\vec{F_3}+\cdots\cdots=\vec{0}$

まず、物体にはたらく力(①**重力**＋②**接触力**)をかき込もう！

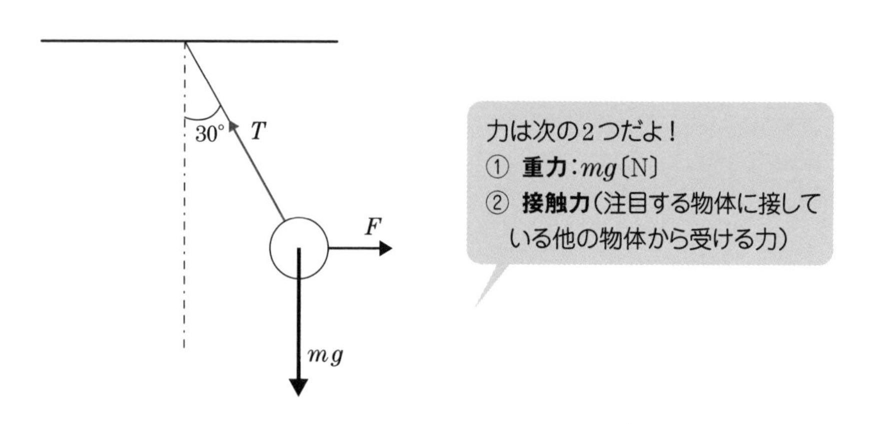

力のつり合いを、ベクトルで表すと、次のように閉じた多角形となる。

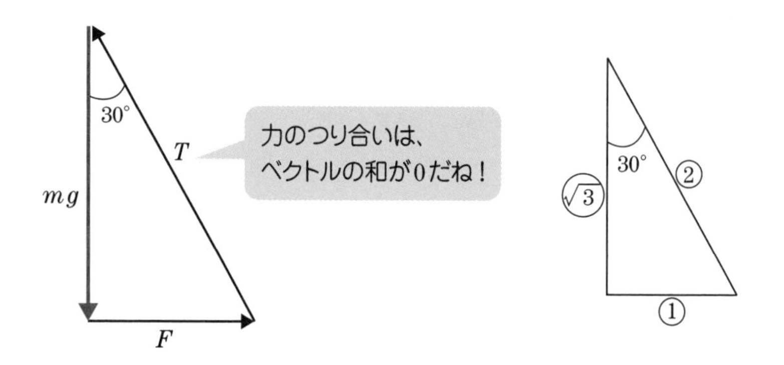

上左図の直角三角形の辺の比は、上右図のようになり、式で表すと次のようになる。

$$F : T : mg = 1 : 2 : \sqrt{3}$$

よって、(1)　$F=\dfrac{1}{\sqrt{3}}mg$ ……答　　(2)　$T=\dfrac{2}{\sqrt{3}}mg$ ……答

次の図のように、力を水平、鉛直方向に分解して、それぞれの方向のつり合いを考えてもよい。

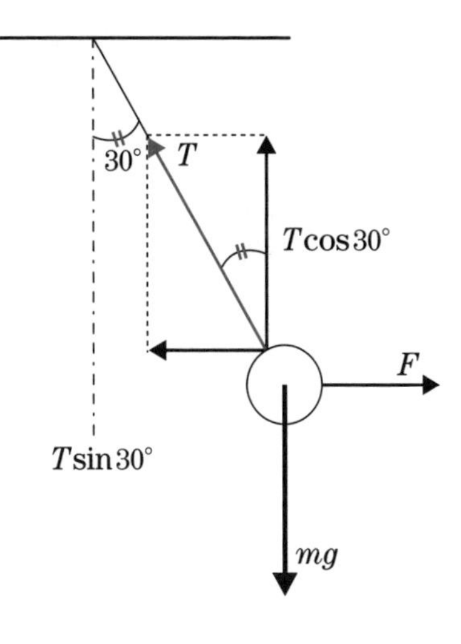

鉛直方向：$T\cos 30° = mg$ ……①

水平方向：$T\sin 30° = F$ ……②

①より、$T\dfrac{\sqrt{3}}{2} = mg$

よって、(1) $T = \dfrac{2}{\sqrt{3}}mg$ ……答

この結果を②に代入し、

$\dfrac{2}{\sqrt{3}}mg \times \dfrac{1}{2} = F$

よって、(2) $F = \dfrac{1}{\sqrt{3}}mg$ ……答

演習問題

図のように、地上に置かれた質量Mの板にロープを結びつけて、なめらかな定滑車にかけ、その一端を板の上に立っている質量mの人が大きさFの力で鉛直下向きに引っ張る。重力加速度gを用いて、次の問いに答えよ。

(1) 人が板を押す力を求めよ。

(2) 地面が板を押す力を求めよ。

(3) 人が板に立ったまま板をつり上げて静止するためのFの大きさと、Mとmの間に成り立つ関係を求めよ。

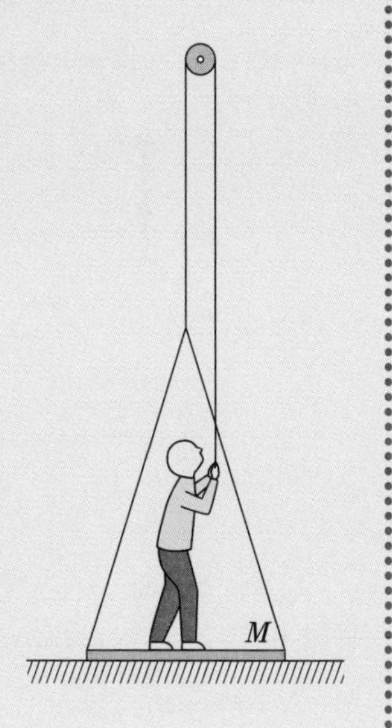

解答

人が大きさFの力でロープを引くと、人間にはロープを引く力の**反作用**を受けるよね！

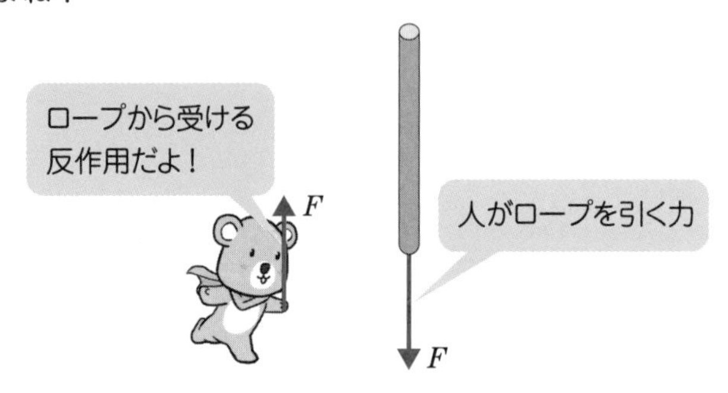

人間と板の間にはたらく力(重力＋接触力)をすべてかき込もう。人間は、重力mg、ロープから受ける力F、板から受ける垂直抗力Nがはたらく。

板は、重力Mg、人間が受ける垂直抗力Nの反作用、ロープから受ける力F、地面から受ける垂直抗力N'がはたらくね。

ちなみに、**定滑車は表面は滑らかなので、左右の糸で張力が異なることはない**んだ。

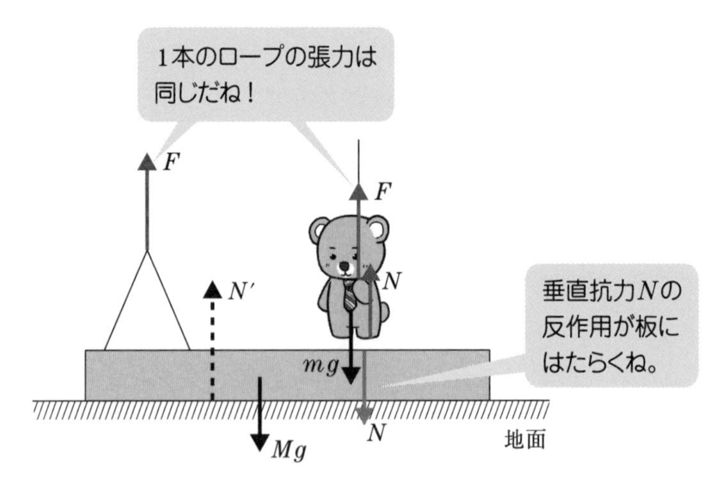

(1)　人が板を押す力は人間が受ける垂直抗力Nの反作用だよ。人についての力のつり合いは次のとおり。

$$N+F=mg$$

よって、$N=mg-F$ ……答

(2) 板にはたらく力のつり合いは、次のようになる。

$$N' + F = Mg + N$$

(1)で求めた$N = mg - F$を、上式に代入し、N'を計算しよう。

$$N' + F = Mg + mg - F$$

よって、$N' = (M+m)g - 2F$ ……答

(3) 「**人が板に立ったまま、板をつり上げて静止**する」とあるが、この文章を式で表すことを考えてみよう！

人が板に立ったまま ➡ 人は板にくっついている ➡ $N>0$

板をつり上げて ➡ 板は地面から離れた ➡ $N' = 0$

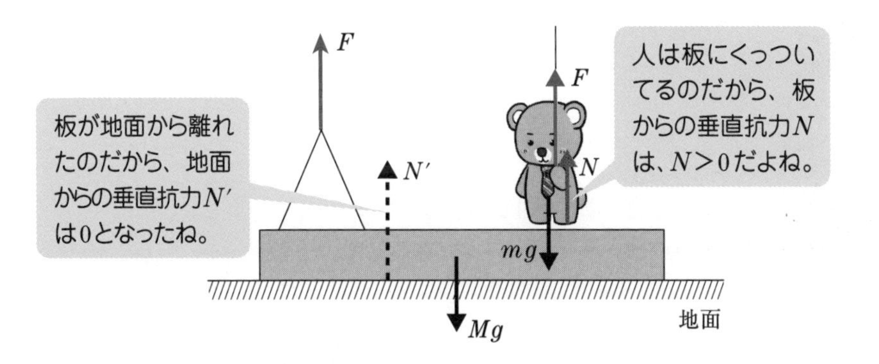

(2)の結果に$N' = 0$をあてはめて、Fを求めよう。

$$N' = (M+m)g - 2F = 0$$

よって、$F = \frac{1}{2}(M+m)g$ ……答

(1)の結果に$N>0$をあてはめて、mとMの関係を求めよう。

$N = mg - F > 0$より、$mg > F$

$$mg > \frac{1}{2}(M+m)g$$

$$2mg > (M+m)g$$

よって、$m > M$ ……答

応用問題

図のように、水平面に対する角度θのなめらかな斜面がある。質量mの物体が、一端が天井に固定された糸で斜め上方に引っ張られ、斜面上に静止している。

糸と鉛直線のなす角度をα $\left(0 < \alpha + \theta < \frac{\pi}{2}\right)$、重力加速度を$g$として次の問いに答えよ。

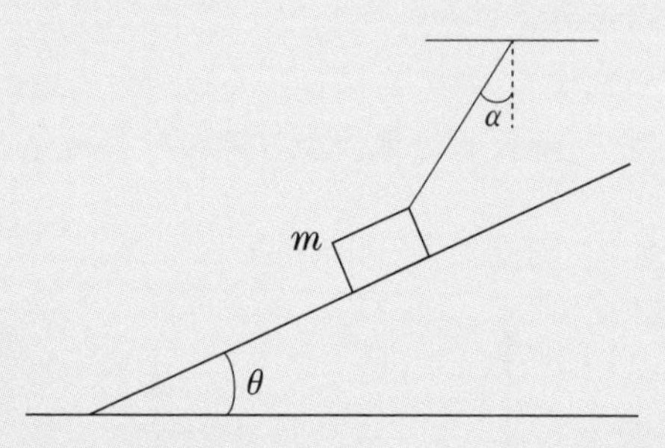

(1)　物体に働く糸の張力Tを求めよ。

(2)　斜面から受ける垂直抗力Nを求めよ。

解答

(1)　物体は静止なのだから、力のつり合いが成り立つ。物体に働く力は重力mg、張力T、垂直抗力Nの3力であるが、まず2方向に分解する方法で解いてみよう。力のつり合いを斜面方向と斜面に垂直方向に分けて考えると次のようになる。

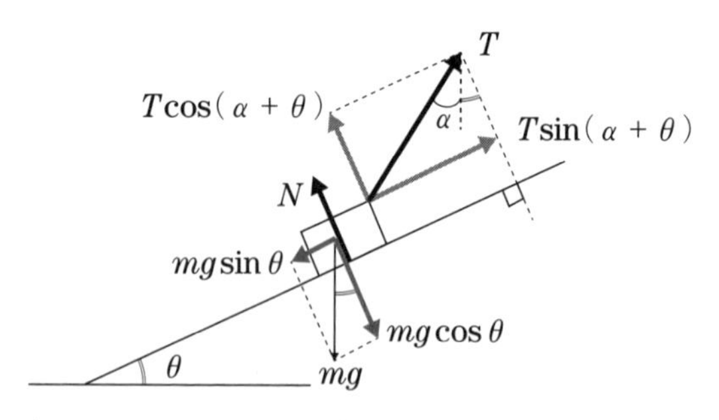

斜面方向のつり合い：$T\sin(\alpha+\theta) = mg\sin\theta$ ……①

斜面に垂直方向のつり合い：$N+T\cos(\alpha+\theta)=mg\cos\theta$ ……②

①より、$T=mg\dfrac{\sin\theta}{\sin(\alpha+\theta)}$ ……答

(2) 上記の結果を②に代入し、垂直抗力Nを計算する。

$$N+mg\frac{\sin\theta}{\sin(\alpha+\theta)}\cos(\alpha+\theta)=mg\cos\theta$$

$$N=mg\frac{\sin(\alpha+\theta)\cos\theta-\cos(\alpha+\theta)\sin\theta}{\sin(\alpha+\theta)}$$

ここで三角関数の加法定理が登場だよ！

$\sin(A-B)=\sin A\cos B-\cos A\sin B$より、上式の分子を変形すると次のとおり。

$$N=mg\frac{\sin(\alpha+\theta-\theta)}{\sin(\alpha+\theta)}$$

$$=mg\frac{\sin\alpha}{\sin(\alpha+\theta)}$$ ……答

■別解1

力のつり合いを2方向に分解する際、**どのような2方向に分解しても構わないんだ**。なぜなら、『**どの方向に対しても静止**しているから』だね。今度は、鉛直方向、水平方向に分解してみるよ。

(1) まず、力を水平、鉛直方向に分解すると次のようになる。

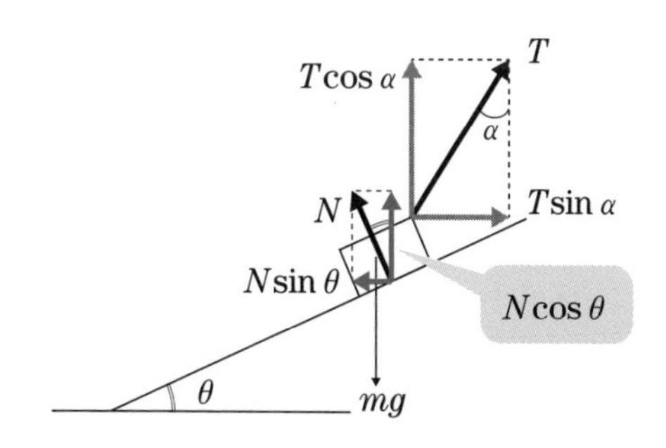

水平方向のつり合い：$N\sin\theta = T\sin\theta$ ……①

鉛直方向のつり合い：$T\cos\alpha + N\cos\theta = mg$ ……②

①より、$N = T\dfrac{\sin\alpha}{\sin\theta}$ ⇒②に代入し、Tを求めよう。

$$T\cos\alpha + T\frac{\sin\alpha}{\sin\theta}\cos\theta = mg$$

$$T\frac{\sin\theta\cos\alpha + \sin\alpha\cos\theta}{\sin\theta} = mg$$

またまた、加法定理を利用してTを求める。

$\sin(A+B) = \sin A\cos B + \cos A\sin B$より、

$T = mg\dfrac{\sin\theta}{\sin(\alpha+\theta)}$ ……答

(2)　②に上記の結果を代入する。

$$mg\frac{\sin\theta}{\sin(\alpha+\theta)}\cos\alpha + N\cos\theta = mg$$

$$N\cos\theta = mg - mg\frac{\sin\theta}{\sin(\alpha+\theta)}\cos\alpha$$

$$N\cos\theta = mg\frac{\sin(\alpha+\theta) - \sin\theta\cos\alpha}{\sin(\alpha+\theta)}$$

$$N\cos\theta = mg\frac{\sin\alpha\cos\theta}{\sin(\alpha+\theta)}$$

よって$N = mg\dfrac{\sin\alpha}{\sin(\alpha+\theta)}$ ……答

■ 別解2

そもそも力のつりあいとは、**力ベクトルの和が0**ってことだよね！

POINT

3力のつり合いはベクトル和＝0が有効

この問題は、重力mg、垂直抗力N、張力Tの3力だよね。そこで、力のつり合いをベクトルの和で考えてみよう！

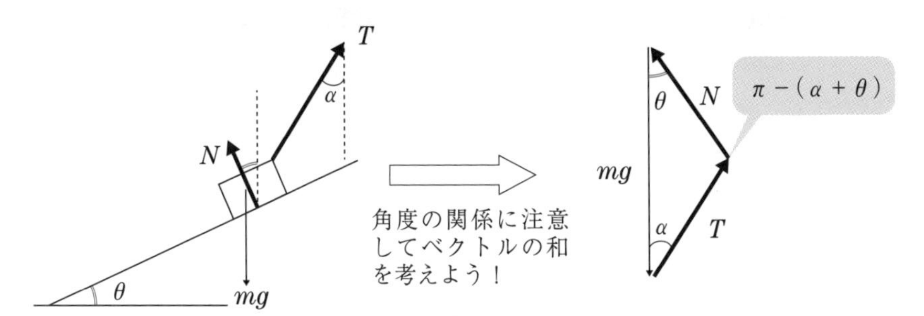

正弦定理より、三角形の3辺と角度の関係は次のように表すことができる。

$$\frac{T}{\sin\theta}=\frac{N}{\sin\alpha}=\frac{mg}{\sin\{\pi-(\alpha+\theta)\}}$$

$\sin(\pi-\theta)=\sin\theta$ の関係より、

$$T=mg\frac{\sin\theta}{\sin(\alpha+\theta)}、N=mg\frac{\sin\alpha}{\sin(\alpha+\theta)}$$ ……答 (1) (2)

7章 運動方程式

この章では、運動方程式が登場だ！
ところで……、「運動方程式」と聞いて、何を思い浮かべるかな？

方程式って、$2x+5=7$
xを求めよ！　みたいなやつだよね？
「運動方程式」って、運動する物体の何かを求める式なのかな??

■運動方程式とは、ズバリ!

① **物体の質量**（mまたはMで表すよ。質量は英語でmass）
② **物体にはたらく力**（fまたはFで表すよ。力は英語でforce）

↓ ①質量、②力がわかれば……、

③ **物体の加速度**（aで表すよ。加速度はacceleration）
が、求まる式だ！

次の図のように、質量m〔kg〕の物体に大きさFの力を加えてみよう。

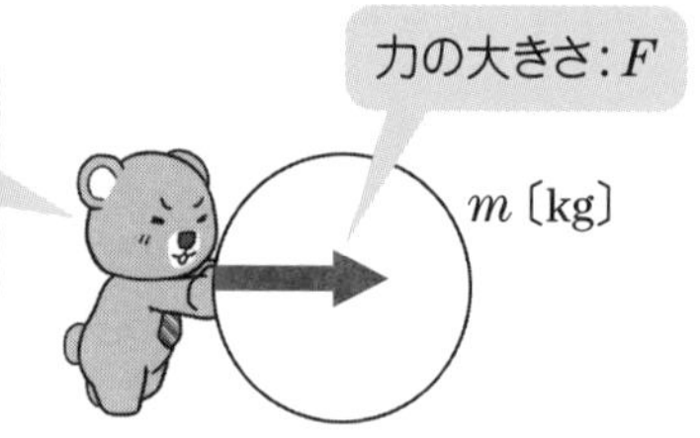

まず、物体に力を加えるとどうなる？

物体を押したら、押した方向に動くに決まってるよね??
それ以上のことって、何かあるのかな？

力を加えると、力を加えた方向に動く……、間違いなんだけど、イギリスの物理学者**ニュートン**は、物体の**加速度**に注目した。

「物体に力を加えると、ただ動くだけじゃなくて速度が増えまくる、つまり加速度をもつ」

物体の加速度：aについて、経験的に、次のことがいえるんだ。

(1) 加速度は、**力の大きさ：F に比例**し、**力の方向と一致**する。

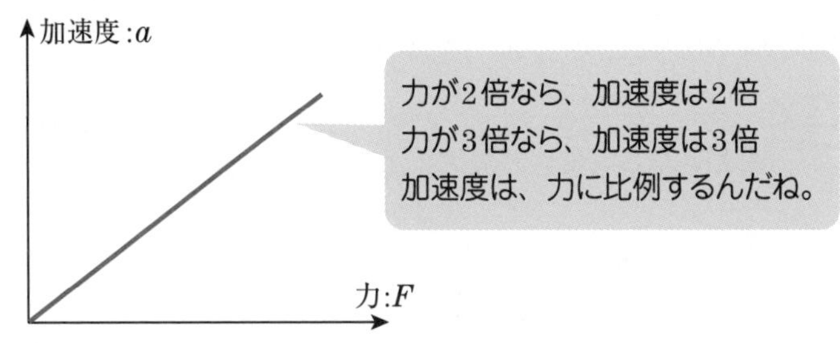

(2) 加速度は、物体の質量：**m に反比例**する。

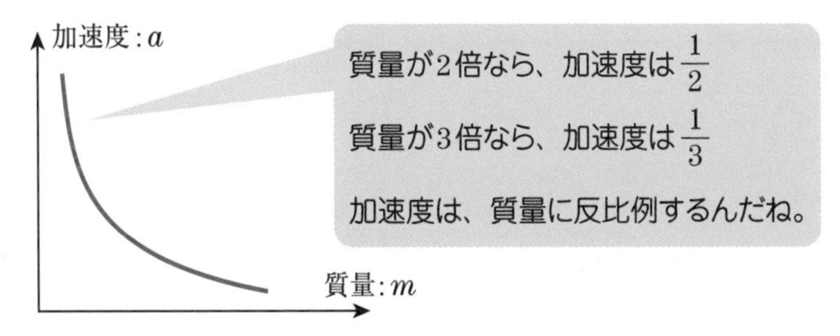

(1)(2)をまとめて、次のように式で表すことができる。

物体の**加速度**：$a\,[\mathrm{m/s^2}] = \dfrac{F}{m}$ $\begin{cases} \text{力：}F\text{に比例} \\ \text{質量：}m\text{に反比例} \end{cases}$

上式の両辺に質量：mを掛けると、$ma=F$となるよね。
これが**運動方程式**だ。

> **運動方程式**：$m\,[\mathrm{kg}]\;a\,[\mathrm{m/s^2}] = F\,[\mathrm{N}$：ニュートン$]$
> 質量 × 加速度 ＝力

力：Fの単位は、$[\mathrm{kg \cdot m/s^2}]$でもよいのだが、発見者の名にちなんで**〔N〕（ニュートン）**で表す。

力の単位を、「キログラムメートル/セカンドの二乗」って言うの大変だもんね、毎回言ってるとしんどいね(汗)

基本演習

質量5.0 kgの物体に、10 Nの力を加えた場合の加速度を求めよ。

解答

物体の加速度の大きさをa〔m/s^2〕とする。

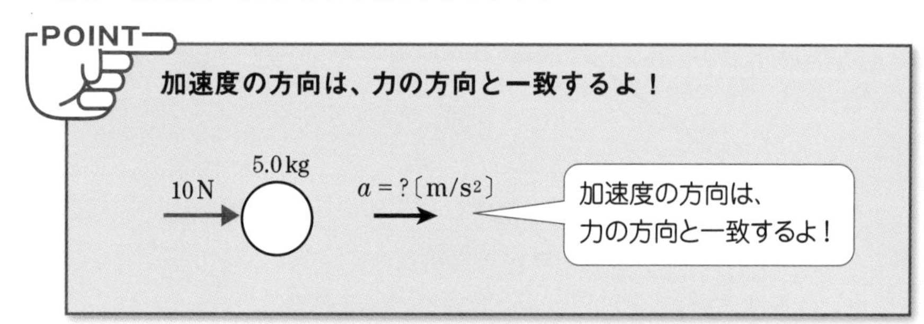

運動方程式：$ma = F$に、数値をあてはめて加速度を計算する。

$5.0 \times a = 10$

10も5.0も2桁だから、**有効数字**2桁だよ！

$a = \frac{10}{5.0} = 2.0$〔m/s^2〕　……答

この問題は楽勝だね。だけど、もっとややこしい問題が出てきたら、どうすればいいのかな??

基本演習

天井に固定したなめらかな軽い滑車に、軽い糸をかけ、糸の両端に質量M、mの物体A、Bを結び静かに手を放す。重力加速度をgとする。

A、Bの加速度の大きさaと、糸の張力Tを求めよ。$M > m$とする。

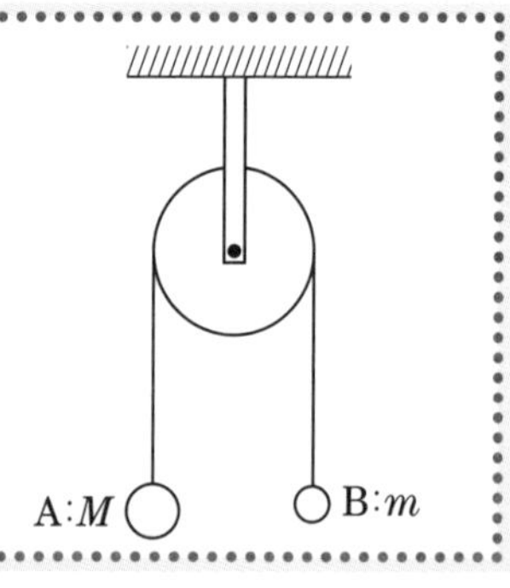

解答

一般的な運動方程式の立て方(手順は 3step だよ)

step1 運動方向を(+)に定めて、加速度aを与える

step2 注目物体にはたらく力(重力＋接触力)をすべてかく

step3 ma＝**加速度aに平行な力**をぜーんぶ足す

Mはmより大きいので、物体Aは下向き、物体Bは上向きが運動方向だね。運動方向を(+)に定め、加速度：aを与える。

物体にはたらく力は、重力と接触力として張力：Tがはたらくね。前章でも登場したけれど、**1本の糸にはたらく張力はどこでも同じ** だね！

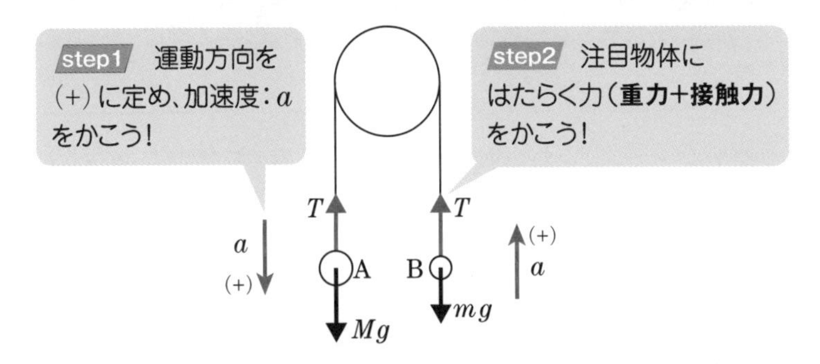

step3 ma＝**加速度aに平行な力**をぜーんぶ足す

力の方向は符号で表す。例えば、Aに注目すれば、重力Mgは下向きだから(＋)、張力Tは上向きだから(－)だね。

A：$Ma=+Mg-T$ ……①

B：$ma=+T-mg$ ……②

①、②は加速度：aと、糸の張力Tの連立方程式だ。まず、加速度aを求めるために、辺々を足し合わせよう！

①＋②より、$(M+m)a=(M-m)g$

$$\therefore \quad a=\frac{M-m}{M+m}g \quad \cdots\cdots \text{答}$$

②より、$T=mg+ma$として、この式に加速度：aを代入する。

$$T=mg+m\times\frac{M-m}{M+m}g=\frac{2Mm}{M+m}g \quad \cdots\cdots \text{答}$$

演習問題

なめらかな水平面上に質量M、mの物体A、Bを接触させ、Aに指で水平方向に大きさFの一定力を加えたところ、一体となって運動した。

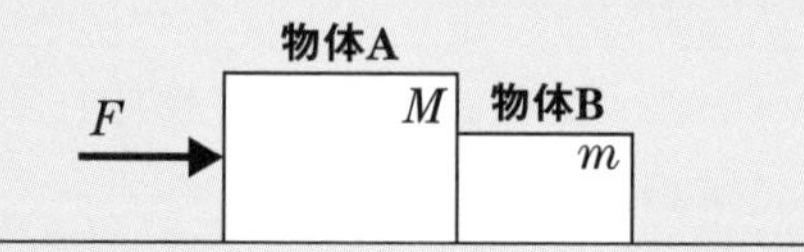

物体A、Bの加速度の大きさaと、物体A、Bが押し合っている力の大きさfを求めよ。

解答

この問題で鍵となるのは、前章で登場した**作用・反作用の法則**だ！

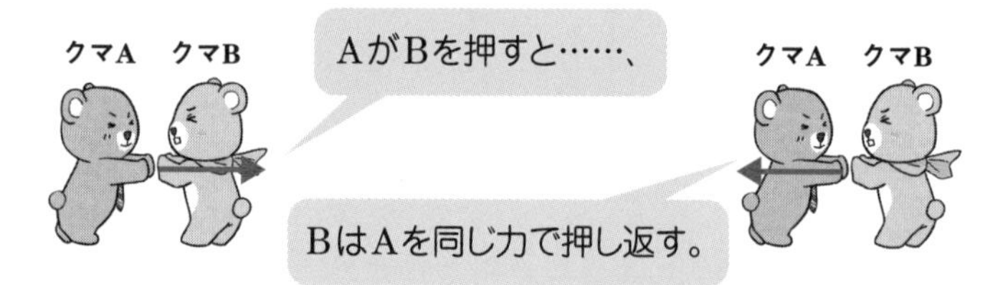

A、Bが押し合う**作用・反作用**の力fをはっきりさせるために、作図は次のことを覚えておこう。

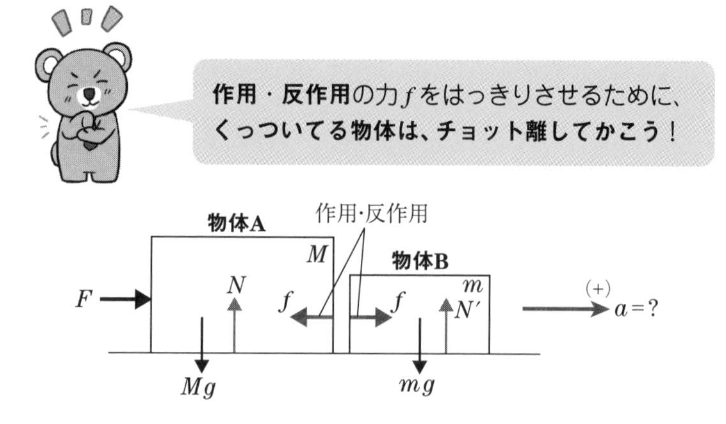

A、Bは床に接してるので、垂直抗力：N、N'を受けるよね！

各物体について、運動方程式を立てると、次のとおり。

A：$Ma=+F-f$ ……①

B：$ma=+f$ ……②

①+②より、$(M+m)a=F$

加速度：$a=\dfrac{F}{M+m}$ …… 答

②式に上記の結果を代入すると、次のようにfが計算できる。

②より、$f=\dfrac{m}{M+m}F$ …… 答

ちなみに、物体A、Bは、ともに鉛直方向に対して静止しているので、力はつり合ってるよね。$N=Mg$、$N'=mg$

加速度は、もっと簡単に求める方法があるよ！　物体A、Bは一体だったよね。

物体A、Bは**一体となって移動している**のだから、次の図のように質量$(M+m)$の1個の物体とみなす方法がある。

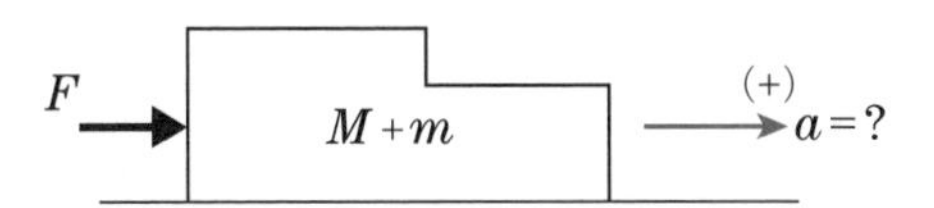

1個の物体とみなすと、**内力**（物体どうしが及ぼし合う作用、反作用の力、内部ではたらく力ってカンジ）を無視し、**外力**（物体の外からはたらく力）だけを考えればいいんだ。

AとBを1つの物体とみなす。 ➡ 内力は無視。外力だけ考える。

A+Bの運動方程式：$(M+m)a=F$

$\therefore \quad a=\dfrac{F}{M+m}$

1個の物体とみなすと、あっという間に、加速度が求まるね！

8章 静止摩擦力、動摩擦力

この章では、**静止摩擦力**と**動摩擦力**が登場だ！　アスファルトなどのようなざらざらした面に物体をのせて動かそうとすると、動きを妨げようとする力がはたらくよね。この力が摩擦力だよ。

8-1 静止摩擦力

粗い床面に物体を置き、水平方向に大きさ：Fの外力(指の力)を加える。外力Fが小さい場合は、物体は動かないよね。

なぜなら、物体は、床面から**動き出そうとする方向と逆向き**に、静止摩擦力：fがはたらくためだ。

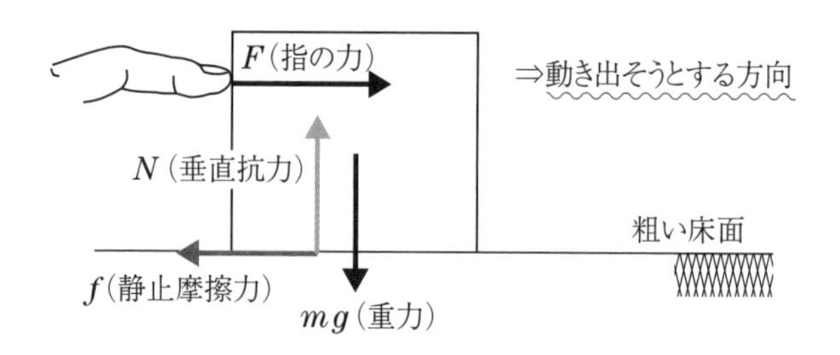

静止摩擦力fは、**物体が動き出そうとする方向と逆向き**にはたらくんだね！

物体は静止しているので、はたらく力はつり合っているよね。力のつり合いを式で表すと、次のとおりだよ！

鉛直方向：$N=mg$

水平方向：$f=F$

上記の水平方向のつり合いより、外力Fを大きくすると、**静止摩擦力**：fも大きくなるよね。

そしてついに……!!　物体がズルッ！っと**動き始める瞬間**に注目だ！

ズルッと動き出す瞬間にはたらく静止摩擦力fは、最大値(max)だよね。
この最大値をf_{max}と表すと、物体にはたらく**垂直抗力：Nに比例**し、次のように表すことができるんだ。

最大静止摩擦力：$f_{max} = \mu N$　　μ：**静止摩擦係数**

上の式に登場したμ（ミュー）は、**静止摩擦係数**といい、床面と物体の組み合わせによって、さまざまな値をとる。

〈静止摩擦係数μの例〉
- ガラスとガラス(乾燥)：0.94
- 鋼鉄と鋼鉄(乾燥)：0.7
- 鋼鉄と鋼鉄(油を塗る)：0.1

静止摩擦力$f = \mu N$とやるとアウトだ！　動き出す一歩手前ではたらく静止摩擦力だけが、$f_{max} = \mu N$となるんだよ。

静止摩擦係数μって、どうやって測定するのかな??

静止摩擦係数μは、とても簡単な実験で測定することができるんだ。この方法は、基本演習で説明するね！

8-2 動摩擦力

次の図のように、物体が、粗い床面上をズルズルと動く場合、進行方向と逆向きに(移動を妨げる方向に)動摩擦力：f'がはたらく。

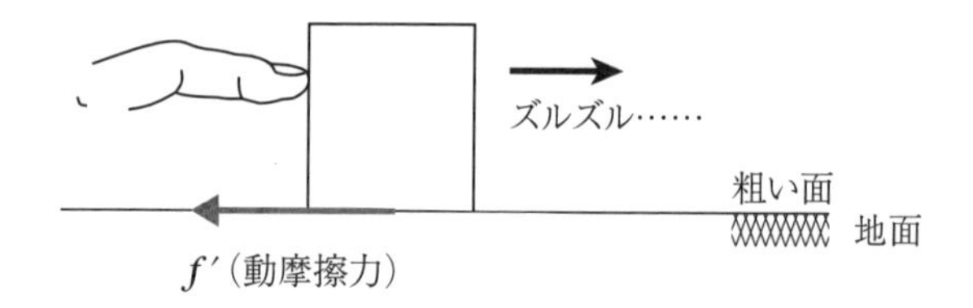

動摩擦力の大きさ：f'は、**垂直抗力：Nに比例**し、次のように表すことができるよ。

動摩擦力：$f' = \mu' N$(一定)　　μ'：**動摩擦係数**$(< \mu)$

静止摩擦力は、**最大値**が$f_{max} = \mu N$で表されるよね。これに対し、動摩擦力は、速度や外力の大きさによらず、一定力であることに注意しよう。

上式に登場したμ'は**動摩擦係数**といい、経験的に**静止摩擦係数**：μより小さいんだ。

基本演習1

図のように、質量m〔kg〕の物体を傾角θの斜面にのせる。斜面の傾角θを少しずつ大きくしたところ、$\theta = \theta_0$となったところで物体は斜面上を滑り始めた。重力加速度gとして、次の問いに答えよ。

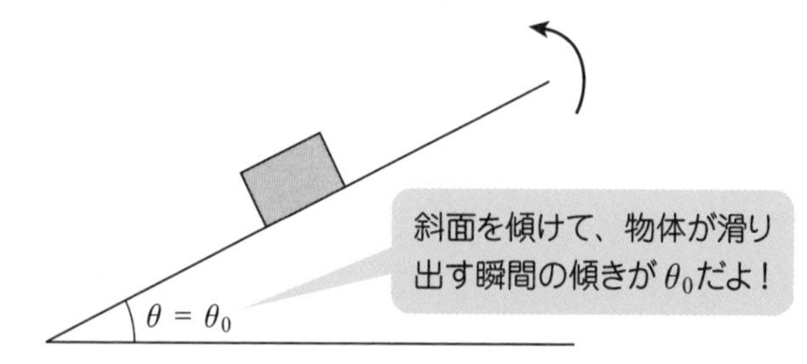

(1) 物体が斜面を滑り出す瞬間の物体にはたらく静止摩擦力f、垂直抗力Nを求めよ。

(2) 斜面と物体間の静止摩擦係数μを求めよ。

解答

(1) 物体にはたらく力は、重力mgと斜面から受ける垂直抗力N、静止摩擦力fの3力だね。

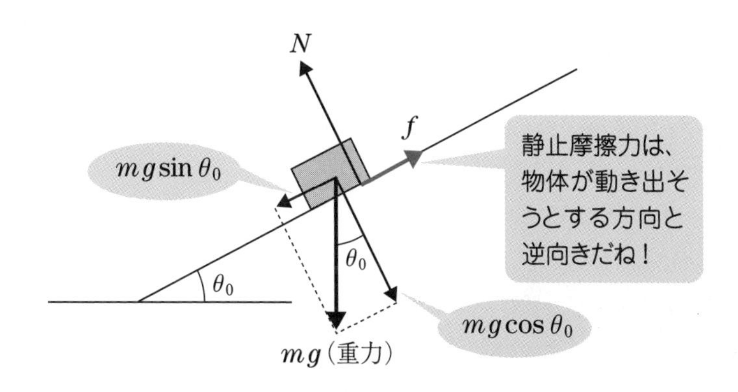

重力を斜面方向と、斜面に垂直な2方向に分解しよう。

物体は、$\theta = \theta_0$でギリギリ静止しているのだから、はたらく力はつり合っているよね！

斜面方向、斜面に垂直方向のつり合いより、f、Nを求めると、次のとおりだ。

（斜面方向）静止摩擦力：$f = mg\sin\theta_0$ ……答

（斜面垂直方向）垂直抗力：$N = mg\cos\theta_0$ ……答

別解 次のように力のつり合いを、「力ベクトルの和＝0」として、図形的に考えるのもありなんだ。

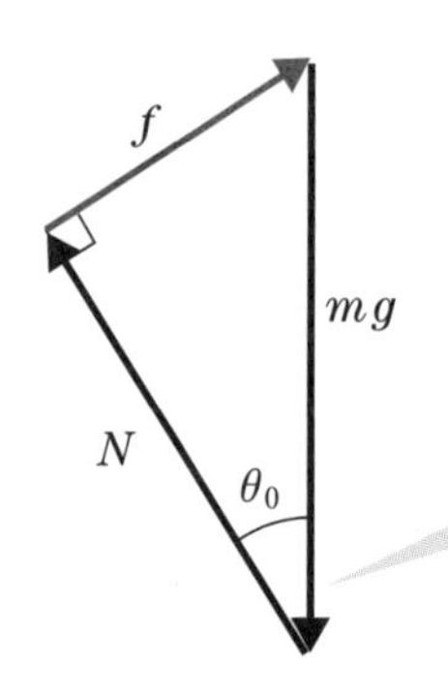

3力のつり合いは、
「ベクトル和＝0」が、有効だね！

斜辺がmg、頂角がθ_0の直角三角形の底辺がN、高さがfだよね。
よって、$f = mg\sin\theta_0$、$N = mg\cos\theta_0$ ……**答**

(2)　$\theta = \theta_0$のときに**滑り出した**とあるので、静止摩擦力fは、最大値：$f_{max} = \mu N$となっているね！

(1)の結果を$f = \mu N$にあてはめると、次のようになる。

$$mg\sin\theta_0 = \mu mg\cos\theta_0$$

$$\mu = \frac{\sin\theta_0}{\cos\theta_0}$$

$\tan\theta = \dfrac{\sin\theta}{\cos\theta}$より、静止摩擦係数$\mu$は、$\tan\theta_0$だね！

$$\mu = \tan\theta_0$$ ……**答**

静止摩擦係数μは、物体が滑り出す瞬間の斜面の角度θ_0で測定できるんだね！
例えば$\theta_0 = 45°$ならば、$\mu = \tan 45° = 1$だね！

基本演習2

粗い水平面上に質量mの物体を置き、v_0の初速度を与えた。

水平面と物体の動摩擦係数をμ'、重力加速度gとして、次の問いに答えよ。

(1) 初速度の方向を正として、移動中の物体の加速度を求めよ。

(2) 物体が滑り始めてから停止するまでの、移動距離を求めよ。

解答

(1) 初速度の方向を正(+)とし、**運動方程式**を立てて、物体の加速度：aを求めてみよう。

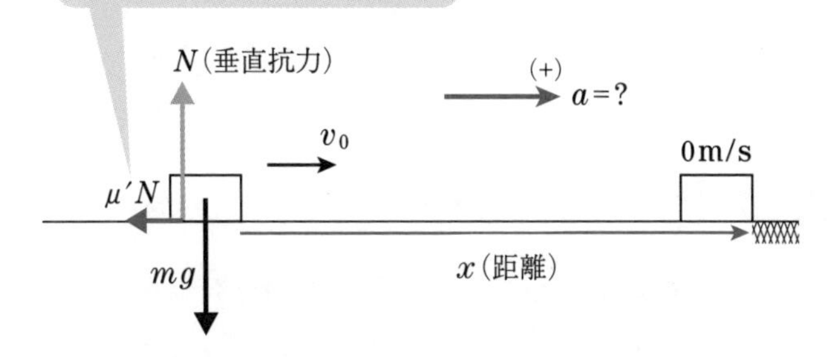

初速度v_0を与えた後の運動方程式を立てると、次のとおり。

$$ma = -\mu' N$$

鉛直方向は静止 ➡ つり合いにより、$N=mg$を代入し、加速度を求める。

$$ma = -\mu' mg$$

$$\therefore \quad a = -\mu' g \quad \cdots\cdots \text{答}$$

(2)　次に、物体の移動距離xを、等加速度直線運動の**時間含まずの式**を用いて求めてみよう。

時間含まずの式：$2ax=v^2-v_0{}^2$

最初と最後の速度がわかっている場合は、「時間含まずの式」が非常に便利だね！

運動方程式で求めた、加速度$a=-\mu' g$、初速度v_0、最後の速度$v=0$を代入し、xを求める。

$$2(-\mu' g)x=0^2-v_0{}^2$$

$$x=\frac{v_0{}^2}{2\mu' g}$$ ……答

演習問題

図のように、質量mの小物体が水平な上面をもつ質量Mの台車上に乗っている。台車と小物体の間には摩擦力がはたらくが、台車と床との間には摩擦力ははたらかないものとする。重力加速度の大きさをg、台車と小物体の間の静止摩擦係数をμとし、次の問いに答えよ。

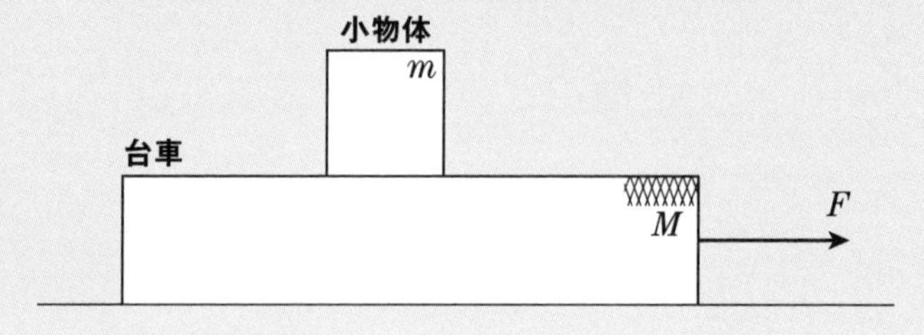

(1)　台車を右向きに大きさFの一定力で引き続けたところ、台車と小物体は一体となって運動した。小物体が台車から受ける静止摩擦力の大きさfを求めよ。

(2)　台車に加える力を大きくしていき、$F=F_0$となったところで、小物体は、台車上を滑り始めた。F_0を求めよ。

解答

(1)　まず、それぞれの物体にはたらく力を、かき込もう。小物体にはたらく力は、重力；mg、台車から受ける垂直抗力：N、静止摩擦力：fだけど、静止摩擦力の方向はどっちかな？

静止摩擦力は、**物体が動き出そうとする方向と逆向き**だよね。
小物体は、台車に対してどの方向に動き出そうとしてるのかな??

次の実験をやってみよう！　ノートの上に消しゴムを乗せ、ノートを思いっきり右に引いてみるんだ。

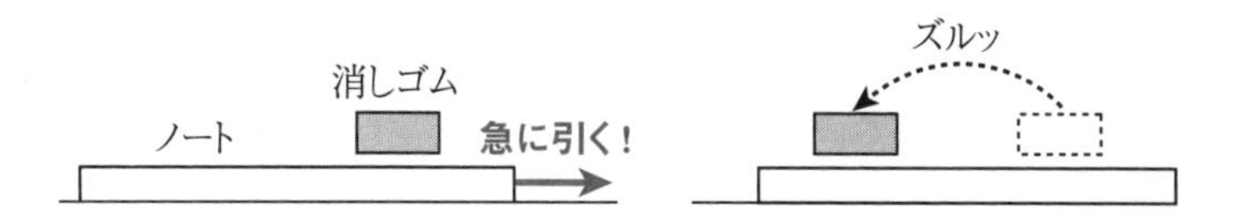

消しゴムはノートの上で左にずれるよね。つまり、小物体は台車上で左向きに動こうとしているので、静止摩擦力fは右向きとなる！

台車にはたらく力は、小物体が受けたN、fの**反作用**に注意しながらかき込もう。

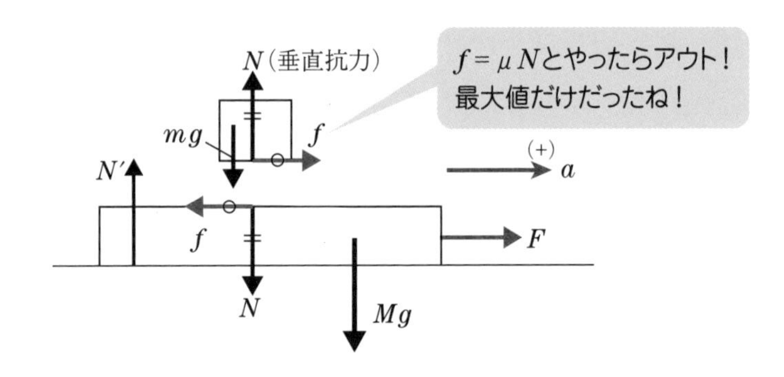

水平右向きを(+)に定め、加速度をaとして各物体についての運動方程式を立てると、次のとおり。

m：$ma=f$ ……①

M：$Ma=F-f$ ……②

①＋②より、$(m+M)a=F$

$\therefore \quad a=\dfrac{F}{m+M}$ →①に代入

①より、$f=\dfrac{m}{m+M}F$ ……答

(2)　(1)の結果より、台を引く力Fを大きくすると、静止摩擦力fも大きくなっていくよね。

$f=\dfrac{m}{m+M}F$ 大きくする…… ➡ 静止摩擦力fも大きくなる！

滑り始めるとあるから、静止摩擦力fは最大値なので、次のように表すことができる。

$$f_{\max} = \mu N$$

mの鉛直方向のつり合いより、$N = mg$を代入する。

$$f_{\max} = \mu mg$$

$f = \frac{m}{m+M}F$に、$f = f_{\max}$、$F = F_0$をあてはめて、F_0を求めると、次のように計算できる。

$$\mu mg = \frac{m}{m+M}F_0$$

$$\therefore \quad F_0 = \mu(m+M)g \quad \cdots\cdots 答$$

はたらく力をぜんぶかくって
大切だね!!

9章 弾性力

この章では、弾性力が登場だ。弾性力とは、ばねが物体に及ぼす力だよ。

次の図のように、質量の無視できる、ばねの左端を壁に固定し、右端を大きさ：Fの力で引いて、ばねを伸ばしてみよう！

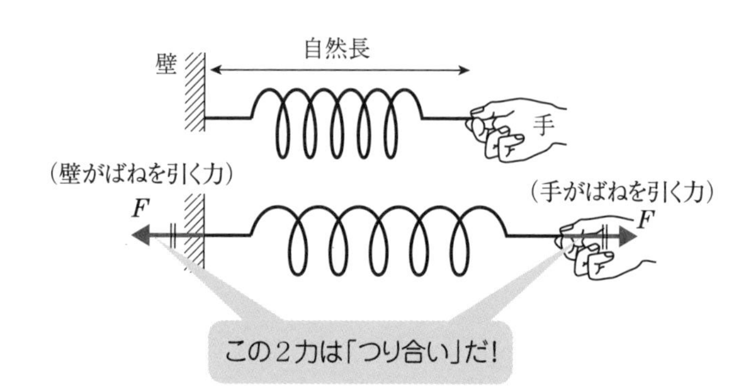

ばねにはたらく力(＝重力＋接触力)を考えよう。

まず、質量無視とあるから、ばねにはたらく重力は0だね。

次に接触力だが、ばねは「**手**」と「**壁**」に接しているよね。だから、ばねは手が引く力：Fだけではなく、壁からも引っ張られているでしょ。

ばねは**静止**しているのだから、手が引く力と壁が引く力は、**つり合い**により、同じ大きさFとなる。

つまり、ばねに大きさFの力を加えるということは、ばねの**両端それぞれをFで引く**ことになるんだ。

ばねは**両端を同じ力**：Fで引っ張って、
伸びるのね！
一端だけに力を加えると、力を加えた
方向に、移動するだけだもんね。

一方、手はばねからF（手がばねを引く力）の**反作用**を受けるよね。ばねが物体に及ぼす力を**弾性力**という。

弾性力の方向は、伸びている場合も縮んでいる場合も、**自然長の位置に戻ろうとする方向**なんだ。

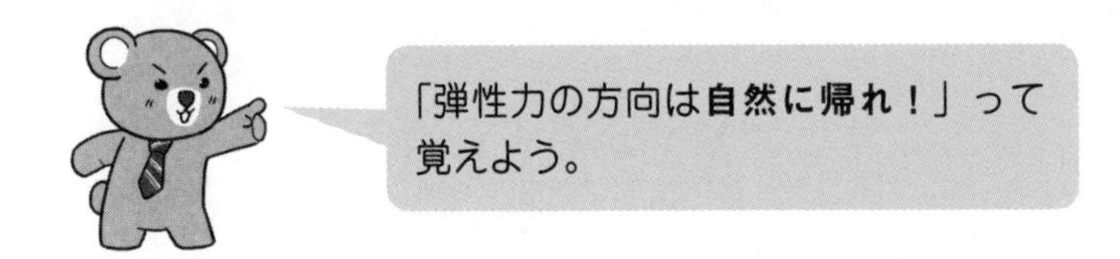

弾性力の大きさは、ばねの**自然長からの伸び**または**縮み**：x〔m〕に比例する。

この法則を発見者の名にちなんで、**フックの法則**という。

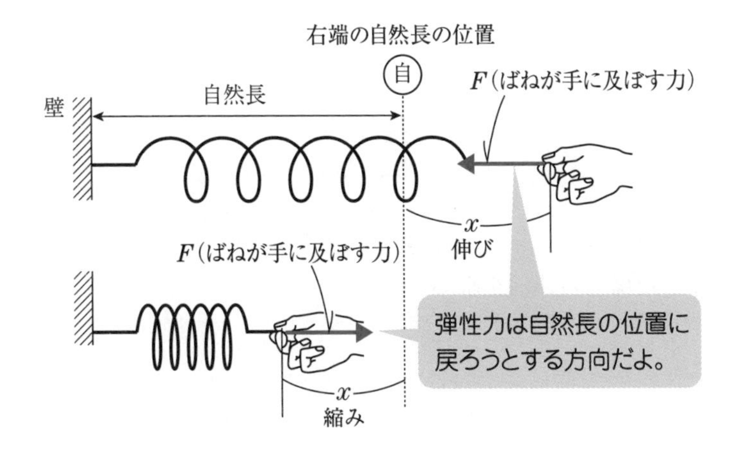

フックの法則は、次のように表すことがでる。

> **弾性力**：$F = kx$（伸びまたは縮み）
> 〔N〕〔m〕
>
> 上式に登場した比例定数k〔N/m〕を**ばね定数**という。

基本演習

ばね定数kのばねの一端を壁に固定し、もう一端に軽い糸を取り付け、図1のように質量mのおもりを鉛直につるす。重力加速度をgとして、次の問いに答えよ。

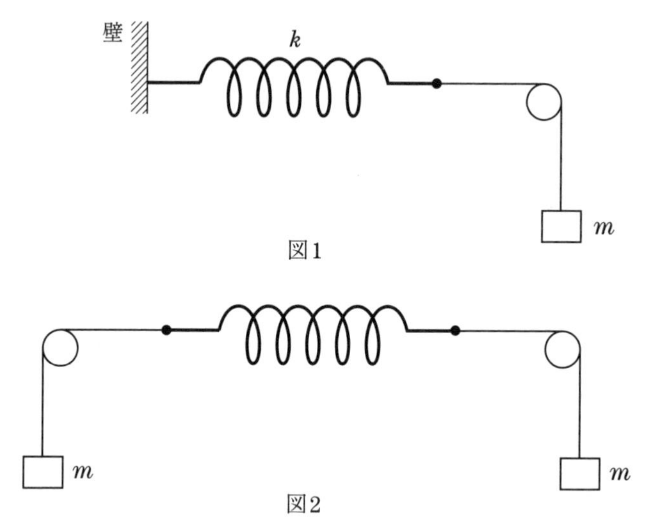

図1

図2

(1)　図1における、ばねの伸びを求めよ。

(2)　図2のように、ばねの両端に質量mのおもりを鉛直方向につるした場合の伸びを求めよ。

解答

(1)　おもりにはたらく重力：mgと糸の張力Fは、つり合っているよね。

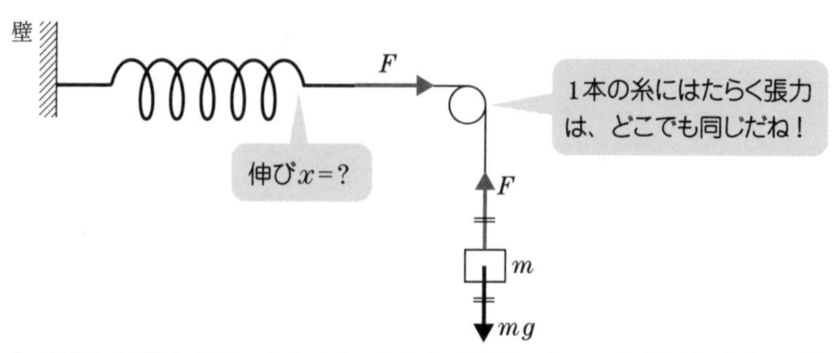

糸がばねを引く力は、おもりにはたらく張力$F(=mg)$と同じ大きさだ。

フックの法則：$F=kx$に、$F=mg$を代入すると、ばねの伸びxは、次のように計算できる。

$$mg=kx$$

よって、$x=\dfrac{mg}{k}$ ……答

(2)　図2の場合、次の図のように、ばねの両端にそれぞれmgの力がはたらいているよね??

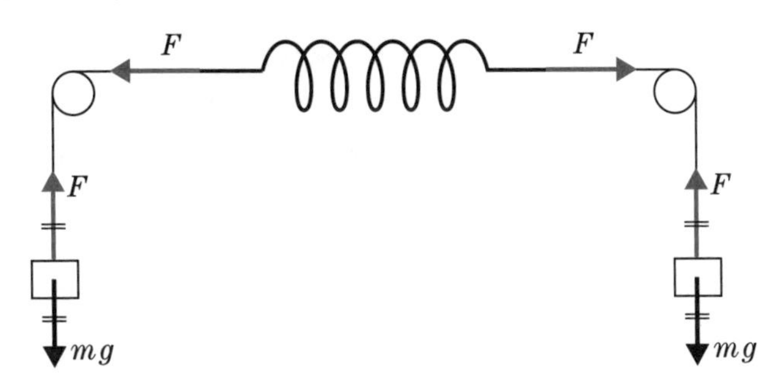

図2の場合は、左右それぞれにmgの力がはたらいているのだから、図1の伸びxの2倍になるのかな??

伸びが図1の2倍になるって思ったら、アウトだ！　そもそも、ばねを力Fで引いた場合、両端それぞれにFの力がはたらいているんだ。

図1の場合も次の図のように、右端は糸がFの力で、左端は壁がFの力で引いているので、図1と図2は全く同じ力がはたらくことがわかるね。

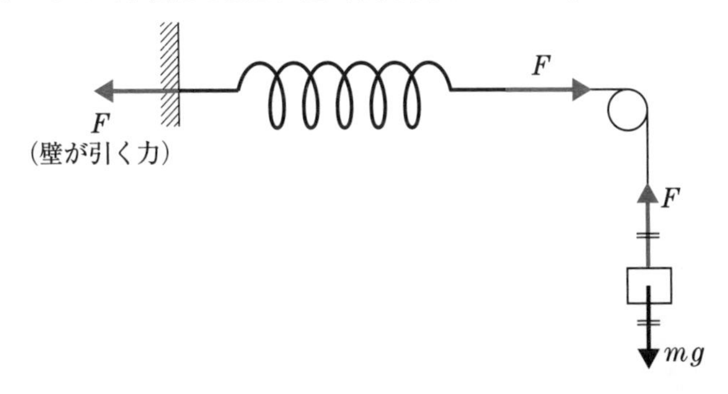

よって、伸びは図1と同じだ。伸び$=\dfrac{mg}{k}$ ……答

演習問題

図のように、角度θだけ傾けた板の上端Aに、重さが無視できるばねの一端を固定して、ばねの他端に質量mの小物体を取り付けた。重力とばねによる力および静止摩擦力がつり合って、小物体は静止する。ばね定数をk、小物体と板との間の静止摩擦係数をμ、重力加速度の大きさをgとする。

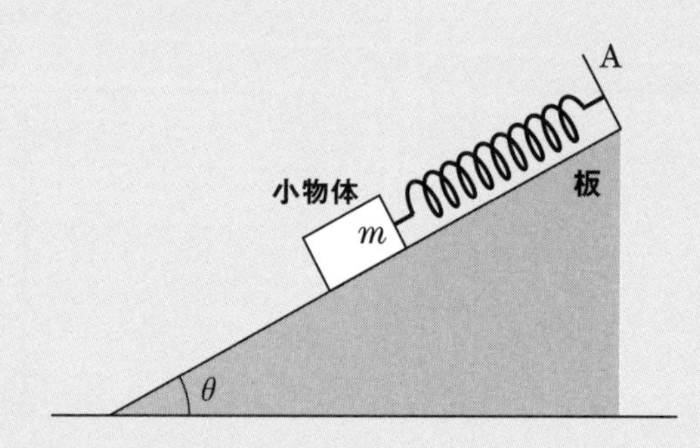

(1)　$\mu = 0$の場合、ばねの伸びx_0を求めよ。

(2)　$\mu \neq 0$の場合，物体が静止できる伸びの最大値x_1を求めよ。

解答

(1)　静止摩擦係数$\mu = 0$なので、摩擦力は0だね。物体にはたらく力は、重力mg、垂直抗力N、弾性力kx_0の3力だね。

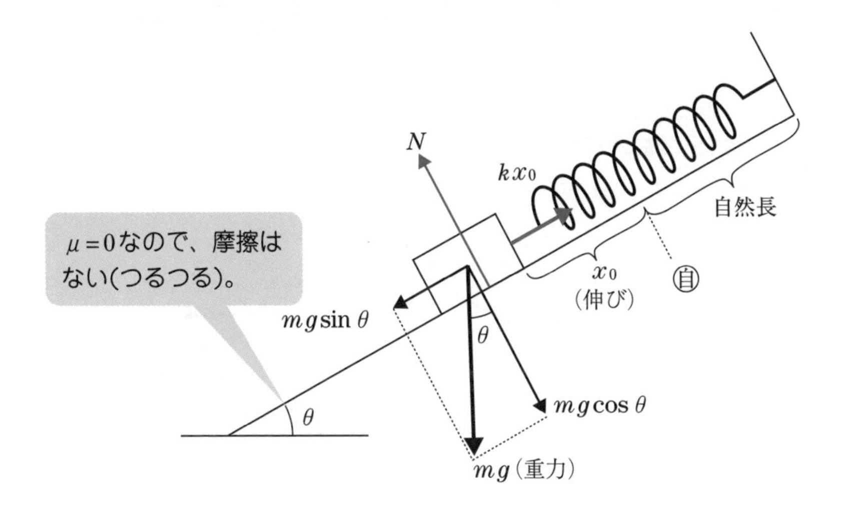

斜面方向のつり合いから、ばねの伸び x_0 を求めよう！

$$kx_0 = mg\sin\theta$$

$$\therefore \quad x_0 = \frac{mg\sin\theta}{k} \quad \cdots\cdots \text{答}$$

(2)

(2)は、ややこしいなぁ……。
$\mu \neq 0$ とあるので、物体には、**静止摩擦力**：f がはたらくよね。
向きはどっちかな？

ばねの伸びを x_0 より大きくすると、弾性力がさらに増えるので、小物体は、初めにつり合っていた位置に戻ろうとする。

つまり、上方に動こうとするよね。すると、静止摩擦力 f は、**動き出そうとする方向と逆向き**なので、次の図のように斜面に沿って下向きにはたらく。

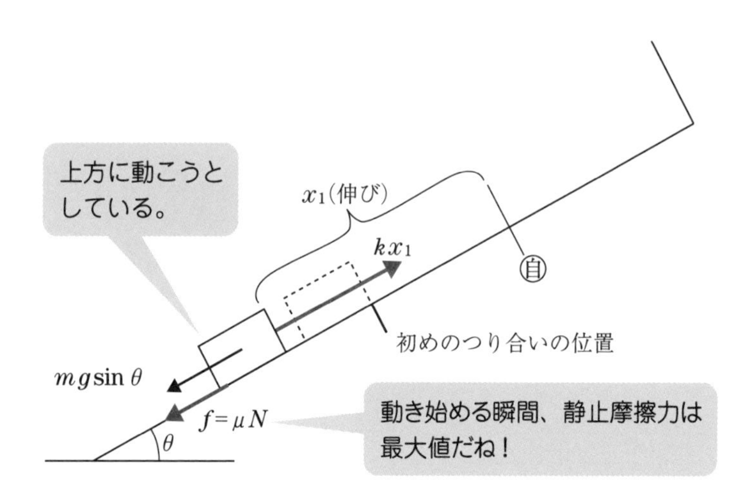

ばねの伸びxをどんどん大きくすると、弾性力は伸びxに比例して大きくなり、動き始める瞬間が訪れるよね。

このとき、静止摩擦力は最大値：$f_{\max}=\mu N$となる。このときの伸びが、最大値x_1だよね。

斜面方向のつり合いを考えて、

$$kx_1=mg\sin\theta+\mu N$$

斜面に直角なつり合いより、$N=mg\cos\theta$を代入すると、次のようになる。

$$kx_1 = mg\sin\theta + \mu mg\cos\theta$$

上式をばねの伸びx_1について、求める。

$$x_1 = \frac{mg\sin\theta}{k} + \mu \cdot \frac{mg\cos\theta}{k} \quad \cdots\cdots 答$$

今回はちょっと難しかったね(汗)
静止摩擦力の方向が、物体が動き出そうとする方向と逆向きであることをしっかり覚えよう!!

10章 力のモーメント

10-1 力のモーメント

力のモーメントは、物体を回転させる能力だよ。次の図を見てみよう。

クマ君が、てこに**直角**な力Fを加えて、石を持ち上げようとしてるよ。

このとき、回転軸O（＝支点）からの**距離rが大きいほど**、なおかつ**加える力Fが大きいほど**、石を持ち上げる効果（＝回転させる能力）が大きいよね。

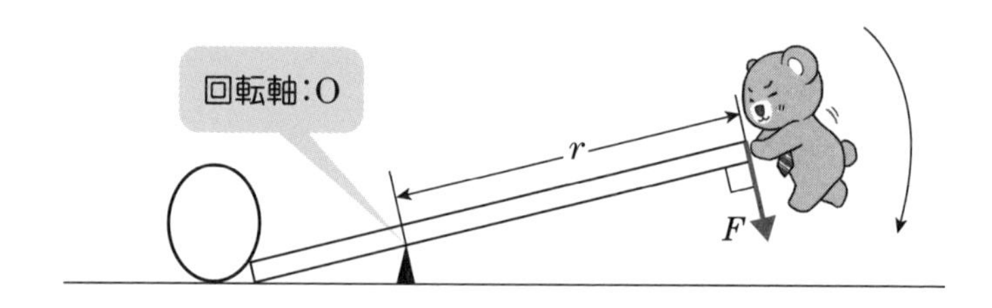

物体を回転させる能力を**力のモーメント**といい、**腕の長さ×力**で表すことができるんだ。

> O（回転軸）のまわりの力のモーメント＝rF（腕の長さ×力）

もし、次の図のように、腕に対して斜めの力：Fがはたらいている場合、腕に直角な成分：$F_{\perp}$がモーメントとしてはたらく力だ。

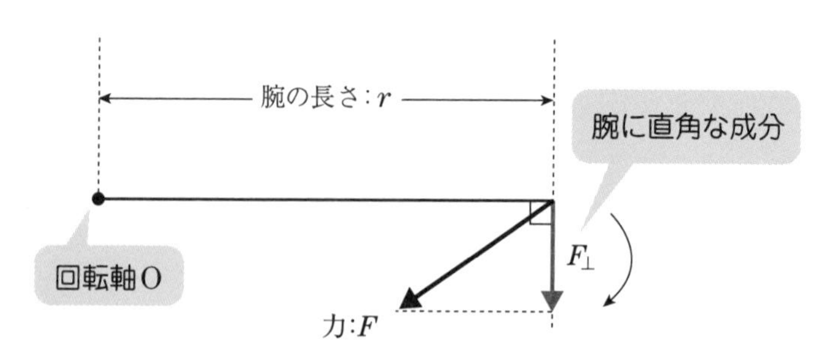

力のモーメント$=rF_{\perp}$

あるいは、力Fを通る直線(**作用線**って呼ぶんだよ)をかき、回転軸から垂線を下ろす。

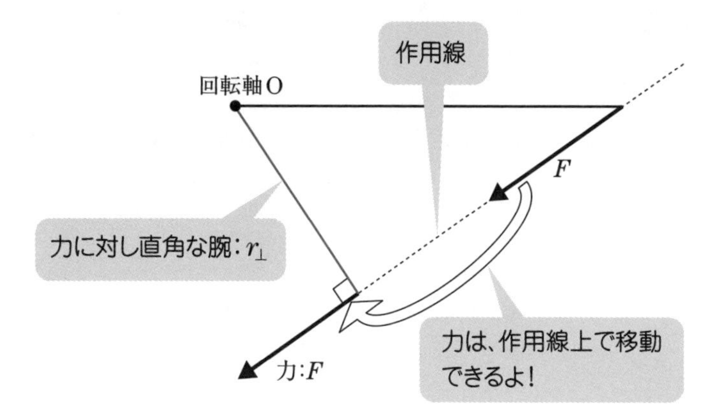

この力に対して、直角な腕の長さ$r_{\perp}$を用いて、モーメントは、次のように表すこともできるんだ。

力のモーメント$=r_{\perp}F$

力が斜めにはたらく場合、モーメントって、「$rF_{\perp}$」か「$r_{\perp}F$」の2通りあるのね。問題に応じて、わかりやすい方を選べばいいんだね！

10-2 剛体のつり合い

剛体とは、力を加えても変形しない物体だよ。

力を加えても変形しないって……、こんにゃくのような、ぐにゃぐにゃな物体じゃだめで、ダイヤモンドのような、カターイ物体ね！

この章では、剛体が静止するための(剛体のつり合い)の条件を考えよう。

〈例〉

質量の無視できる長さ3mの剛体棒ABの左端の点Aから、1m離れた点Cに支点を置く。点Aに、棒に直角な大きさ4Nの力を加えた場合、右端の点Bに加える下向きの力：Fおよび、点Cで支点が支える上向きの力：fは、いくらかな⁇

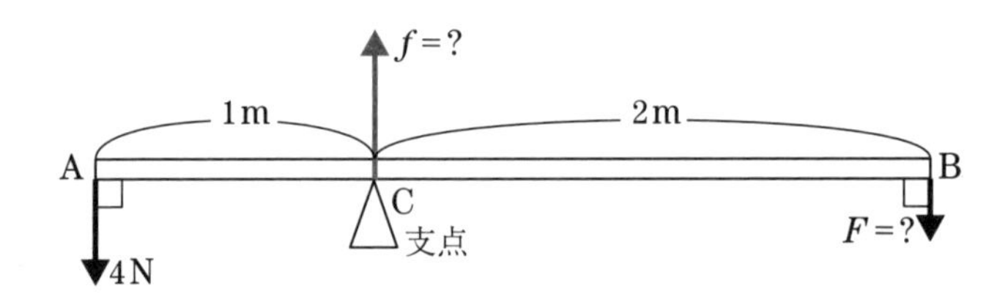

剛体が静止するためには、次の2つの条件が必要なんだ。

条件1　**力のつり合い**

剛体棒は静止しているのだから、はたらく力はつり合っているよね。

静止 ➡ **力のつり合い**より、次の式が成り立つ。

$$f=4+F \quad \cdots\cdots ①$$

条件2　**力のモーメントのつり合い**

剛体が静止するためには、**力のつり合い**だけでは、条件が足りない。

例えば、次の図のように、ノートの左上と右下に逆向きの大きさ4Nを加えると、単純なベクトルの和は0だけど、2力の作用線が一致しない場合、ノートは静止することなく回転しちゃうよね。

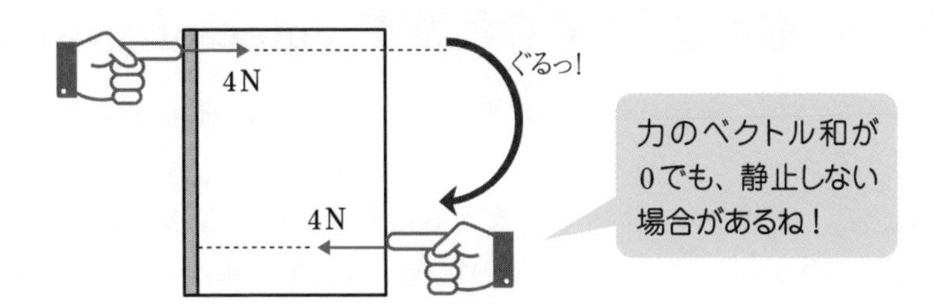

剛体が静止するためには、力のつり合いとは別に、**回転しない条件**が必要だね。ここで、**10-1**で学んだ**力のモーメント**が必要となるんだ。

モーメントは、まず**基準点O**(回転軸)を決める必要がある。じつは、**基準点OはどこでもOKだよ!**

点Cをモーメントの基準点O(回転軸)に定めると、点Cにはたらく力fは回転させる能力が0なので、モーメントは0だね。

点BのFのモーメントは**時計回りの方向**で、大きさは$2\times F$だ。一方、点Aの4Nのモーメントは反時計周りの方向で、大きさは1×4だね。

よって、**時計回りと反時計回りのモーメントの大きさが同じ**であれば、剛体棒ABは回転しないよね。

回転しない ➡ 時計回りのモーメント=反時計回りのモーメント

$$2\mathrm{m}\times F\,[\mathrm{N}] = 1\mathrm{m}\times 4\mathrm{N} \quad \cdots\cdots②$$

モーメントのつり合いの式②より、Fを計算すると、$F=2\mathrm{N}$となる。この結果を①の力のつり合いの式に代入し、fを求めよう。

①より、$f=4+2=6\mathrm{N}$

剛体が静止するには、次のように2つの条件が必要なことをしっかり身に付けよう!

〈剛体のつり合いの条件〉

❶ 力のつり合い(静止する条件)

❷ モーメントのつり合い(回転しない条件)

(時計回りのモーメント=反時計回りのモーメント)

10-3 重心(記号でGと表すcenter of gravity)

剛体のような、大きさのある物体にはたらく重力を考える場合、**重心**を決めるようね！

重心とは、剛体が傾くことなく**支えることができる点(支点)**だよ。

例として次の図のように、質量の無視できる棒の両端に2kg、1kgの物体が取り付けられた剛体の重心を考えてみよう。

「バランスの悪い鉄アレイ？」を、指で支えることを想像してくれ。

では、この棒の重心：Gはどこか、指で支えてつり合う支点が重心になるはずだね。

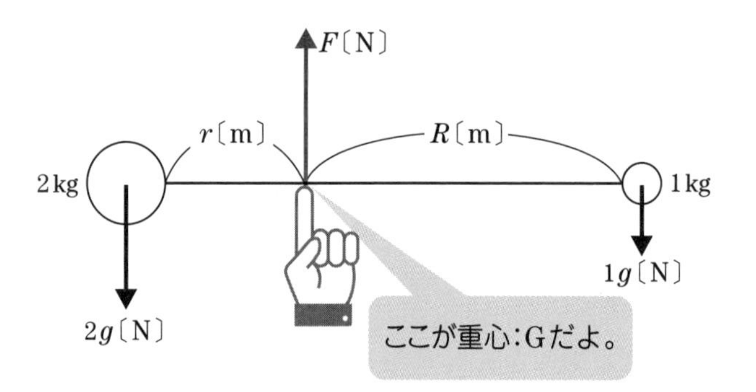

重心：Gから各物体までの距離をr、Rとしよう。指の先端を**モーメントの基準点**とすると、力のモーメントのつり合いは、次のように表すことができる。

$r \times 2g = R \times 1g$　　よって、$r : R = 1 : 2$

この棒の重心Gは、2物体の**質量比**(2：1)の**逆比**(1：2)に内分する点だね！

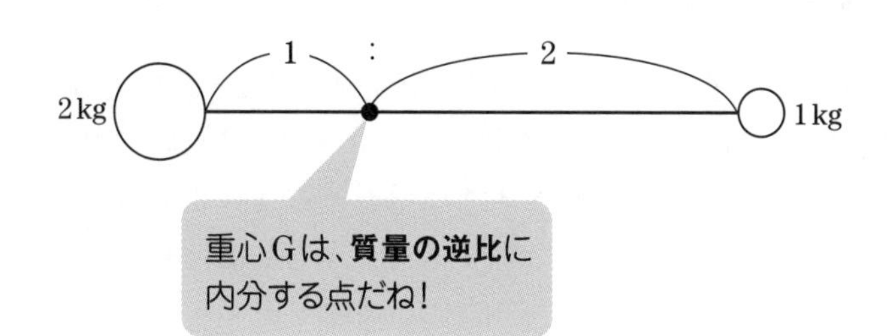

また、指が押し上げる力の大きさをFとすると、力のつり合いにより、次のように計算できる。

力のつり合い：$F=2g+1g=3g$〔N〕

この結果は、あたかも**重心に全質量を集め**、重心だけに重力がはたらいているのと同じだよ。

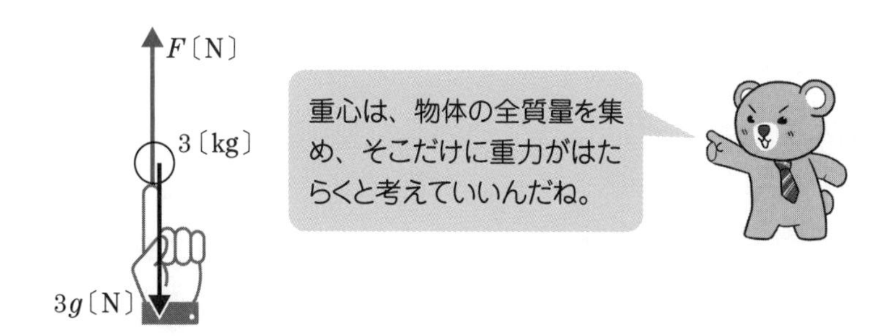

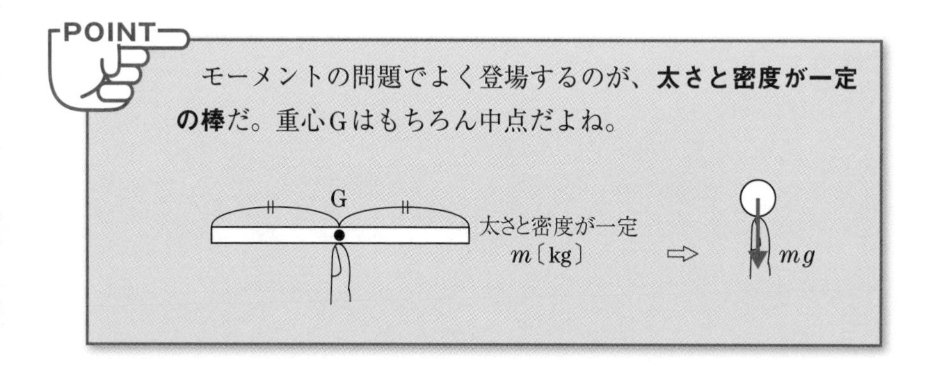

モーメントの問題でよく登場するのが、**太さと密度が一定の棒**だ。重心Gはもちろん中点だよね。

基本演習1

図のように、自然長の長さが同じばねA（ばね定数k）とばねB（ばね定数K）を間隔Lで水平な天井からつり下げ、ばねの下端に長さLの棒を取り付けた。この棒が水平に保たれるように、棒上の点Pに糸で質量mのおもりをつり下げたところ、2つのばねは同じ長さdだけ伸びて静止した。ただし、重力加速度の大きさをgとし、ばね、棒および糸の質量は無視できるものとする。

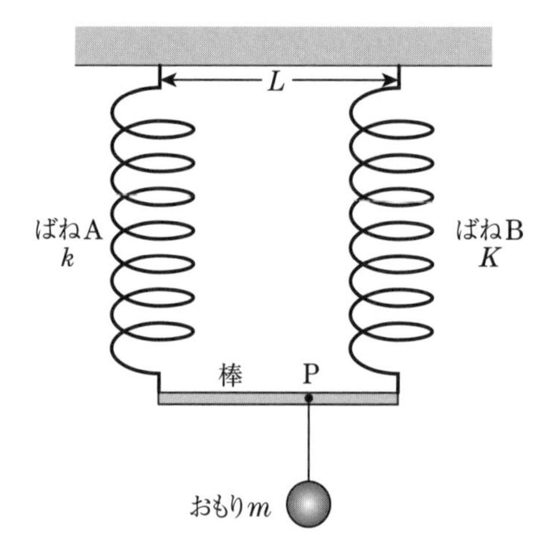

(1)　ばねの伸びdを求めよ。

(2)　おもりをつり下げた点Pは、棒の左端からどれだけの距離か。

解答

剛体のつり合いは、
　① 力のつり合い
　② モーメントのつり合い
の2式を立てれば、楽勝ね！

(1)　棒＋おもりにはたらく力は、重力mg、左右のばねの伸びはともにdなので、棒の両端にはたらく弾性力：kd、Kdの3力だね。

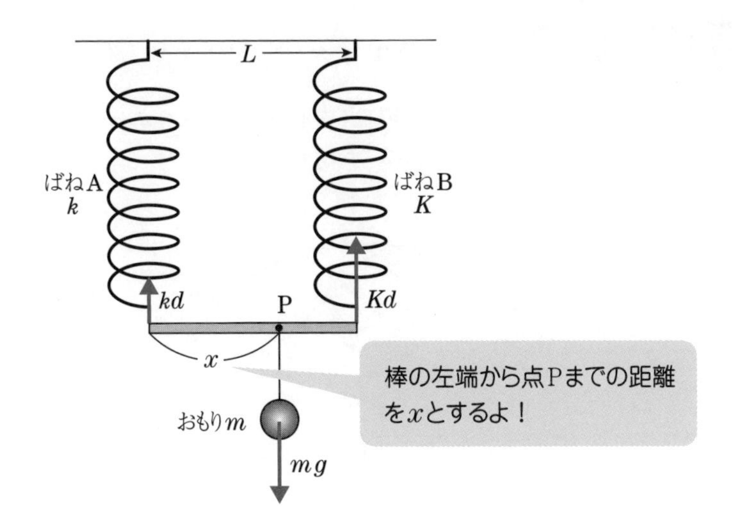

力のつり合いから、ばねの伸びdを求めてみよう。

$$kd + Kd = mg$$

$$d = \frac{mg}{k+K}$$ ……答

(2)　棒の左端の点をモーメントの基準点とし、モーメントのつり合いを考える。

$$\underbrace{x \times mg}_{\text{時計回り}} = \underbrace{L \times Kd}_{\text{反時計回り}}$$

(1)で求めた$d = \dfrac{mg}{k+K}$を、上式に代入する。

$$\underbrace{x \times mg}_{\text{時計回り}} = L \times K \frac{mg}{k+K}$$

よって、$x = \dfrac{K}{k+K} L$ ……答

基本演習2

　厚みと密度が一様な半径rの円板(中心をOとする)から、この円に内接する半径$\frac{r}{2}$の円盤(中心をA)を切り抜いた。

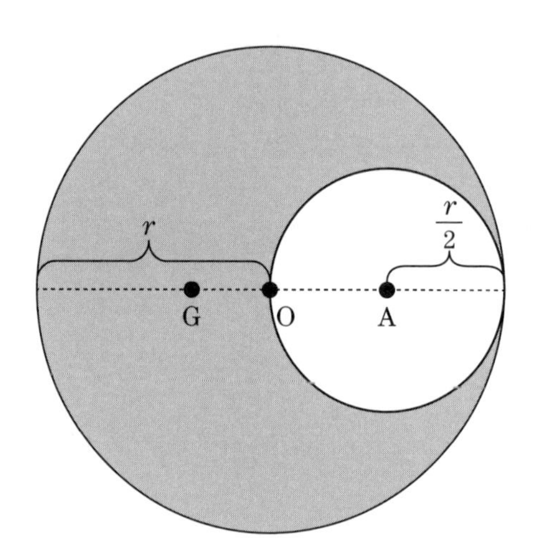

　残りの部分の重心点：Gの位置は点Oから点Aと反対側にどれだけ離れているか。

　重心は、質量の逆の比に内分する点だね。切り取った円板をはめ込むことを考えよう。

解答

　まず、半径$\frac{r}{2}$の円板(以後、小円板)と、円板が切り取られた半径rの円板(以後、大円板)の質量を考えよう。円板は、厚みと密度が一様なのだから、**質量の比**は、**面積の比**を考えればよい。

　小円板の面積：Sは$S = \pi\left(\frac{r}{2}\right)^2 = \frac{1}{4}\pi r^2$、小円板を切り取った大円板の面積：$S'$は、$S' = \pi r^2 - \frac{1}{4}\pi r^2 = \frac{3}{4}\pi r^2$だから、面積の比$S:S'$は$1:3$だね。小円板の質量を$m$とすると、小円板が切り取られた大円板の質量は$3m$だ。

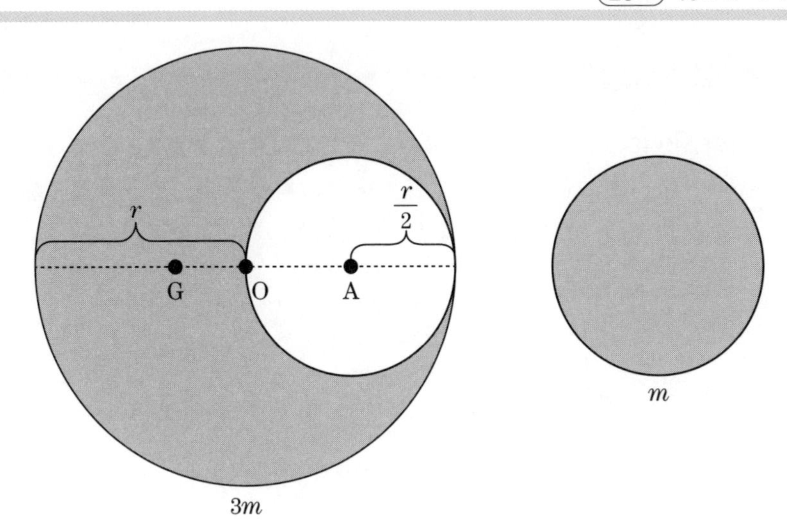

小円板が切り取られた大円板の重心Gの、点Oからの距離をxとする。小円板を、円板が切り取られた半径rの円板にはめ込むと一様な円板となるので重心は中心Oだね。Oから重心までの距離：xとOから点A(小円板の重心)までの距離：$\frac{r}{2}$の比は**質量の逆の比**になるよね。

2物体の重心⇒質量の逆の比に内分する点

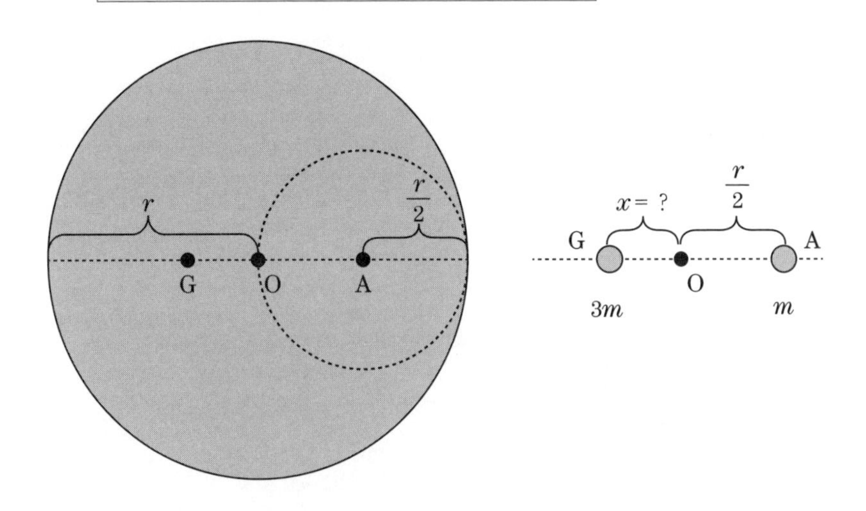

$x : \frac{r}{2} = 1 : 3$、よって、$x = \frac{r}{6}$ ……答

演習問題

図のように、長さL、質量mの一様でまっすぐな棒ABをなめらかな壁と粗い床に立てかけた。棒と床との角度をθ、棒と床との静止摩擦係数をμ、重力加速度をgとして、次の問いに答えよ。

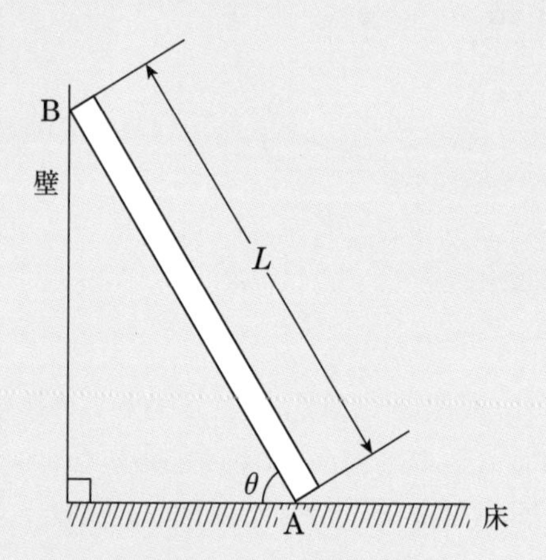

(1)　棒が床から受ける静止摩擦力を求めよ。

(2)　棒が床に対して静止するためのμの範囲を求めよ。

解答

(1)　**一様でまっすぐな棒**とあるので、棒の重心Gは中点だね。棒にはたらく力は、重心Gにはたらく重力mg、床から受ける垂直抗力N、静止摩擦力f、壁から受けるN'だ。

静止摩擦力 f の方向は、物体が動きだす方向と逆向きだ！

もし床がつるつるだったら、棒は床に対して右向きにズルッと滑り出すよね。

静止摩擦力は動き出そうとする方向と逆だから、左向きにはたらく。

一方、壁はなめらかとあるので摩擦はなく、Bは垂直抗力(N')のみがはたらく。

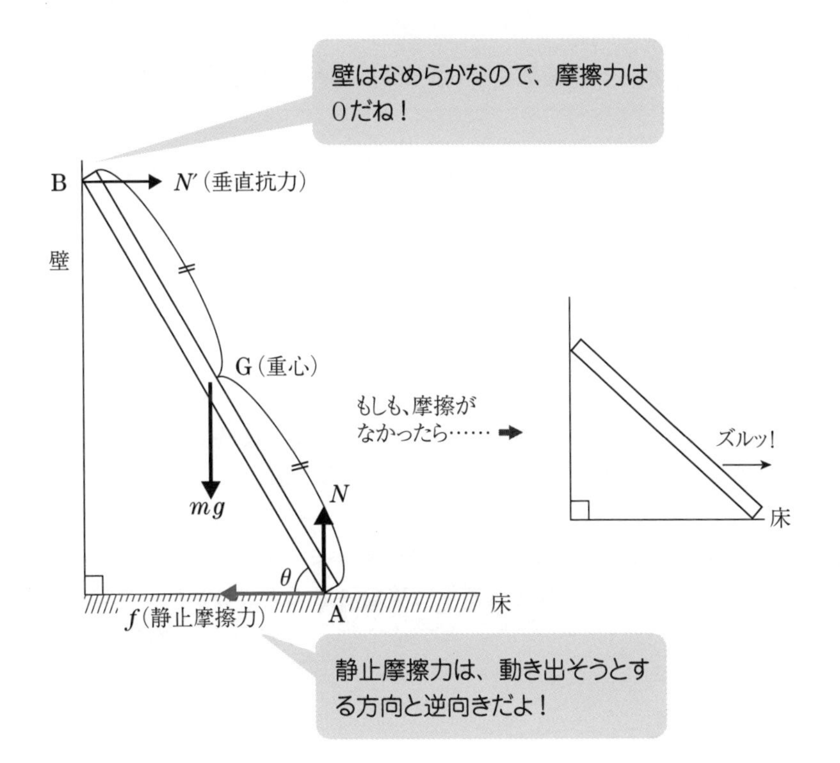

まず、力のつり合いを、水平方向と鉛直方向に分けて考えると、

① 力のつり合い　水平方向：$f=N'$ ……㋐

鉛直方向：$N=mg$ ……㋑

② 次にモーメントのつり合いだが、基準点O(回転軸)はどこにする？

なるべく楽をしたいから……、多くの力がはたらいている場所を、モーメントの基準に選ぶのがいいね！

鉄則！
モーメントの基準点O(回転軸) ➡ 力が集まっている場所

Nとfの2力が集中しているから、モーメントの基準点は点Aがいいよね！　Aを基準(O)とすると、Nとfのモーメントは0となり、N'とmgのモーメントだけを考えればよい。

モーメントは、「$rF_{\perp}$」か「$r_{\perp}F$」の2通りあるよね。ここでは、「$r_{\perp}F$」で考えててみよう！

$r_{\perp}$(うでの長さ)は、Oから作用線に下ろした垂線の長さだね。

それぞれの力のモーメントの方向(時計回り、反時計回り)をはっきりさせるコツは、

力は作用線上であれば、平行移動できる。
➡ うでの根元まで平行移動させると、わかりやすい！

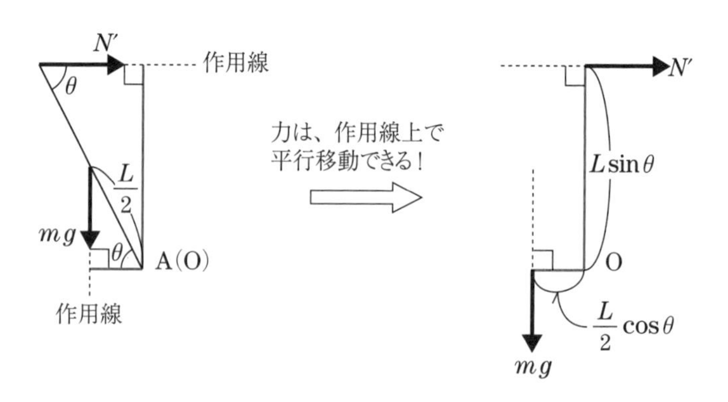

時計回りのモーメント＝反時計回りのモーメント

$$L\sin\theta \times N' = \frac{L}{2}\cos\theta \times mg \quad \cdots\cdots ㋒$$

㋒より、$N' = \dfrac{\cos\theta}{2\sin\theta} \times mg$

$\tan\theta = \dfrac{\sin\theta}{\cos\theta}$を利用して、書き換える。

$N' = \dfrac{mg}{2\tan\theta}$ ➡ ㋐に代入

㋐より、$f = N' = \dfrac{mg}{2\tan\theta}$ ……答

(2)　床に対して静止とあるので、滑らないということを式で表すんだ。もし、滑り出す瞬間だったら、fは最大値$f_{max} = \mu N$だね。ということは、今はたらいている静止摩擦力fがf_{max}より小さければよい。

床で滑らずときたら ➡ $f \leqq f_{max} = \mu N$

前問で求めたfとNをあてはめ、μについて解くと、次のとおり。

$$\frac{mg}{2\tan\theta} \leqq \mu \cdot mg$$

$$\therefore \quad \mu \geqq \frac{1}{2\tan\theta} \quad \cdots\cdots 答$$

余力があれば、続いてp200の応用問題に取り組んでみよう！

11章　水圧、浮力、抵抗力

アルキメデスの原理って知ってるかな？　これは、物体を水などに沈めたときに物体にはたらく**浮力**についての原理だ。

アルキメデスは、紀元前のギリシャの数学者なのだが、風呂に入りお湯があふれだす瞬間に浮力の原理をひらめいたんだ。物理学がまだ無い紀元前に、いったいどのようにして、ひらめいたのか??

11-1 圧力、水圧

■①圧力：P〔Pa（パスカル）〕

圧力とは1m^{2}当たりにはたらく力だよ。次の図のように、S〔m^2〕の円盤に垂直なF〔N〕の力がはたらいているとしよう。

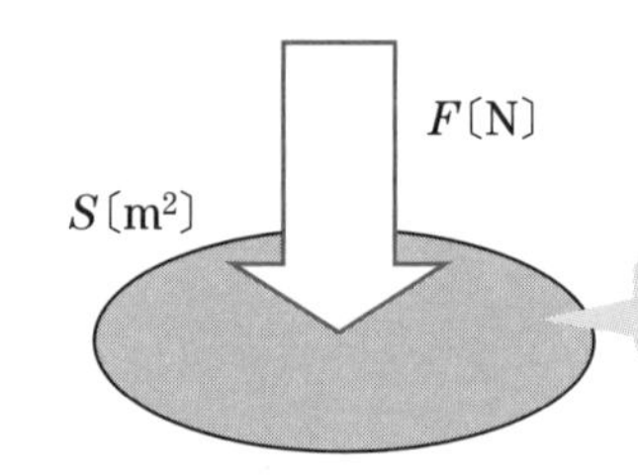

円盤にはたらく圧力をPと表すと、次の式のように表すことができるね。

$$\textbf{圧力}：P = \frac{F〔N〕(\text{力})}{S〔m^2〕(\text{面積})} \qquad 〔N/m^2〕=〔Pa(\textbf{パスカル})〕$$

圧力の単位は〔N/m^2〕と書いてもよいのだが、通常は〔Pa〕で表すんだよ。

圧力の単位：〔Pa〕は、台風の中心気圧が960hPa（ヘクトパスカル）などのように、気圧の単位として おなじみだね！

■②水圧

下の左図のように、断面積S〔m²〕の容器に、密度(＝1m³当たりの質量)ρ〔kg/m³〕の水をh〔m〕の高さまで入れておく。大気圧をP_0〔Pa〕とすると、容器の底にはたらく**水圧P**はいくらかな？

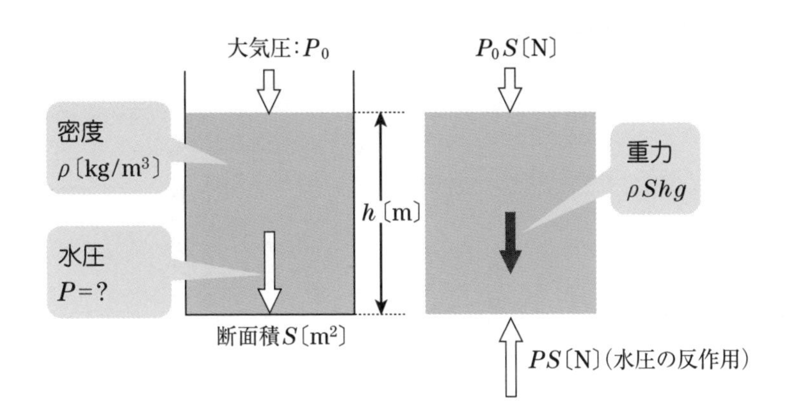

上右図のように、水にはたらく力を考えてみよう。まず、水の質量は**密度**(1m³当たりの質量)**ρ〔kg/m³〕**×**水の体積Sh〔m³〕**だね。よって、水にはたらく重力はρShgだ。

水の表面には、大気圧による力：P_0S〔N〕がはたらき、容器の底には、押し上げる力(水圧の**反作用**だよ)：PS〔N〕がはたらいているね。

以上、3力のつり合いを式で表すと、次のとおり。

$$PS = P_0S + \rho Shg$$

上式を水圧Pについて求めると、次の式が得られる。

深さh〔m〕での水圧：$P = P_0 + \rho hg$

上式を見てわかるとおり、水面からの深さh〔m〕が大きいほど、水圧は大きくなるんだね。

11-2 浮力

次の図のように、あふれる寸前まで水を満たした容器に、中身が空っぽの質量の無視できる円柱物体(ふたを閉じた紙コップ？)を沈める。

円柱物体の表面には、**水圧**がはたらくよね。**11-1**で学んだように、**水圧は深いほど大きい**ので、上面より下面にはたらく水圧が大となる。側面にはたらく水圧は相殺され、結局、**水圧の合力は上向き**となる。この合力が**浮力**：Fだ。

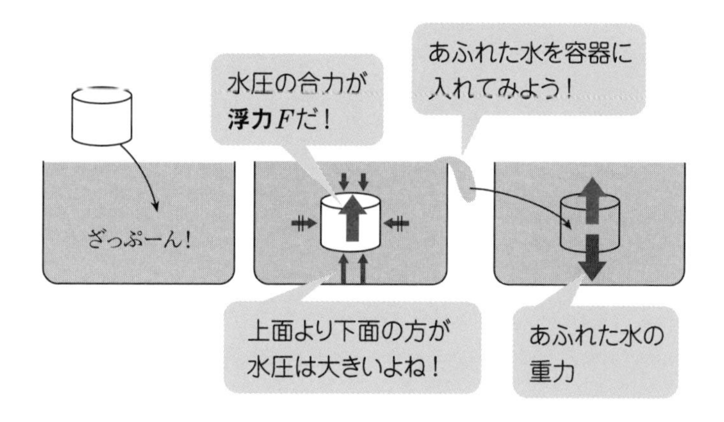

浮力は、上面と下面の水圧から地道に計算しても良いのだか、じつは、**一瞬にして計算する方法**があるんだ。

容器からあふれ出た水で、円柱物体の内部を満たしてみよう。円柱物体はどうなるかな？

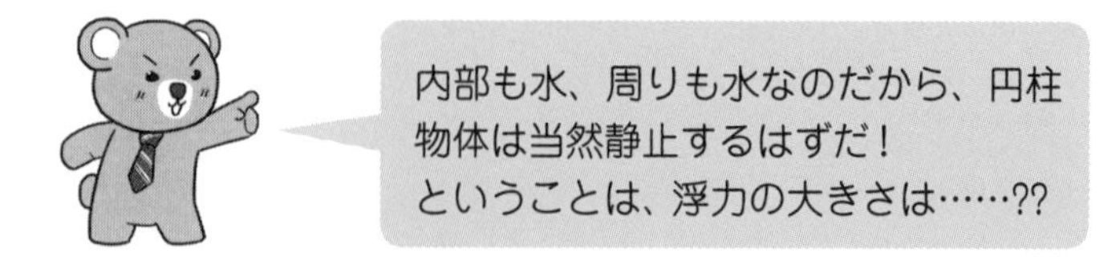

つまり、**円柱物体にはたらく浮力と水を満たした物体の重力が、つり合う**わけだ。

まさに**浮力は、押しのけた水にはたらく重力に等しい**よね。

次に、浮力：Fを、式で表してみよう。

水の密度（1m^3当たりの質量）をρ〔kg/m^3〕、物体の体積をV〔m^3〕とすると、押しのけた水の質量はρV〔kg〕となるので、重力はρVg〔N〕だね。

浮力：$F = \rho Vg$

紀元前の数学者アルキメデスは、あふれんばかりの風呂に入り、お湯があふれだす現象を眺めて、物体にはたらく浮力はあふれた水にはたらく重力に等しいという「**アルキメデスの原理**」をひらめいたんだね！

基本演習

アルキメデスの原理を発見したきっかけは、親交のあった王に命じられたある問題だ。

純金で作らせたはずの王冠に、銀が混じっていないか、どうかを調べろと。

では、どうやって王冠が純金でできているかどうかを調べたのか？

使える道具「天秤、純金、風呂」

解答

① まず、天秤の一方の皿に王冠をのせ、もう一方に王冠とつり合うように純金を乗せる。

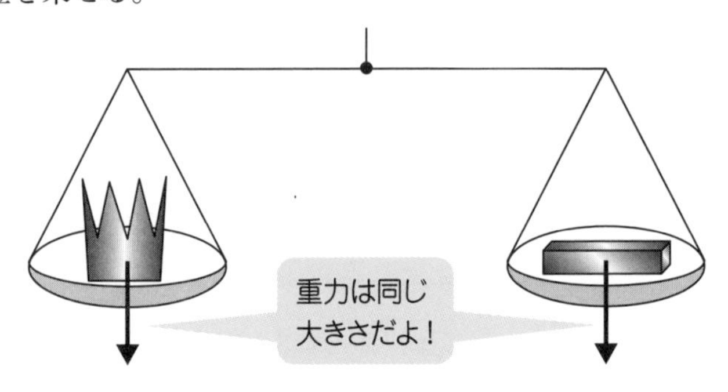

② このつり合っている状態で、水の中に沈めてみよう。物体の質量は、次の式で表すことができるよね。

質量＝密度×体積

もし、王冠が純金ならば、密度は同じなので両者の体積は同じだ。王冠と純金にはたらく浮力Fは、水の密度をρとすると、$F=\rho Vg$で表すことができるので、両者の**体積が同じならば浮力も同じ**となり、水の中でもつり合うはずだね。

ところが、王冠が金ではなく銀でできているとしよう。金の密度は1 cm^{3}当たり19.3 gであるのに対し、銀は10.3 gしかないんだ。

すると、銀の方が**密度が小さいので、体積が大きい**。水の中では、銀でできた王冠にはたらく浮力の方が大きいので、王冠をのせたお皿が上がるはずだ。

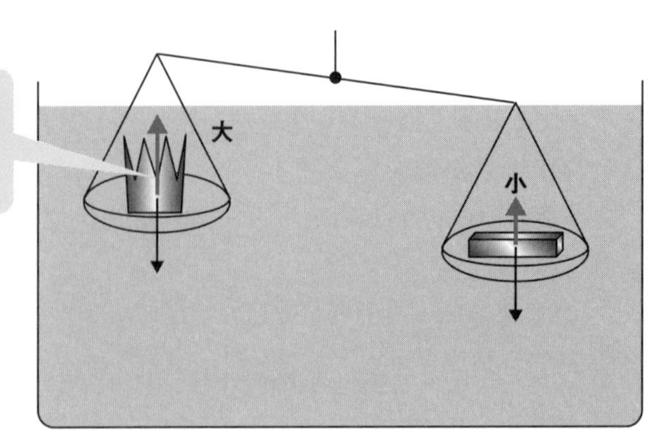

アルキメデスの実験で、王冠を作った金細工師の不正は暴かれ、死刑になったんだって……。

演習問題

中に水の入った容器が、ばねばかりの上にのせてある。全体の質量はM〔kg〕、水の密度は、深さによらずρ〔kg/m^3〕である。

いま、図1のように、体積V〔m^3〕、質量m〔kg〕の小球を軽い糸の下端につけ、容器壁に触れないように水中につるす。重力加速度をg〔m/s^2〕として、次の問いに答えよ。

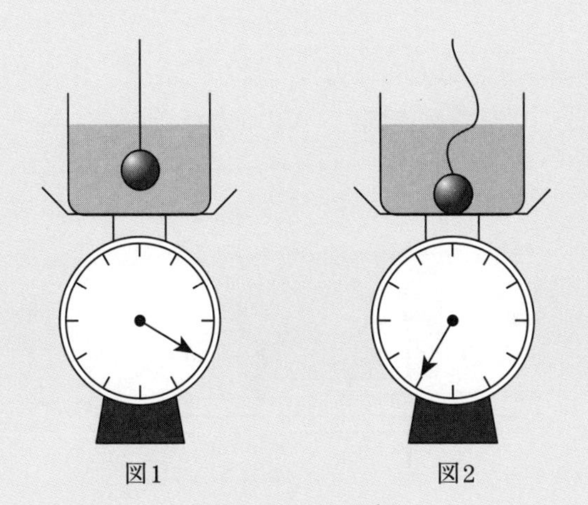

図1　図2

(1)　小球にはたらく糸の張力を求めよ。

(2)　ばねばかりが示す値を求めよ(単位は〔N〕とする)。

(3)　図2のようにおもりを容器の底に沈ませたところ、糸はたるんだ。このとき、ばねばかりが示す値を求めよ。

解答

(1) 小球にはたらく力は、重力：mgと、糸の張力：Tと、浮力：Fの3力だね。

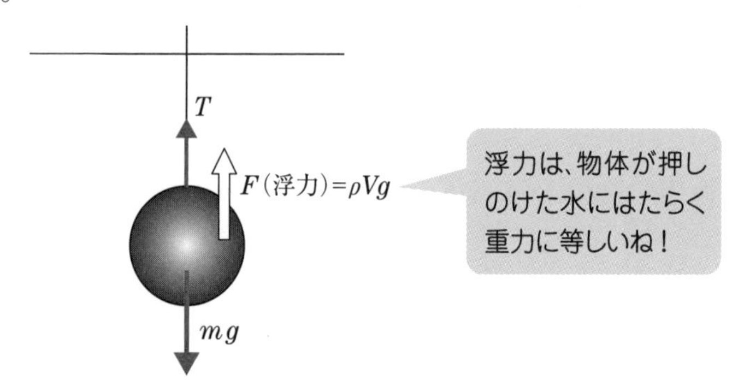

力のつり合いより、張力Tを求めよう。

$$T+\rho Vg=mg$$

$$\therefore \quad T=(m-\rho V)g \text{〔N〕} \cdots\cdots \text{答}$$

(2) 次に、容器＋水にはたらく力は、重力：Mgと、浮力の反作用：Fと、ばねばかりから受ける垂直抗力：Nの3力だ。

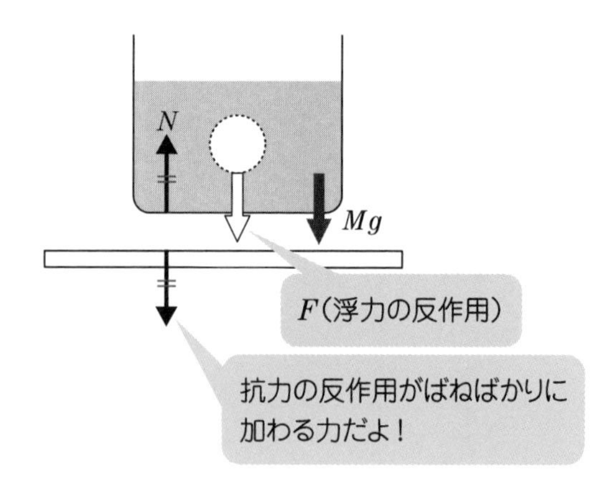

ばねばかりが受ける力は、垂直抗力：Nの**反作用**だね。
容器＋水の、つり合い考えると次のようになる。

$$N=Mg+\rho Vg$$

$$\therefore \quad N=(M+\rho V)g \text{〔N〕} \cdots\cdots \text{答}$$

(3) 小球が受ける力は、重力と、浮力と、容器の底からの垂直抗力だ。

一方、水＋容器にはたらく力は、重力と、浮力の反作用と、垂直抗力の反作用、はかりからの垂直抗力となるが、ちょっと……、ややこしいよね。

そこで!!

複数の物体が**一体**となって静止していたり、**一体**となって運動していたりする場合、**1つの物体**として扱ってみると、楽に解けちゃうよ。

1つの物体とみなすと、**内力を無視し、外力だけを考えればいい**んだ。

> 複数の物体 ➡ 1つの物体として扱う（内力無視、外力だけを考慮）

小球と**水＋容器**を、**1つの物体**とみなすと、浮力とその反作用、容器の底と小球が及ぼし合う力は、いずれも内力なので無視するよ。

すると、全体にはたらく外力は、重力：$(M+m)g$と、ばねばかりが押し上げる垂直抗力：Nの2力だけだ。

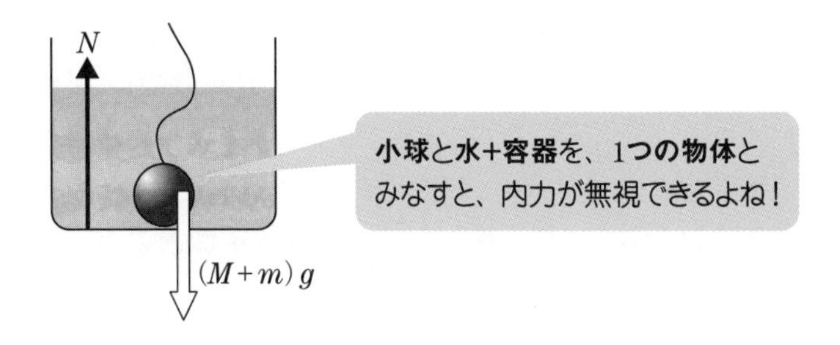

小球＋水＋容器の、力のつり合いを考え、垂直抗力：Nを計算する。この反作用が、ばねばかりが示す値となるよ。

$N=(M+m)g$ ……答

12章　慣　性　力

電車が進行方向に加速すると、つり革が進行方向と逆向きに傾くよね。列車内で眺めた場合、つり革にはどんな力がはたらいているのだろう⁇

12-1　慣性力（見かけの力）

「6章：力のつり合い、作用・反作用」で学んだように、物体にはたらく力は①**重力**と②**接触力**の2種類しかないよね。

ところが、電車内でつり革が傾く原因となる力は、重力と接触力のいずれでもないんだ。

そこで、思考実験（アタマの中で行う想像上の実験だよ）を考えてみよう。

次の図のように、宇宙空間に**静止**している質量m〔kg〕のボールがあったとしよう。ボールが静止ならば、物体にはたらく力は0か、または力がつり合っているか、のどちらかだね。

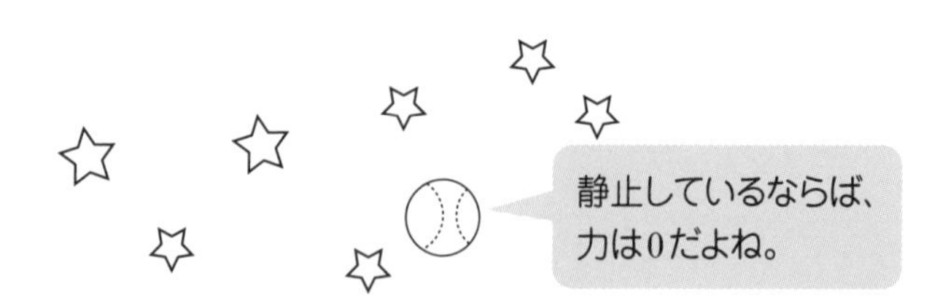

では問題。「**手を触れずにボールを動かすには、どうすればよい？**」
念力？　いえいえ……、答えは簡単！

「物体を眺めている**観測者自身が動いてみる**。すると、物体は観測者の移動方向と逆向きに、動き出す(ように見える)。」

物理では、観測者の立場が重要だ。静止物体を、移動する観測者から見て、「物体が動いている」と言っても、間違いではないんだ。

次の図のように、観測者が右向きに大きさA〔m/s^2〕の加速度運動をしているとしよう。

この加速度運動する観測者からボールを眺めると、次の図のように、**観測者と逆向きの加速度**をもつように見えるよね。

加速度運動する観測者から眺めた図

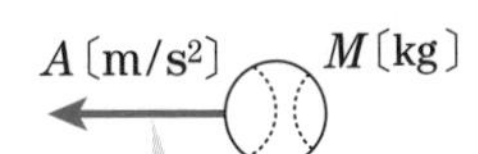

ボールは、左向き（観測者の加速度と逆向き）の加速度運動するように見えるのだが、ここで困った問題が生まれるんだ。

困った問題とは、**物体に力がはたらいていないのに、加速度運動していることだ**よ。

そもそも、物体が加速度をもつためには、何らかの力がはたらく必要があるよね。

そこで、物体には左向き（観測者の加速度と逆向き）に、仮の力：fがはたらくと考えよう。

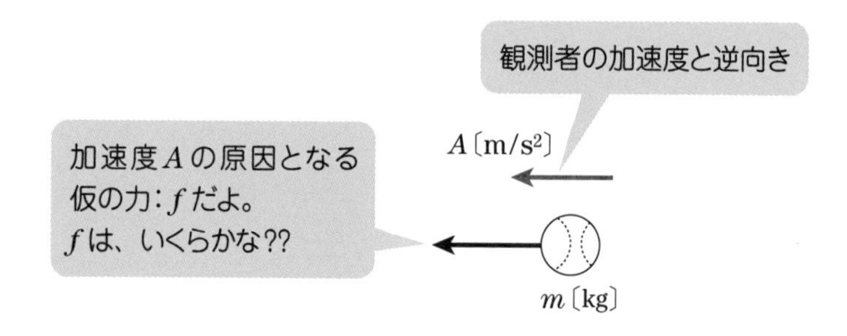

運動方程式：$ma=F$より、仮の力fは、次のように計算できるよね。

仮の力：$f=mA$〔N〕（**方向は観測者の加速度と逆向き**）

上記の仮の力だけど、今後は、**慣性力**って呼ぼう！

慣性力はあくまでも、**観測者が加速度運動する場合**に、考えなければいけない力なんだね！

〈慣性力の特徴〉

❶ **方向**：観測者の加速度：A〔m/s^2〕と逆向き

❷ **大きさ**：mA〔N〕

「電車が加速を始めたとき、つり革が進行方向と逆向きに傾く」理由は、**慣性力**が原因なんだね!!

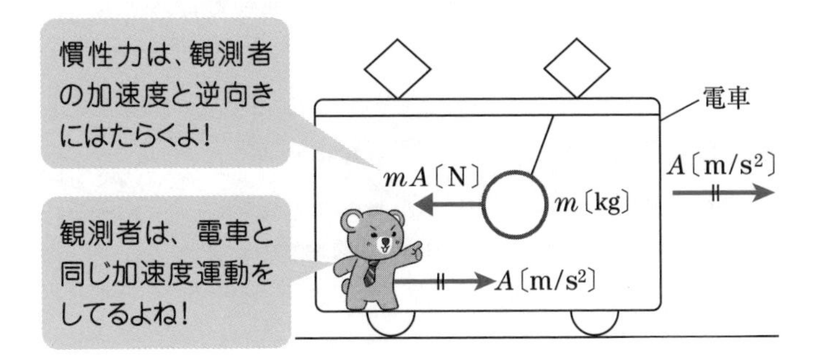

基本演習

図のように質量m〔kg〕の小球が、エレベーターの天井から糸でつるされている。エレベーターが大きさa〔m/s^2〕の加速度で上昇している場合、糸の張力：T〔N〕を、次の2つの立場で求めよ。

ただし、重力加速度はg〔m/s^2〕とする。

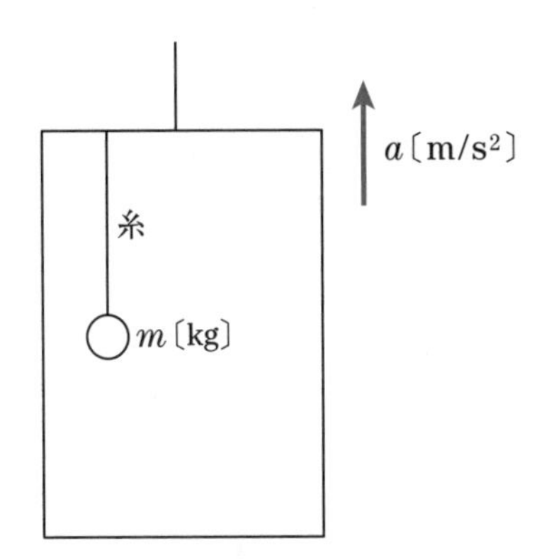

(1) 観測者がエレベーターの外で静止している場合

(2) 観測者がエレベーターの中にいる場合

(1)　外から眺めると、小球はエレベーターと同じ大きさa〔m/s^2〕の加速度で上昇するように見えるよね。

そこで、小球の運動方程式を立てよう！　運動方程式を立てる手順は、次のとおりだよ。

> **運動方程式の立て方**（手順は 3step だよ）
>
> step1　運動方向を(+)に定めて、加速度aを与える
>
> step2　注目物体にはたらく力（**重力＋接触力**）をすべてかく
>
> step3　ma＝加速度aに平行な力をぜーんぶ足す

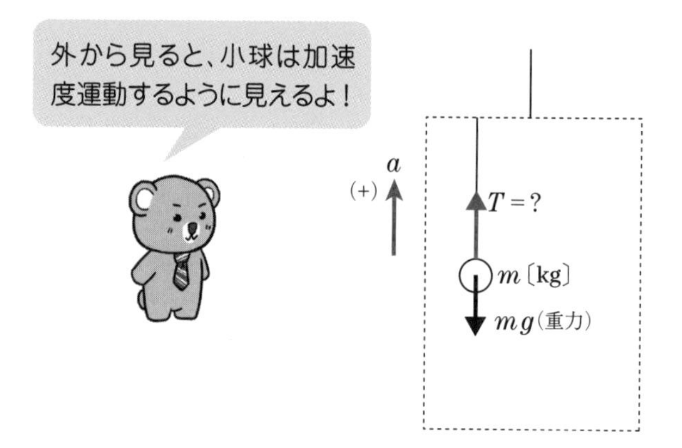

運動方程式：$ma=F$より、張力Tを計算する。

$$ma=+T-mg$$

よって、$T=m(g+a)$ ……答

(2)　エレベーター内で観測すると、**物体は静止している**ように見える。静止ならば、物体にはたらく力はつり合っているよね。

ただし、エレベーター内の**観測者は、エレベーターとともに加速度運動している**から、**慣性力**を考える必要があるよね!!

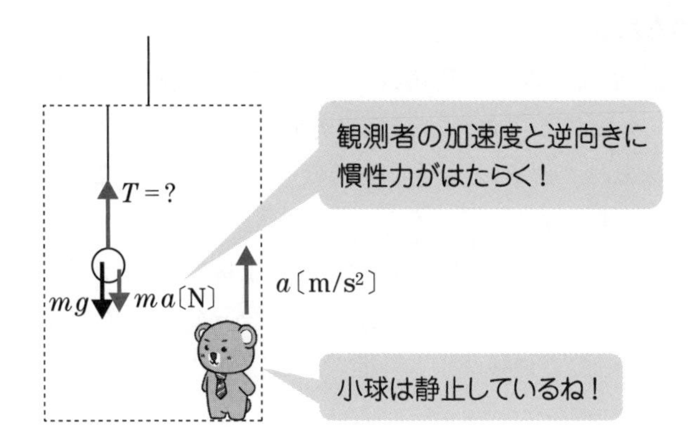

慣性力：ma〔N〕を含めた、物体にはたらく**力のつり合い**により、張力Tを計算すると、次のようになる。

$T=mg+ma$

$\therefore\quad T=m(g+a)$ ……答

演習問題

図のように、傾斜角θのなめらかな斜面をもつ質量Mの三角台があり、なめらかな水平面上に置かれている。

斜面上に質量mの小物体をのせ、三角台水平方向の大きさFの外力を加えたところ、小物体は三角台に対して静止したまま三角台と一体となって移動した。重力加速度をgとして、三角台に加えた外力の大きさFを求めよ。

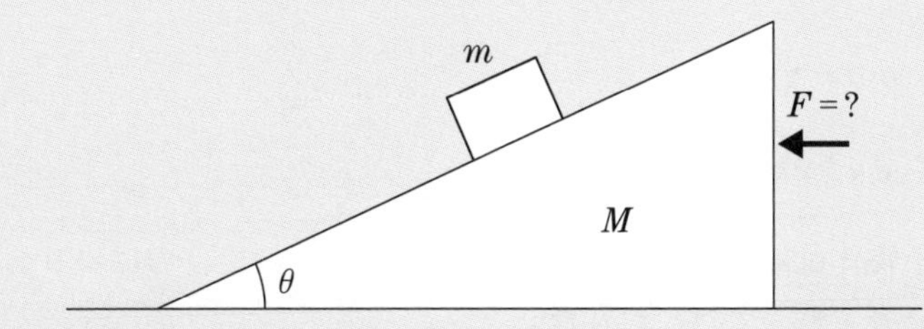

■ メンドウな解答

問題文に、「**小物体は……三角台と一体となって移動**」ということは、外から見ると、小物体と三角台は、水平方向に共通な加速度運動をしているように見えるよね。両者の共通な加速度をaとする。そこで、各物体について、運動方程式を立てよう。

まず、それぞれの物体にはたらく力(重力＋接触力)をかき込む。小物体にはたらく力は重力：mgと垂直抗力：N、一方で、三角台は重力MgとNの反作用、床からの垂直抗力N'、外力Fだね。

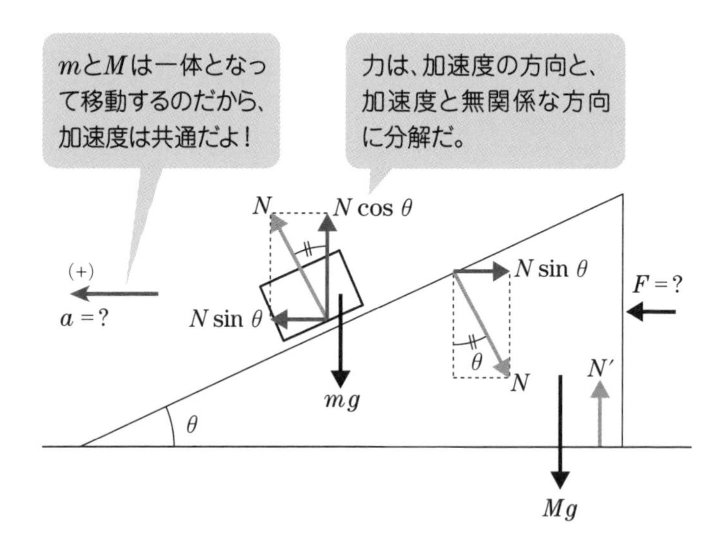

各物体について、水平方向の運動方程式：$ma=F$を立てると次のようになる。

小物体：$ma=N\sin\theta$　……①

三角台：$Ma=F-N\sin\theta$　……②

一方、小物体は鉛直方向に対して静止しているので、力はつり合っているね。式で表すと、次のとおりだ。

小物体の鉛直方向のつり合い：$N\cos\theta=mg$　……③

①、②、③の3式で未知数は、F、N、aだね。そこで③より、垂直抗力Nを求めよう。

$$N=\frac{mg}{\cos\theta}$$

この結果を①に代入し、加速度aを求めると、次のようになる。

①より、$ma=\frac{mg}{\cos\theta}\cdot\sin\theta$

$$a=g\tan\theta$$

②に上記の結果：$a=g\tan\theta$、③より求めた：$N=\frac{mg}{\cos\theta}$を代入し、Fを求めよう。

②より、$Mg\tan\theta=F-\frac{mg}{\cos\theta}\sin\theta$

よって、$F=(M+m)g\tan\theta$ ……答

ずいぶんと、手間のかかる方法だなぁ……。
もっと、簡単に解く方法ってないのかな??

確かに、この解法は、めちゃめちゃ時間がかかるよね。そこで、能率的に解く方法を次に示すよ。

■能率的な方法

今まで学んできた、3つのテクニックで解くよ！

■テクニック1

小物体と三角台は、一体となって運動しているよね。そこで、両者を1つの物体とみなして運動方程式を立てよう。

1つの物体とみなすと、内力(物体どうしが及ぼし合う**作用・反作用**の力)が無視できるので、はたらく力は重力：$(M+m)g$と、垂直抗力N'、外力Fの3力だけだよ。

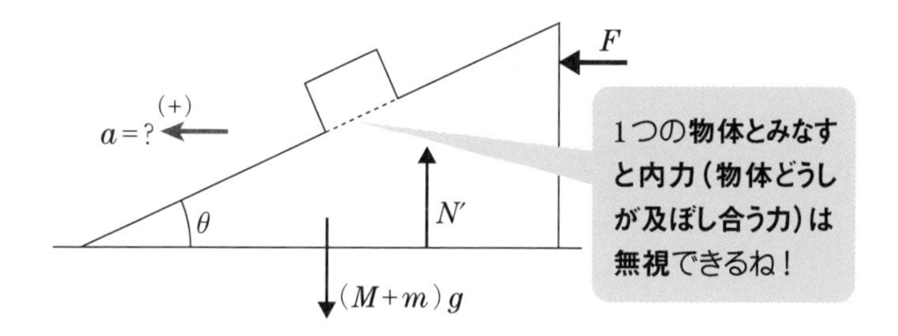

小物体＋三角台の運動方程式：$(M+m)a=F$　……①

■テクニック2

三角台に乗った観測者から眺めると、小物体は静止してるように見えるよね。静止ならば、小物体にはたらく力はつり合っているよ。

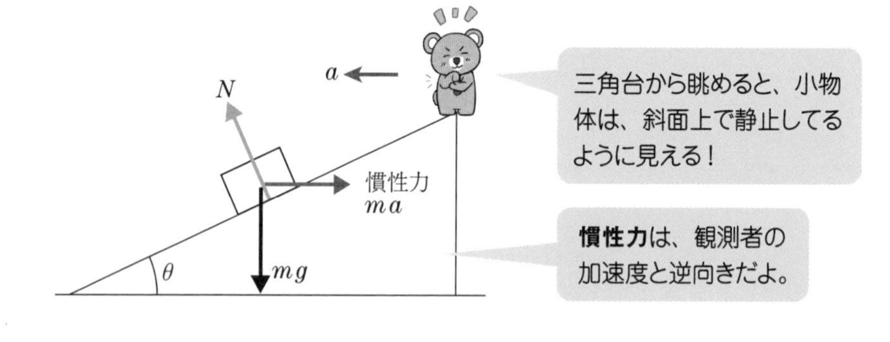

三角台に乗った観測者は大きさaの加速度運動をしてるので、小物体には、**観測者の加速度と逆向き**に大きさ：maの慣性力がはたらく。

慣性力を含めた力のつり合いを考えよう。

■テクニック3

重力mg、垂直抗力N、慣性力maの3力のつり合いを、水平方向と鉛直方向や、斜面方向と斜面垂直方向などの2方向に分解して力のつり合いを考えてもよいが、そもそも力のつり合いは力ベクトルの和が0だよね。

そこで、力のベクトル和が0となるように作図すると、次のようになる。

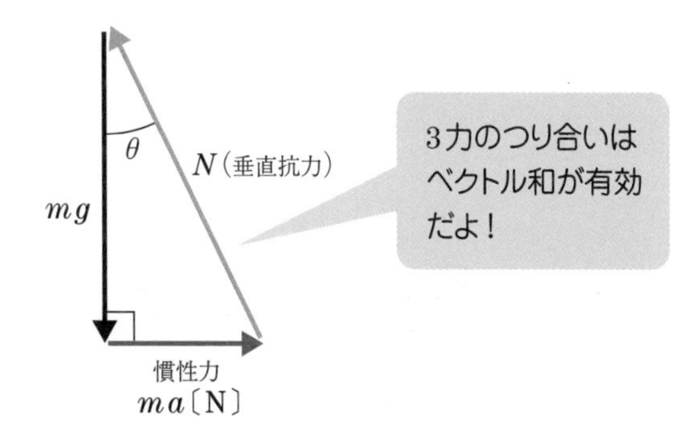

上図の直角三角形で、底辺mgと高さmaの比は、$\tan\theta$を用いて、次のように表すことができるよね。

$$\tan\theta = \frac{ma}{mg}$$

上記の式から、加速度aを求めると、次のようになる。

$$a = g\tan\theta$$

この結果を、①に代入しFを求めよう！

①より、$F = (M+m)a$

$= (M+m)g\tan\theta$ ……答

13章 仕事と運動エネルギー

この章では、仕事と運動エネルギーを考えるよ。仕事もエネルギーも、日常生活ではとっても身近な言葉だよね。

「あいつ、**仕事**できるなぁ！」

「日本では、**エネルギー**不足が問題になってる」……など。

実は、物理に登場する仕事って、「日常」生活で使われている仕事と、ちょっとニュアンスが違うんだよ。

13-1 仕事：W〔J〕（英語で仕事を表すworkの頭文字だね！）

■①力と移動方向が一致する場合

次の図のように、クマAが物体に大きさF〔N〕の力を加えている。

クマAがどんなに頑張って大きな力を加えても物体が動かなければ、仕事は0だ。**力を加えて物体の移動があってはじめて仕事をした**ことになる。次の図のように力Fを加え、物体が力と同じ方向にs〔m〕移動する場合の仕事：Wを次のように定義する。

仕事$W = Fx$（力×移動距離）単位は〔J〕（ジュール）

仕事の単位は〔Nm〕としても良さそうなのだが、イギリスの物理学者**ジェームズ・プレスコット・ジュール**の名にちなんで**〔J〕(ジュール)**と表す。

■ ②力が移動距離と逆向きの仕事

もし、次の図のように物体の移動距離：s〔m〕と逆向きにF〔N〕の力を加えたとしよう。

力Fは物体の移動を妨げる要因となっており、この場合の仕事は負と考えて、－を付けて次のように表す。

力Fと移動距離sが逆向きの仕事：$W = -Fs$〔J〕

■ ③力と移動距離が直角の仕事

もし、次のように力Fが移動距離sに直角な場合は、物体の運動に影響を与えないので**仕事は0〔J〕**だね。

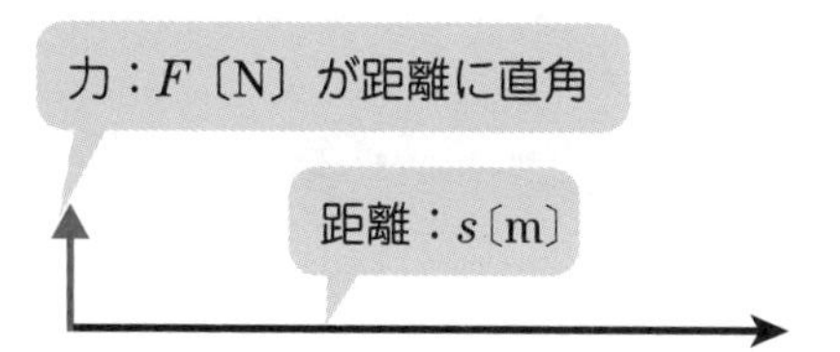

■ ④力と移動方向が斜めの場合

力と移動方向が一致しない場合の仕事

次の図のように、移動方向に対して、力：Fが斜めθの方向にはたらく場合を考える。

まず、**移動方向に平行な成分**：$F\cos\theta$を取り出そう。この成分だけが、仕事をするんだね。

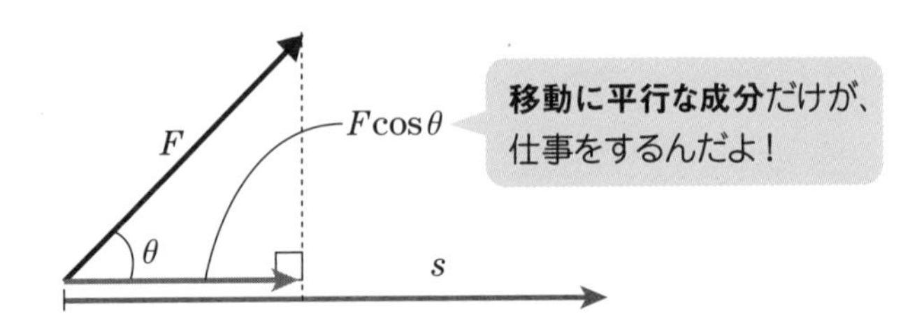

$F\cos\theta$を用いて、仕事Wは、次のように計算できる。

Fが物体にした仕事：$W=F\cos\theta\cdot s=Fs\cos\theta$

13-2 仕事率

仕事率とはズバリ1〔s〕あたりの仕事だ。仕事率はPower（パワー）の頭文字でPで表す。もし、t〔s〕間にW〔J〕の仕事がなされた場合、仕事率は次のように計算できる。

仕事率P〔W：ワット〕$=\dfrac{W〔J〕}{t〔s〕}$

仕事率Pの単位は蒸気機関の発展に関わったスコットランド人発明家ジェームズ・ワット（James Watt）にちなんで〔W：ワット〕と表す。

13-3 運動エネルギー：K〔J〕

ここでは、**運動エネルギー**について考えるよ。

ところで、「**エネルギー**」って？日常生活でも使ってるけど、そもそもエネルギーって何なんだ??

「**エネルギー**」とは、ズバリ、「**仕事する能力**」なんだ。次の図のように、ピッチャーの投げた質量m〔kg〕、速さv〔m/s〕ボールがミットに収まり、静止するまでを考えよう。

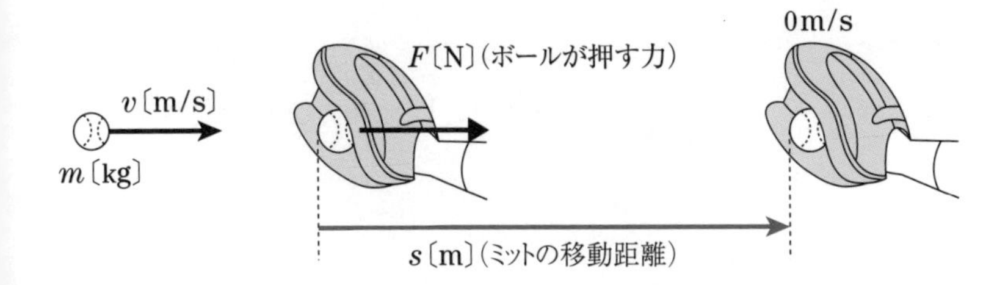

ボールがミットを押す力をF〔N〕(一定力とする)、ミットの移動距離をs〔m〕とすると、ボールがミットに対してした仕事Wは、$W=Fs$となるよね。この仕事Wが、ボールの質量m〔kg〕と速さv〔m/s〕で、どのように表すことができるか？　さっそく計算しよう。

まず、ボールの加速度aを運動方程式で計算すると、次のようになる。

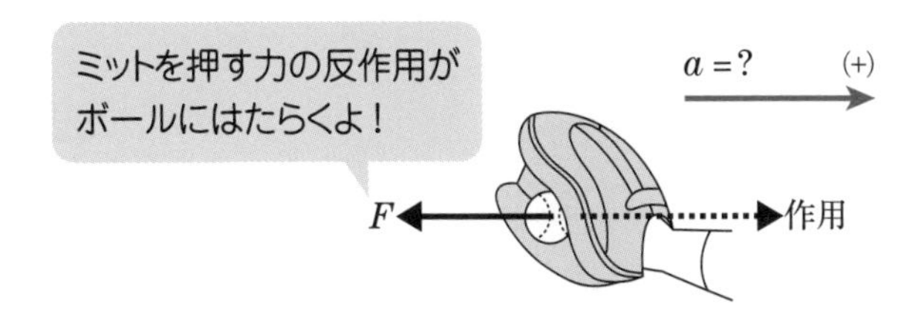

ボールの運動方程式：$ma=-F$より、加速度$a=-\frac{F}{m}$

次に、ボールの運動に等加速度直線運動の**時間含まずの式**：$\boxed{2ax=v^2-{v_0}^2}$をあてはめると、次のようになる。

等加速度直線運動の時間含まずの式より、$2\left(-\frac{F}{m}\right)s=0^2-v^2$

ボールがミットにした**仕事**：Wは$W=Fx$だね。そこで上式をFsについて求めると、次のようになる。

ボールがミットにした仕事：$Fx=\frac{1}{2}mv^2$〔J〕

この結果から、運動するエネルギー(＝物体の仕事する能力)は$\frac{1}{2}mv^2$〔J〕であることがわかるよね！

この運動する物体のエネルギーを**運動エネルギー**といい、K〔J〕と表す。運動エネルギーの単位は、仕事と同じ(**J：ジュール**)で、仕事もそうであったように、**スカラー量**(方向なし)だよ。

運動エネルギー：$K=\frac{1}{2}mv^2$〔J〕（仕事と同様**スカラー量**だよ！）

13-4 仕事と運動エネルギーの関係

ここでは、**仕事と運動エネルギーの関係**を考える。次の図のように、質量m〔kg〕の物体に、大きさF〔N〕の一定力を加え続ける。

物体がs〔m〕移動する間に、物体の速度がv_0〔m/s〕からv〔m/s〕に増えたとする。

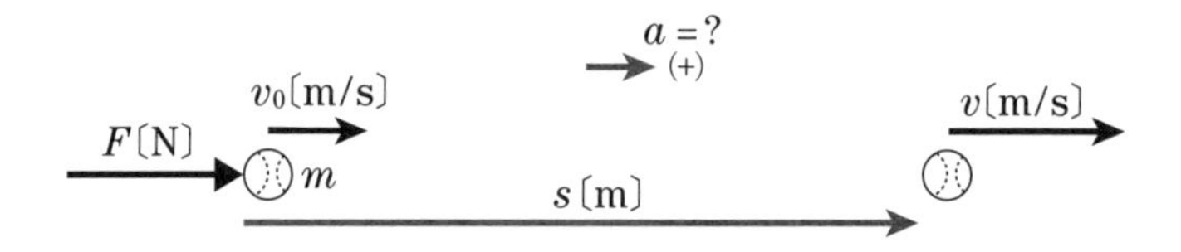

力Fが物体にした仕事Wは、$W=Fs$〔J〕だね。物体に仕事すると、どうなる？

どうなるって……、速さが増すのは間違いないよね?? 前章で登場した運動エネルギーと、何か関係あるのかな??

まず、物体の運動方程式から、加速度aを求めよう。

運動方程式：$ma=+F$　　　$\therefore\quad a=+\frac{F}{m}$

次に、**時間含まずの式**：$2ax=v^2-{v_0}^2$に、上記の運動をあてはめると、次のようになる。

$$2\frac{F}{m}s=v^2-{v_0}^2$$

左辺に現れたFs〔J〕は、力が物体にした仕事：Wだね。そこで、次のように書き換える。

$$Fs = \frac{1}{2}mv^2 - \frac{1}{2}m{v_0}^2$$

上式の右辺は、**仕事した後の運動エネルギー**：$\frac{1}{2}mv^2$から、**仕事する前の運動エネルギー**：$\frac{1}{2}m{v_0}^2$の引き算となっているので、**運動エネルギーの増加**を表しているね。

仕事をW、運動エネルギーをK、増加を表す記号Δ（デルタ）を用いて、次のように書き換える。

$\boldsymbol{W = \Delta K}$（$= K$(仕事した後)$- K$(仕事する前)）

「物体に仕事をすると、その分、運動エネルギーが増える」

次の図のように、F_1、F_2、F_3……と複数の力がはたらく場合を考えてみる。

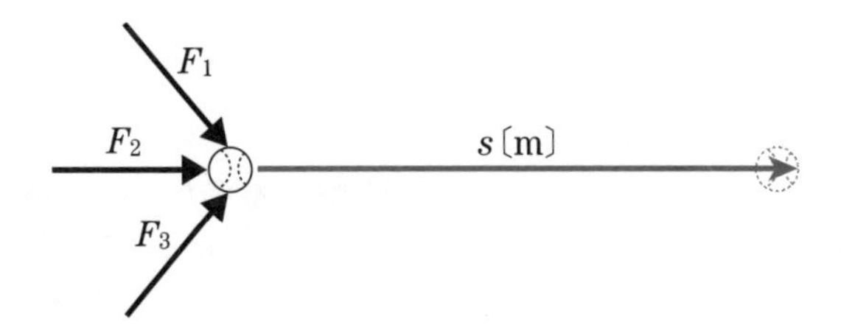

物体がs〔m〕移動する間にF_1、F_2、F_3……が物体にした仕事をW_1、W_2、W_3……と表す。

これらの**仕事の合計**（**スカラーの和：数字の足し算だよ**）が、運動エネルギー：Kの増分になるんだね。

$$W_1 + W_2 + W_3 + \cdots = \Delta K$$

物体にした仕事の合計＝運動エネルギーの増加（変化）

これが、仕事と運動エネルギーの一般的な関係なんだ。

基本演習

ロープで質量10kgの荷物をつり上げて鉛直上方に1.0m動かし、水平方向に2.0m動かした。このとき、クレーン車のロープの張力が荷物にした仕事Wはいくらか。

ただし、重力加速度の大きさを9.8m/s^{2}とし、荷物の移動は、等速であったとする。

解答

荷物の移動は等速とあるので、加速度aは0だ。運動方程式より、$ma=F$に加速度$a=0$を代入すると、$F=0$(力のつり合い)となるよね。

加速度が0ならば、力はつり合っている。

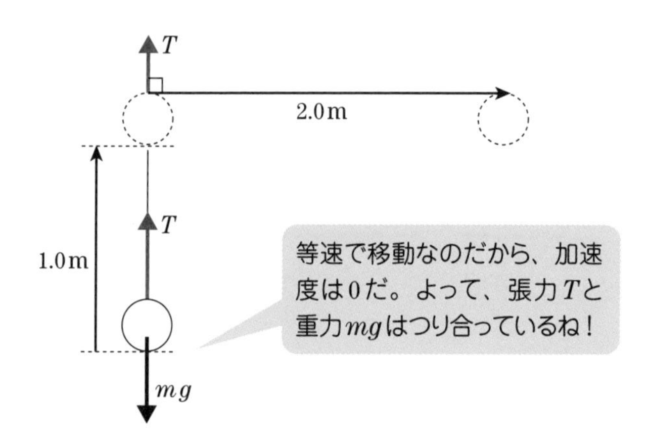

《鉛直方向に移動する場合》

張力Tの仕事Wは、力Fと移動方向が同じなので、移動距離をsとすると、$W=Fs=Ts$だね。

《水平方向に移動する場合》

張力Tと移動方向が**直角($\theta=90°$)**だ。力の大きさをF、物体の移動距離をs、Fとsの角度をθとすると、力Fが物体にした仕事Wは、次のように表すことができる。

仕事：$W = Fs\cos\theta$

張力の仕事 $W = Ts\cos 90^\circ = 0$（$\cos 90^\circ = 0$ だからだね！）

よって、鉛直方向に移動する仕事だけを考えればよい。$T = mg$ をあてはめて計算すると、次のようになる。

$W = T \cdot s = mg \times s = 10 \times 9.8 \times 1.0 = 98$〔J〕……答

演習問題

斜角30°の滑らかな斜面の下端に静止していた質量 m の物体に、斜面に沿った方向に、大きさ F の一定力を加え、s 移動させる。

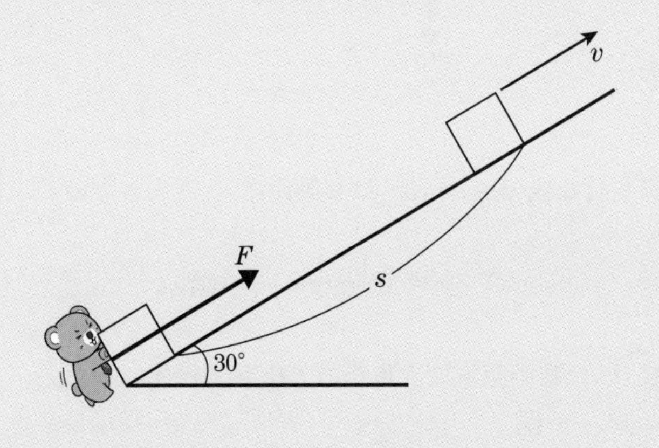

(1)　力 F がした仕事を W_F、重力がした仕事を W_g、垂直抗力がした仕事 W_N を求めよ。

(2)　s 移動したときの物体の速さ v を求めよ。

解答

(1)　力Fと移動距離sの方向は一致してるので、仕事は単純に、「力×移動距離」で計算できるよね。

力Fが物体にした仕事：$W_F = Fs$ ……答

重力mgを移動方向と直角な2方向に分解すると、移動方向に直角な成分の仕事は0だね。

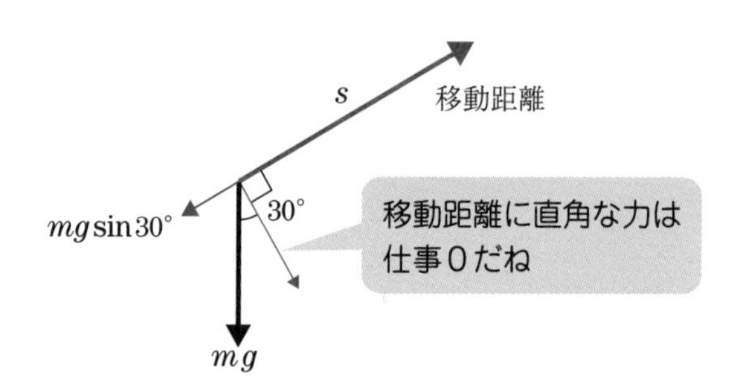

移動に平行な成分$mg\sin 30°$は移動距離sと逆向きなので、仕事は－となる。

$$Wg = -mg\sin 30° \times s = -\frac{1}{2}mgs \quad \cdots\cdots \text{答}$$

垂直抗力Nは移動距離に直角なので仕事は0だね。

$$W_N = 0 \quad \cdots\cdots \text{答}$$

(2)　仕事と運動エネルギーの関係は、次の式だ。

$W_1 + W_2 + W_3 + \cdots = \Delta K$ 仕事の合計＝運動エネルギーの増加分

この式に、(1)の結果をあてはめると、次のようになる。

$$W_F + W_g + W_N = \frac{1}{2}mv^2 - 0$$

$$Fs - \frac{1}{2}mgs + 0 = \frac{1}{2}mv^2$$

$$\frac{1}{2}mv^2 = Fs - \frac{1}{2}mgs$$

$$v^2 = \frac{2}{m}\left(Fs - \frac{1}{2}mgs\right)$$

$v>0$ なので、

$$\therefore \quad v = \sqrt{\frac{2s}{m}\left(F - \frac{1}{2}mg\right)} \quad \cdots\cdots \text{答}$$

この問題は、物体の運動方程式を立てて加速度 a を求め、時間含まずの式：$2ax = v^2 - {v_0}^2$ にあてはめても、速度 v を計算できるよね！

14章 力学的エネルギー保存の法則

前章では、運動エネルギーを考えたね。この章ではまず、物体の**位置で決まるエネルギー**(**位置エネルギー**)を考えるよ。

例えば、ビルの屋上にある砲丸の球は、その位置(高さ)にあるだけで地面に戻るまでに、仕事する可能性をもつと言えるよね？

なぜなら、ビルの屋上から落下を始めた砲丸の球を想像してみよう。とても危険な状態だ！

地面に達した球は、地面にめり込んで静止する。つまり、静止するまでに地面に対して仕事したことになる。

この、**仕事する能力がエネルギー**だよ！

14-1 位置エネルギー

■①重力による位置エネルギー：U_g〔J〕

次の図のように、地面の点Oを**位置の基準点**とした高さh〔m〕の点Aに質量：m〔kg〕の物体があったとしよう。

この物体は、**位置で決まるエネルギー**(**位置エネルギー**という)をもつんだ。

なぜ、物体が位置で決まるエネルギーをもつの？
そもそも、「エネルギー」って、仕事する能力だったよね？

ある高さにある物体がエネルギーをもつ理由は、物体に重力：mg〔N〕がはたらくからだ！

例えば、物体が自由落下して地面に達するまでに、重力mgが仕事した分だけ運動エネルギーを得るよね。

だから、位置エネルギーは物体がもつエネルギーっていうより、「**物体にはたらく重力が仕事する能力をもった**」となるね。

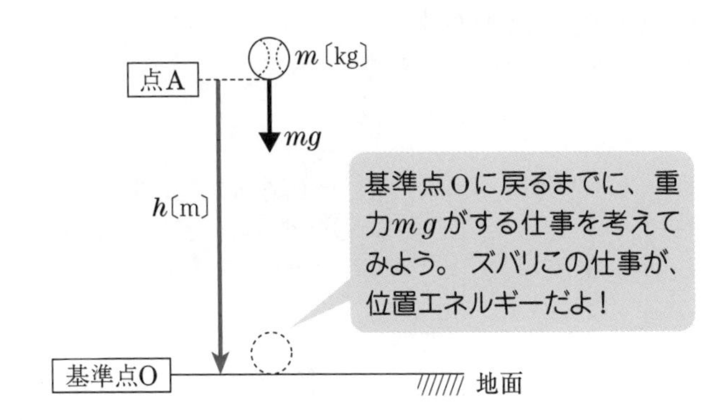

そこで、点Aにある物体が、基準点Oまで移動する間に重力mgがする仕事を考えてみよう。

この仕事が、点Aでの重力：mgによる位置エネルギーU_gだ。

U_g＝**物体が点Aから基準点Oまで移動する間に重力mgのする仕事**

重力による位置エネルギー：$U_g = mgh$

じつは、位置エネルギーは「**保存力**」という力で決まるんだ。保存力の定義は、次のとおり。

〈保存力の定義〉

力のする仕事が、どんな道筋を選んでも、スタートとゴールの位置だけで決まる場合、この力を保存力という。

保存力の定義って、ちょっと難しいなぁ……。

次のように点Aから基準点Oまで、ぐにゃっと曲がった黒い道筋で運んだ場合、重力のした仕事はいくらかな??

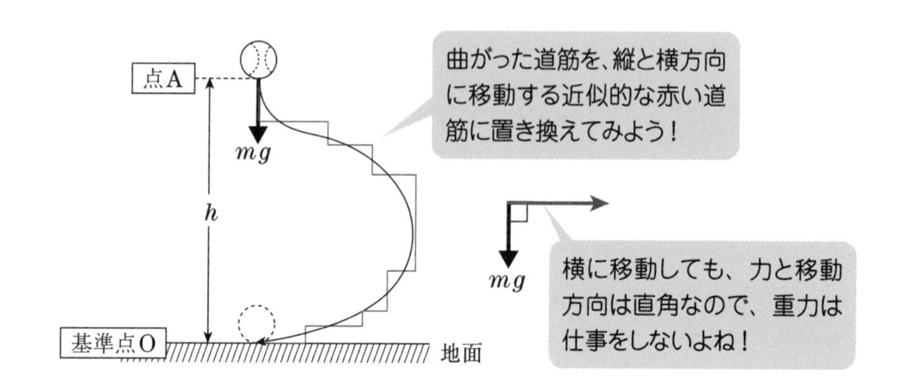

曲がった道筋を、上図のように縦方向と横方向に移動する近似的な道筋に置き換えてみる。ガタガタが気になるけど、縦と横の移動をめちゃくちゃ小さくすると、実際の曲がった曲線に近づくね。

横移動では**力と移動方向が直角**なので、重力は仕事しない。

縦移動での仕事をぜーんぶ足し合わせると、重力の仕事は、自由落下の場合と同じ、mgh〔J〕となるよね。

保存力に対し、人の力や糸の張力、摩擦力などの、位置エネルギーが決まらない力を**非保存力**というんだ。

保存力（Uが決まる）：**重力、弾性力、静電気力**
非保存力（Uが決まらない）：人の力、摩擦力、垂直抗力……

■②弾性エネルギー（ばねの力による位置エネルギー）：U_k

図のように、ばね定数：kのばねの一端を固定し、他端に物体を取り付ける。**自然長の位置を基準点**：Oとし、点Oからxだけ離れた点Aまでばねを伸ばすと、物体には弾性力がはたらくよね。

弾性力の大きさFは、フックの法則により、$F=kx$だ。弾性力も重力と同様、**保存力**なので、ばねに取り付けられた物体は、**弾性力による位置エ**

ネルギー(弾性エネルギー)：U_kをもつんだ。

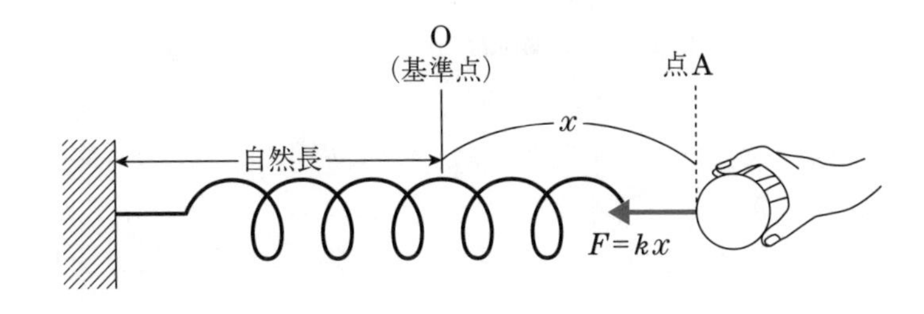

弾性エネルギー：U_kを、重力の位置エネルギーの計算と同じように、点Aから基準点Oまで移動する間に、弾性力のした仕事を計算しよう。

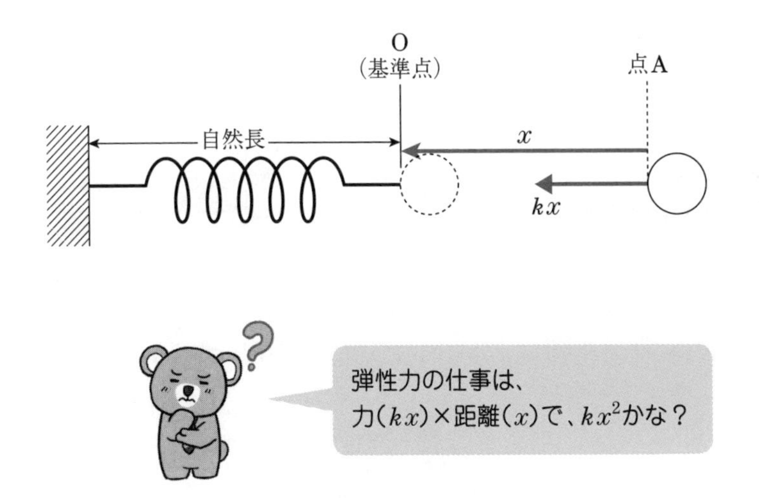

弾性力の仕事は、力(kx)×距離(x)で$U_k=kx^2$と考えたら、アウトだ。なぜなら、弾性力は**一定ではない**からだよ。

弾性力のF-xグラフは、次の図のように、弾性力：$F=kx$が、伸び：xに比例するので、原点を通る傾きkの直線となるね。

力が一定ならば、仕事は**力×移動距離**だが、力が変化する場合は、そうはいかないよね。

そこで移動距離xを、例えば5等分し、ちょっとの距離：Δx〔m〕進む間は、力が**近似的に一定**と考えてみる。

Δx〔m〕移動する間の仕事は、$F\Delta x$〔J〕で、長方形の面積だ。この長方形の面積の和が、弾性力の仕事だね。

さらに、実際の力の変化に近づけるために、等分を増やすとガタガタが減り、長方形の面積の和は、F-xグラフとx軸とで囲まれた面積となる。

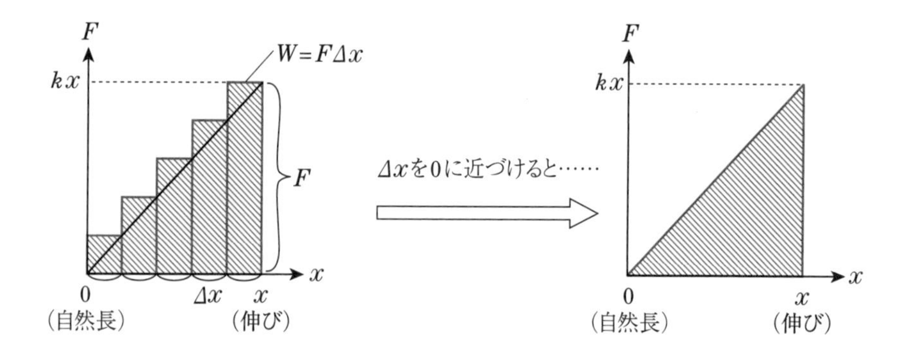

よって、ばねのした仕事は、上右図の三角形の面積$(=x\times kx\div 2)$となり、これが弾性エネルギー：U_kだ。

弾性エネルギー：$U_k=\dfrac{1}{2}kx^2$

（xは、伸び縮み どちらでもOKだよ！）

14-2 仕事と力学的エネルギーの関係

これまで登場した**仕事：W**、**運動エネルギー：K**、**位置エネルギー：U** の間には、一般的にどのような関係があるのだろうか？

次の図のように、質量mの物体を手で支え、上向きに手の力Fを加えながら、点Aから点Bまで上方に移動する。

点Aを通過する際の速さをv、高さをh、点Bを通過する際の速さをV、高さをHとしよう。

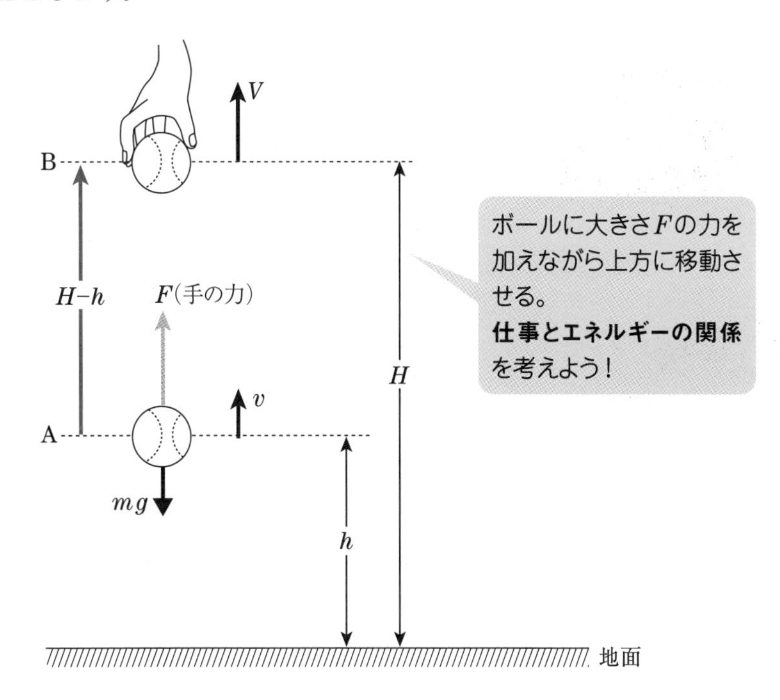

物体には**保存力**である重力と、**非保存力**である手の力がはたらいているよね。

手の力F（非保存力）の仕事をW_F、重力mg（保存力）の仕事をW_{mg}と表そう。

前章で登場した、**仕事と運動エネルギーの関係**：$W_1+W_2+W_3+\cdots\cdots=\Delta K$（**仕事の合計＝運動エネルギーの増分**）に、この運動をあてはめると、次のようになるよ。

$$W_F + W_{mg} = \frac{1}{2}mV^2 - \frac{1}{2}mv^2 \quad \cdots\cdots ①$$

まず、上式①で登場した保存力の仕事W_{mg}を計算しよう！

重力mgと移動距離：$H-h$は逆向きなので、2つのベクトルのなす角度は180°だ。

$$\textbf{重力の仕事}：W_{mg} = mg(H-h) = -(mgH - mgh) \quad \cdots\cdots ②$$

②式を見てわかるように、重力のした仕事が**位置エネルギーの差**で表現されているよね。

②を①に代入すると、次のようになる。

①より、$W_F + W_{mg} = \frac{1}{2}mV^2 - \frac{1}{2}mv^2$

$$W_F - (mgH - mgh) = \frac{1}{2}mV^2 - \frac{1}{2}mv^2$$

位置エネルギーの差：$mgH-mgh$を右辺に移項し、大文字と小文字のグループに分けてかくと、次のようになる。

$$W_F = \left\{\frac{1}{2}mV^2 + mgH\right\} - \left\{\frac{1}{2}mv^2 + mgh\right\} \quad \cdots\cdots ③$$

{ }の中身は、**K（運動エネルギー）＋U（位置エネルギー）**となっており、**$K+U$を力学的エネルギー**っていう。

③式の右辺は、**力学的エネルギー**の変化（増分）を表しているね。③式の左辺W_Fは、**非保存力の仕事**であり、$W_{非保存力}$と表しておく。

以上をもとに、式をまとめると、次の式が得らる。

$$W_{非保存力} = \Delta(K+U)$$

非保存力のした仕事＝力学的エネルギーの増加（変化）

人の力などの非保存力が仕事をすると、仕事をした分だけ、力学的エネルギーが増加するってことを表しているんだね！

では、非保存力が仕事をしなかったら、どうなる？

$W_{\text{非保存力}}=0$を、$W_{\text{非保存力}}=\Delta(K+U)$に代入すると、$0=\Delta(K+U)$となり、力学的エネルギーの増加(または変化)は0となるよね。

$K+U$の変化がないということは、**力学的エネルギーは一定**となるね。

これが**力学的エネルギー保存の法則**だ！

〈力学的エネルギー保存の法則〉

$W_{\text{非保存力}}=0$ ➡ $K+U$(力学的エネルギー) = 一定

非保存力が仕事をしない場合、力学的エネルギーが保存される

基本演習1

次の図のように、地面からの高さhの位置から物体を速さvで斜めに投げ出した。物体が地面に達する速さVを求めよ。

ただし、重力加速度はgとし、空気抵抗は無視する。

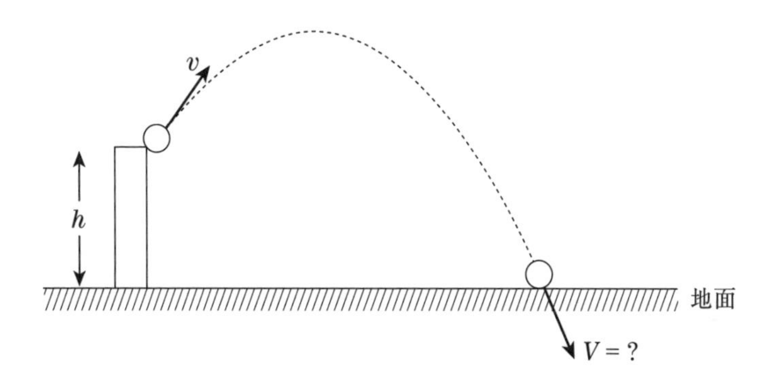

解答

今までならば、落下運動が登場した場合、
① 重力加速度gをかく
② スタートの位置を原点に定め、
x軸、y軸を与える
……ってカンジだったよね。

放物運動する物体には**保存力である重力mg**だけがはたらき、**非保存力は、ぜんぜんはたらいていない**ね。

よって、$W_{非保存力}=0$なので、**力学的エネルギー：$K+U$は保存**される。

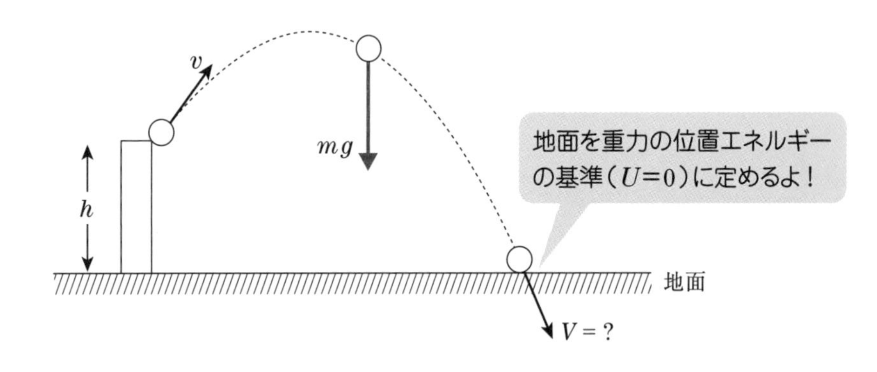

$$\underbrace{\frac{1}{2}mv^2+mgh}_{スタート}=\underbrace{\frac{1}{2}mV^2+0}_{地面}$$

$$\therefore\quad V=\sqrt{v^2+2gh}\quad\cdots\cdots 答$$

基本演習2

ばね定数kのばねの一端を鉛直壁に固定し、他端に質量mの物体を取り付け、なめらかな水平面上に置く。物体に外力を加え、自然長からの伸びがdとなるまで移動し、物体を静かに放した。

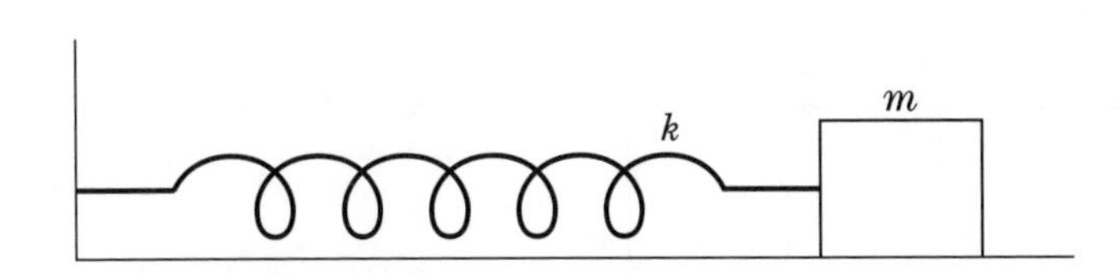

(1) ばねが自然長に戻ったときの物体の速さvを求めよ。

(2) ばねが自然長から$\frac{1}{2}d$縮んだときの物体の速さVを求めよ

解答

(1) 運動途中でのばねの伸びをxとすると、物体にはたらく力は、
重力：mg、弾性力：kx、垂直抗力：Nだね。

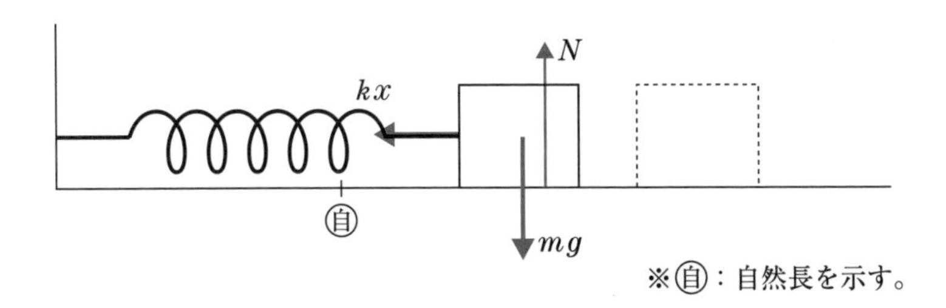

※自：自然長を示す。

重力や弾性力は**保存力**(位置エネルギーで決まる力)、垂直抗力は**非保存力**だ。

非保存力である垂直抗力：Nは、移動方向に対して直角なので、物体に対して仕事をしないね。

移動方向に垂直な力は、仕事をしない！

$W_N = 0$ ➡ $K + U_k =$ 一定
(非保存力)

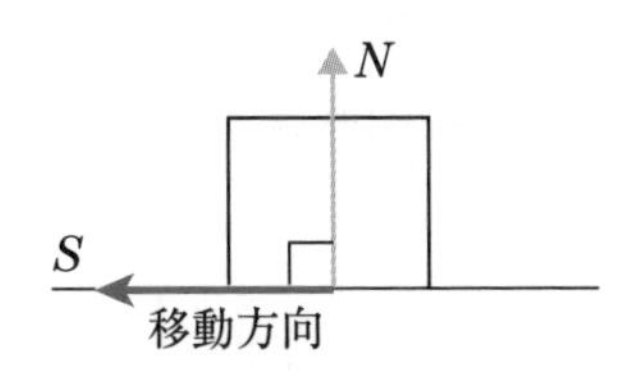

よって、力学的エネルギー($K + U_k$(弾性エネルギー))は保存される。

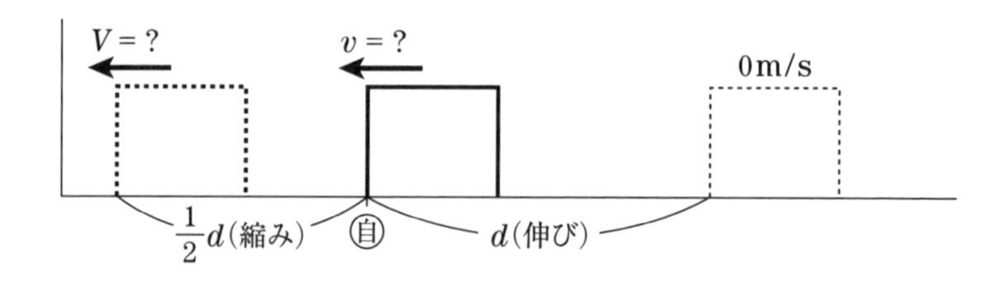

$$\underbrace{0+\frac{1}{2}kd^2}_{\text{スタート}}=\underbrace{\frac{1}{2}mv^2+0}_{\text{自然長}}$$

$$\therefore\quad v=d\sqrt{\frac{k}{m}}\ \cdots\cdots\text{答}$$

(2)　弾性エネルギー：$U_k=\frac{1}{2}kx^2$ の x は、伸びでも縮みでもよい！

$$\underbrace{0+\frac{1}{2}kd^2}_{\text{スタート}}=\underbrace{\frac{1}{2}mV^2+\frac{1}{2}k\left(\frac{d}{2}\right)^2}_{\frac{1}{2}d\text{縮み}}$$

$$\therefore\quad V=\frac{d}{2}\sqrt{\frac{3k}{m}}\ \cdots\cdots\text{答}$$

演習問題

図のように、半径aの円弧の形をした、なめらかな滑り台ABCが、水平な床に点Bで接して固定されている。中心をOとする円弧ABCは鉛直な平面内にあり、∠AOB＝90°、∠BOC＝60°である。

A点に静止していた質量mの小球が、滑り台を滑り落ちてB点を通り、C点で滑り台からとび出す。そののち、最高点Dに到達した。次の問いに答えよ。

ただし、重力加速度の大きさをgとし、空気の抵抗は無視する。

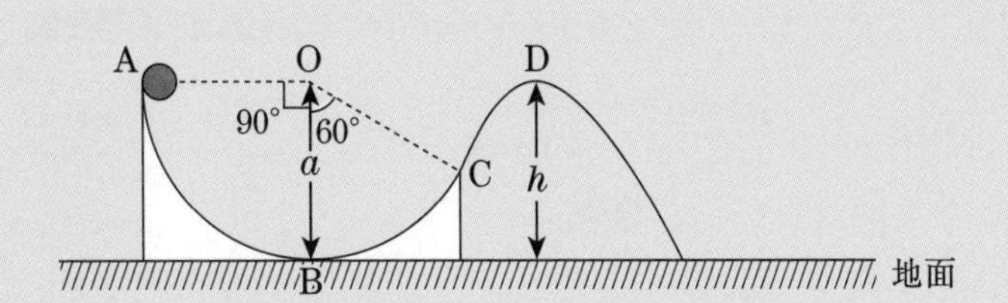

(1) 小球がB点を通過するときの速さはいくらか。

(2) 小球がC点を離れるとき、小球の速度の水平成分はいくらか。
また、鉛直成分はいくらか。

(3) 最高点Dの床からの高さhを求めよ。

解答

小球が滑り台を滑っているときに受ける力は、重力mg(保存力)と面から受ける垂直抗力N(非保存力)だね。物体の移動方向は円の接線方向、Nは中心Oに向かう方向にはたらいているので、非保存力である垂直抗力Nは仕事をしない。

移動方向に垂直な力は、仕事をしない!

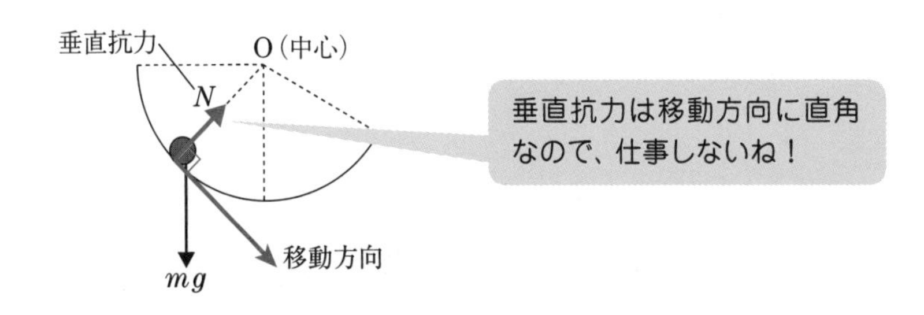

よって、$W_{非保存力}=0$なので、**力学的エネルギー:$K+U$は、保存**される。

(1)　Bを位置エネルギーU_gの基準($U_g=0$)、Bを通過するときの速さをv_Bとすると、$K+U_g$=一定より、AとBの力学的エネルギーは同じだ。

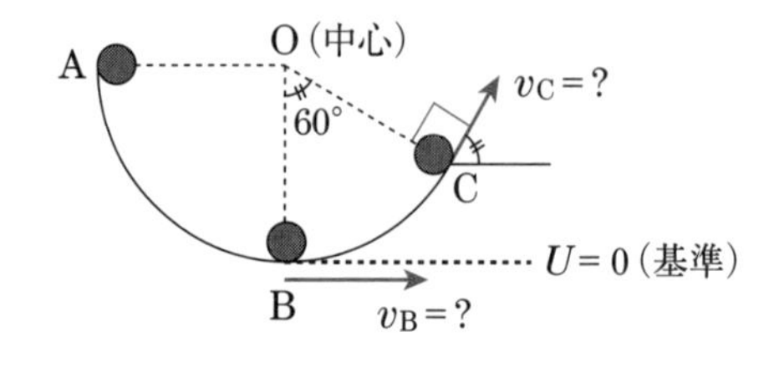

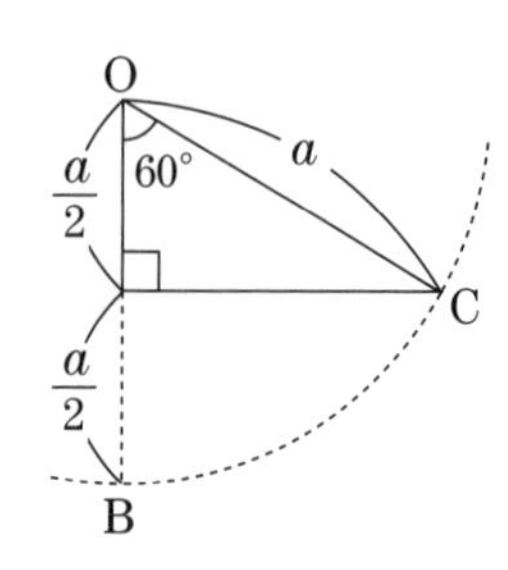

$$\underbrace{0+mga}_{\text{Aでの}K+U_g}=\underbrace{\frac{1}{2}m{v_B}^2+0}_{\text{Bでの}K+U_g}$$

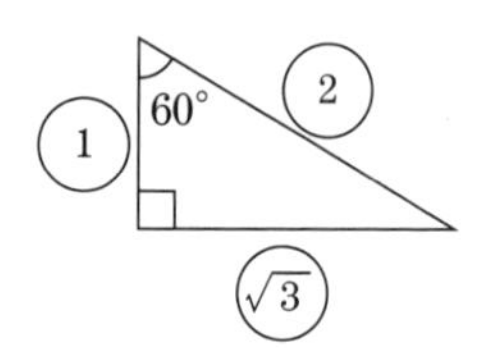

$\therefore\quad v_B=\sqrt{2ga}$ ……答

(2)　A→B→Cまで力学的エネルギーは保存されている。CのBからの高さは$\frac{a}{2}$だね。AとCの力学的エネルギーを比較する。

$$\underbrace{0+mga}_{\text{Aでの}K+U_g}=\underbrace{\frac{1}{2}m{v_C}^2+mg\times\frac{a}{2}}_{\text{Cでの}K+U_g}$$

$\therefore\quad v_C=\sqrt{ga}$

v_Cの水平成分をv_x、鉛直成分をv_yとする。v_Cを分解し、

$v_x=v_C\cos 60°=\frac{1}{2}v_C=\frac{1}{2}\sqrt{ga}$ ……答

$v_y=v_C\sin 60°=\frac{\sqrt{3}}{2}v_C=\frac{\sqrt{3ga}}{2}$ ……答

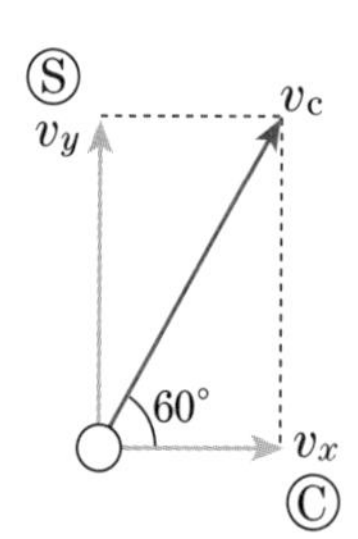

(3)　Cからは斜方投射となり、放物運動だ。最高点での速度は鉛直成分が0であり、水平成分v_x(＝一定)のみだね。

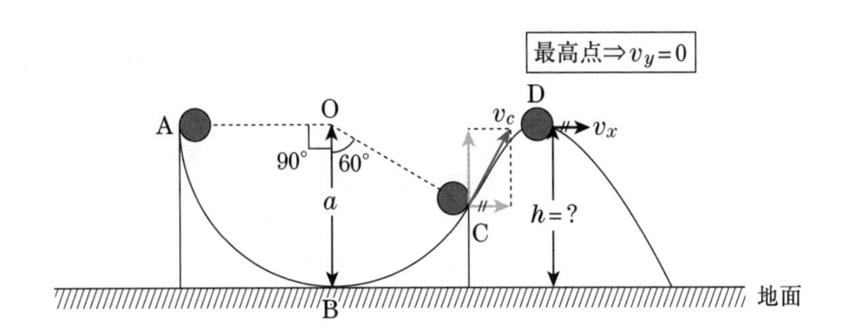

最高点の高さhは、等加速度直線運動の公式を利用して解くこともできるが、力学的エネルギー保存の法則で解けるよね。

CからDまでは小物体にはたらく力は重力(保存力)のみなので、$K+U_g$(力学的エネルギー)が保存されている。

そこで、CとDを比較してもよいが、よく考えてみると、「A→B→Cまでエネルギー保存」、「C→Dもエネルギー保存」なんだから、AからDまで、ずーっとエネルギーが保存されているよね。

そこで、AとDを比較し、

$$\underbrace{0+mga}_{\text{AでのK+U}_g}=\underbrace{\frac{1}{2}mv_x{}^2+mgh}_{\text{DでのK+U}_g}$$

$v_x=\frac{1}{2}\sqrt{ga}$を代入し、

$$0+mga=\frac{1}{2}m\left(\frac{1}{2}\sqrt{ga}\right)^2+mgh$$

$$\therefore\quad h=\frac{7}{8}a\ \cdots\cdots\text{答}$$

15章　力積と運動量

「せともの」のコップを、鉄板と座布団に向けて、それぞれ自由落下さるとどうなる？

当然、鉄板に落下したコップは割れ、座布団に落下した場合は壊れないよね?!　当たり前じゃないか!!

確かにそうなんだが、なぜそのような違いが生まれたのか？

この章では、急激な速度変化をとらえる際に便利な物理量である、**力積**と**運動量**の関係を考えるよ。

15-1　力積と運動量の関係

次の図のように、ピッチャーの投げた質量m〔kg〕のボールを、バットで打つ運動を考えよう。

ボールがバットに接触している時間は、きわめて短いよね。接触時間をΔt〔s〕とし、この間に大きさF〔N〕の一定力がはたらいているとする。

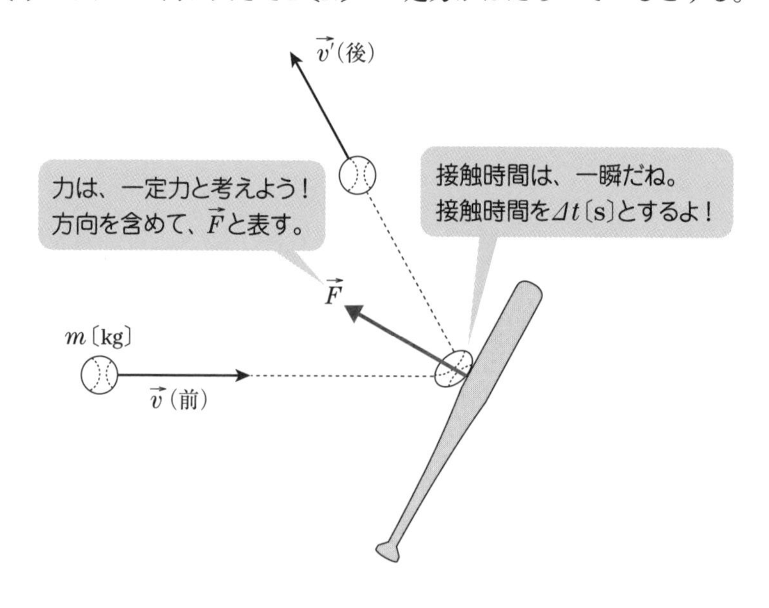

ボールの速度は方向を含めて、打つ前の速度を$\vec{v}$〔m/s〕、打った後の速度を$\vec{v'}$〔m/s〕とベクトルで表す。

ボールに力：$\vec{F}$を加えて速度が変化したのだから、まず**運動方程式**を立ててみよう。ボールの加速度を$\vec{a}$〔m/s^2〕とすると、次のようになる。

$$\text{ボールの運動方程式：}\boldsymbol{m\vec{a}=\vec{F}} \quad \cdots\cdots①$$

次に、加速度：$\vec{a}$だが、1章で学んだように一直線上の運動では、次のように表すことができたね。

$$\text{加速度：}a〔m/s^2〕=\frac{\Delta v〔m/s〕(\text{速度の増分})}{\Delta t〔s〕(\text{経過時間})}$$

バットでボールを打つ場合の加速度：$\vec{a}$は、まずΔt〔s〕間の速度の変化を「$\vec{v'}$(後)$-\vec{v}$(前)」に置き換えて、次のように表すことができる。

$$\vec{a}=\frac{\vec{v'}(\text{後})-\vec{v}(\text{前})}{\Delta t} \quad \cdots\cdots②$$

②を①の運動方程式：$m\vec{a}=\vec{F}$に代入すると、次のようになる。

$$m\cdot\frac{\vec{v'}(\text{後})-\vec{v}(\text{前})}{\Delta t}=\vec{F}$$

上式の両辺に、時間Δtを掛けて整理すると、新しい物理量が登場だ。

$$\vec{F}\cdot\Delta t=m\vec{v'}(\text{後})-m\vec{v}(\text{前}) \quad \cdots\cdots③$$

左辺に登場した「$\vec{F}\cdot\Delta t$」は、力：$\vec{F}$〔N〕と時間：Δt〔s〕の積になっており、**力積**という。力積は方向をもった**ベクトル量**だよ。

一方、右辺に登場した「$m\vec{v}$」は、質量m〔kg〕と速度$\vec{v}$〔m/s〕の積になっており、**運動量**という。運動量も方向をもった**ベクトル量**だ。

力積(力×時間)：$F\cdot\Delta t$〔N・s〕……**力F**と同じ方向の**ベクトル**
運動量(質量×速度)：mv〔kg・m/s〕……**速度$\boldsymbol{v}$**と同じ方向の**ベクトル**

③式：$\vec{F}\cdot\Delta t=m\vec{v}'(後)-m\vec{v}(前)$の右辺は、**運動量の変化**だね。そこで、変化を表す記号（Δ：デルタ）を用いると、$\Delta(m\vec{v})$とコンパクトに表現できる。

力積と運動量の関係は、次のように表すことができるよ。

$$\underbrace{F\cdot\Delta t}_{〔\mathrm{N\cdot s}〕}=\underbrace{\Delta(mv)}_{〔\mathrm{kg\cdot m/s}〕}$$

物体に与えた力積＝物体の運動量の変化

力積：$\vec{F}\cdot\Delta t$は、**運動量**：$m\vec{v}(前)$と$m\vec{v}'(後)$を用い、作図によって表すことができる。

ベクトルの基本の確認

ベクトル和の作図　a、bの和：$a+b$

2つのベクトルの和は、図1のようにaの終点にbを足すか、図2のように2つのベクトルを2辺とする平行四辺形の対角線で作図ができる！

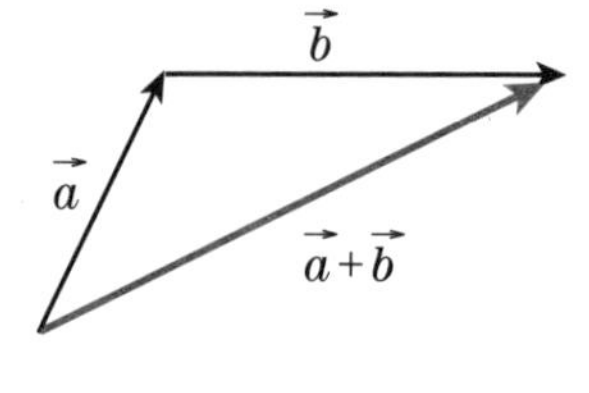

図1

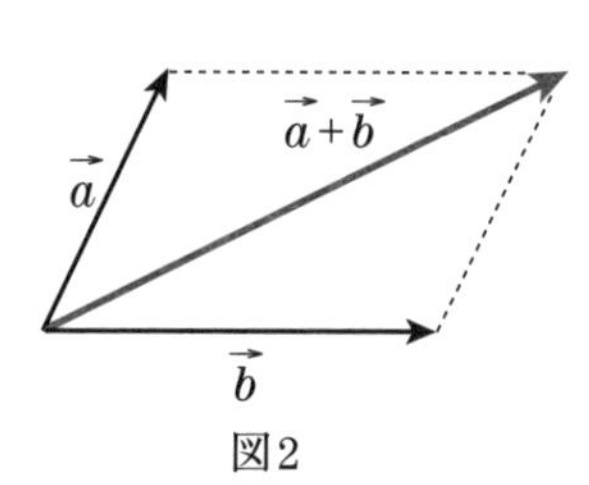

図2

ベクトル差の作図　a、bの差：$a-b=a+(-b)$

2つのベクトルの差は、図3のように2つのベクトルの始点をそろえ、$a-b$を$a+(-b)$と変形すると、もとのベクトルの終点どうしを結ぶベクトルで作図ができるね！

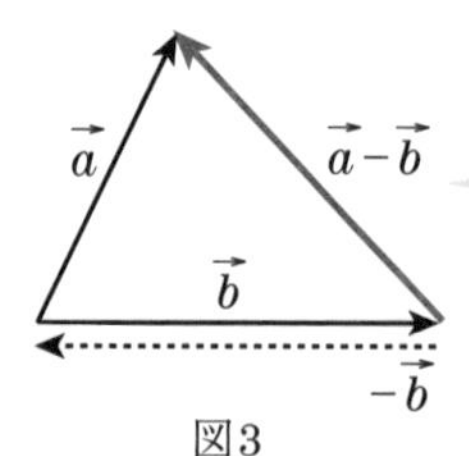

図3

$a-b$は、ベクトルの始点をそろえて、終点どうしを結ぶベクトルだ！

では、バットでボールを打つ場合の力積：$\vec{F}\cdot\Delta t$を、ベクトルで作図すると、どのように表すことができるかな？

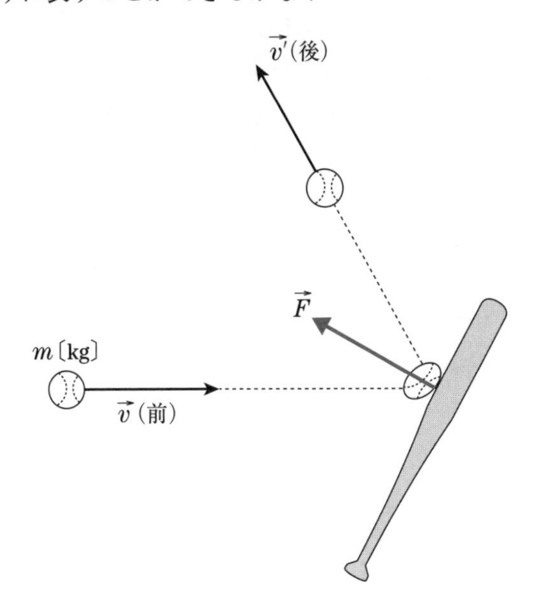

力積：$\vec{F}\cdot\Delta t$は、打った後の運動量$m\vec{v'}$と運動量$m\vec{v}$の引き算だよね。

力積：$\vec{F}\cdot\Delta t = m\vec{v'}$(後) $-$ $m\vec{v}$(前)

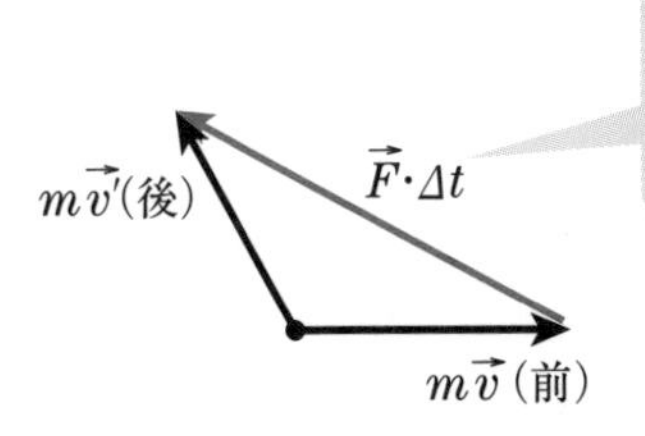

力積は、後の運動量$m\vec{v'}$から前の運動量$m\vec{v}$を引き算したものだね！

基本演習

コーヒーカップを鉄板と座布団に向けて落下させると、鉄板に落下したカップは割れ、座布団に落下したカップは壊れない理由を考える。コップの質量をm、落下直前の速さをvとする。

(1)　コップを座布団に落とした場合、座布団から受けた力積の大きさを求めよ。ただし、重力の影響は無視する。

(2)　コップが座布団に触れてから、静止するまでの時間がΔtであった場合、座布団から受ける力を一定とみなせるとして、その力の大きさ：Fを求めよ。

(3)　(2)の結果から、座布団と鉄板に落下した場合の違いを示し、鉄板に当たると割れる理由を答えよ。

解答

(1)　次の図のように**上向きを正**として、コップが座布団から受けた力積を、運動量の変化で計算する。

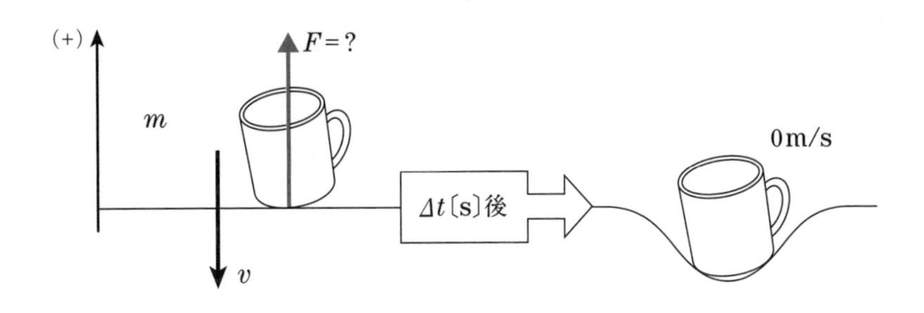

$$\vec{F}\cdot\Delta t = m\vec{v}'(後) - m\vec{v}(前) = \Delta(m\vec{v})$$

力積＝運動量の変化

上記の式に、衝突前後の運動をあてはめる。

ちなみに、上向きを正に定めたのだから、衝突前の運動量は、下向きであることを、符号を用いて$(-m\vec{v})$と表すことに注意しよう。

コップが受けた力積：$\vec{F}\cdot\Delta t = 0-(-m\vec{v}) = +m\vec{v}$

力積が正(+)ということは、**方向が上向き**だってことだね。

力積の大きさ：mv ……答

(2)　(1)の結果を力：Fについて求めると、次のようになる。

$F=\dfrac{mv}{\Delta t}$ ……答

(3) 答 座布団に落下した場合は、静止するまでの時間：Δtが長いよね。

$F=\dfrac{mv}{\Delta t}$より、力Fは小さくなる。よって、コップは割れない。

一方、鉄板に落下した場合は、静止までの時間：Δtが、きわめて短いので、力Fが大きくなって、コップは割れる。

次の図のように、速さvで水平方向に飛んできた質量mのボールを、バットで打ったところ、鉛直上方に速さvで打ち上げられた。このとき、バットがボールに与えた力積の大きさと方向を求めよ。

ただし、重力の影響は無視する。

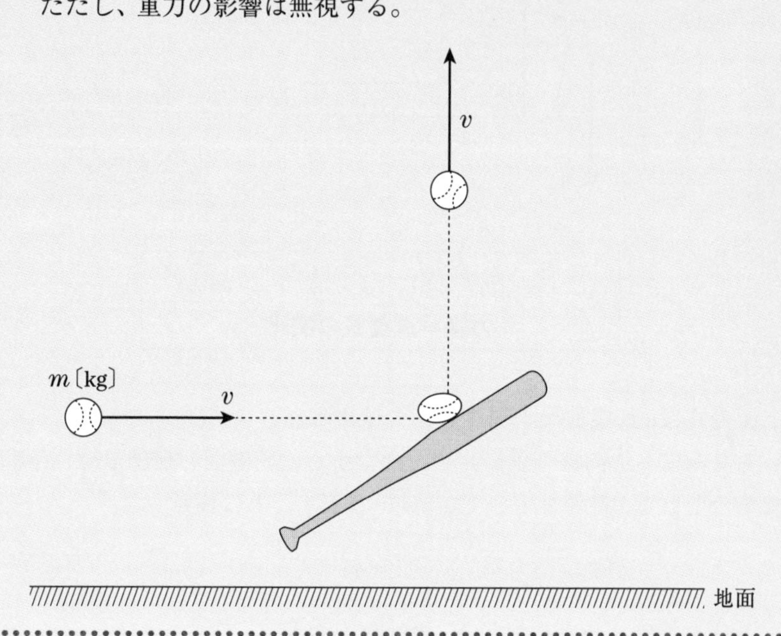

解答

バットがボールに与えた**力積**：$\vec{F}\cdot\Delta t$は、ボールの**運動量の変化**に等しいよね！

力積＝運動量の変化

$$\vec{F}\cdot\Delta t = m\vec{v'}(\text{後}) - m\vec{v}(\text{前}) = \Delta(m\vec{v})$$

打つ前後の運動量の大きさは、ともにmvだから、次の計算でいいのかな？
力積＝$mv-mv=0$ となる？

力積と**運動量**は、いずれも方向をもった**ベクトル**であることに注意しよう。運動量の変化は、打った後の運動量$m\vec{v}'$と打つ前の運動量$m\vec{v}$の引き算で、表現できるね！

$$\vec{F}\cdot\Delta t = m\vec{v}'(\text{後}) - m\vec{v}(\text{前})$$

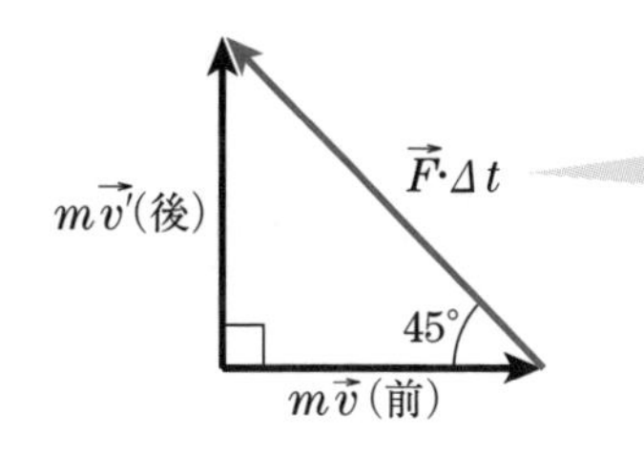

力積は、後の運動量ベクトルから前の運動量ベクトル引き算したものだね！

上図は直角三角形なので、**三平方の定理**をあてはめ、
力積の大きさ：$F\cdot\Delta t$を計算しよう。

力積の大きさ：$F\cdot\Delta t = \sqrt{(mv)^2 + (mv)^2} = \sqrt{2}\,mv$ ……答

方向は、ボールの入射方向と逆向き上方に45° ……答

POINT

バットでボールを打った瞬間、ボールにはバットの力積以外に、重力による力積もはたらいていたはずだが、重力の影響は無視してかまわないんだ。

なぜなら、バットによる力は、ボールの速度を急激に変化させる**非常に大きな力**であり、重力に比べて非常に大きい！

バットによる力のように、急激な速度変化を与える力を**撃力**といい、**撃力**がはたらく場合、重力の影響は無視することができるんだ。

16章 運動量保存の法則

力学の問題を解く鍵に「**保存則**」があるんだ。14章では、**力学的エネルギー保存**が登場したね。

この章では、複数の物体がもつ**運動量**：$m\vec{v}$の和に注目した新しい保存則が登場だ！

次の図のように、平面内での2物体の**衝突**を考えよう。

質量：m〔kg〕、速度：$\vec{v}$〔m/s〕の物体Aと、質量：M〔kg〕、速度：$\vec{V}$〔m/s〕の物体Bが衝突し、衝突後、それぞれの速度が、$\vec{v'}$〔m/s〕、$\vec{V'}$〔m/s〕に変わったとしよう。

衝突時のA、Bの**接触時間**はきわめて短く、これをΔt〔s〕とする。衝突の際、BがAを押す力を**一定力として**$\vec{F}$〔N〕とすると、**作用・反作用の法則**により、Aは、Bを逆向きで同じ大きさの力：$-\vec{F}$で押し返すね。

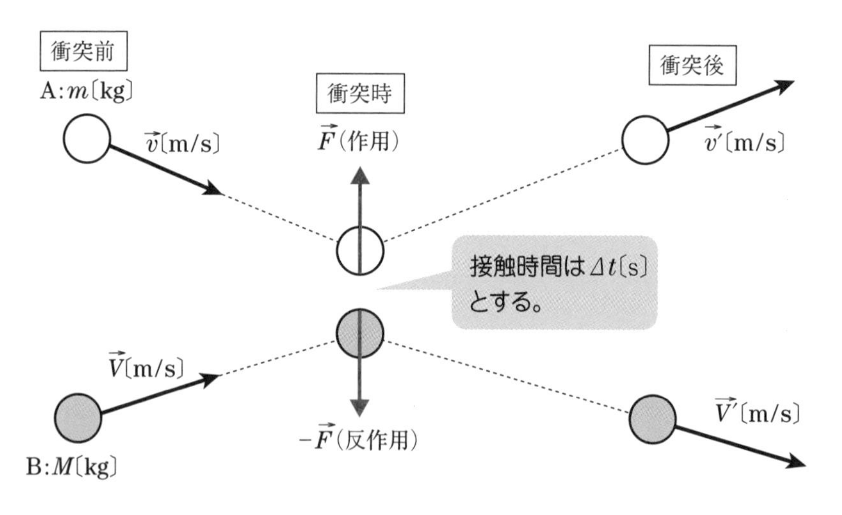

各物体は**力積**を受けたので、**運動量**が変化したよね。そこで、前章で学んだ**力積と運動量の関係**にあてはめると、次のようになる。

$$\vec{F}\cdot\Delta t=\Delta(m\vec{v})$$

力積＝運動量の変化

$$\mathrm{A}: \vec{F}\Delta t = m\vec{v'} - m\vec{v} \qquad \cdots\cdots ①$$

$$\mathrm{B}: -\vec{F}\Delta t = M\vec{V'} - M\vec{V} \qquad \cdots\cdots ②$$

①、②の右辺と左辺のそれぞれを足すと、右辺は＋と－が相殺されて0となり、次の式が得られるよ。

$$0 = (m\vec{v'} + M\vec{V'}) - (m\vec{v} + M\vec{V})$$

$$m\vec{v} + M\vec{V} = m\vec{v'} + M\vec{V'}$$

(衝突前の運動量の和)＝(衝突後の運動量の和)

つまり、2物体の衝突においては、**運動量の和が保存**されることがわかるよね。これを、**運動量保存の法則(運動量保存則)**という。

一般的に、複数の物体の集まりを**物体系**といい、系の内部ではたらく作用・反作用の力を**内力**、系の外からはたらく力を**外力**という。

A、Bの衝突では、**内力のみがはたらいて**おり、**外力ははたらいていない**よね。このように**外力がはたらかない場合に限って**、系の**運動量の和が保存**されるんだね。

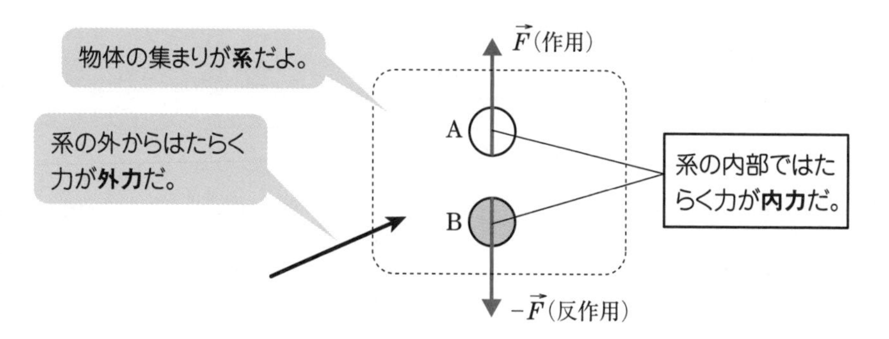

外力なしの場合 ➡ 物体系の運動量の和：$m\vec{v} + M\vec{V} =$ 一定

外力なしの場合に運動量の和が一定となることを、**運動量保存の法則**というんだね！

基本演習

水平でなめらかな床面を、右向きに速さvで進んできた質量$2m$の物体Aと、左向きに速さvで進んできた質量mの物体Bが衝突後一体となって進んだとしよう。

衝突後、一体となった2物体の速さと方向を求めよ。

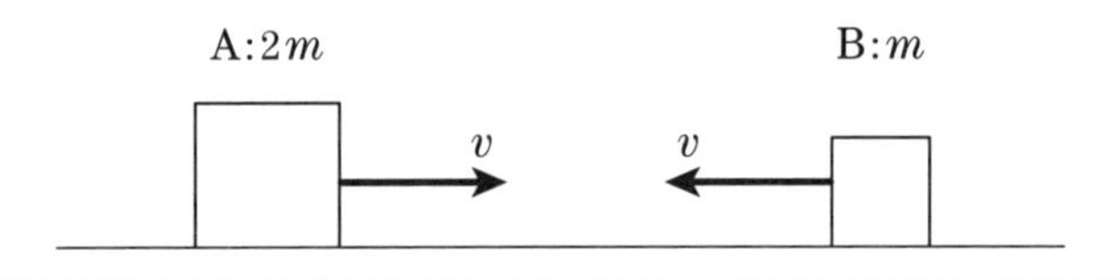

解答

1次元の衝突では、まず**右向きを(＋)に定めよう！**　衝突時に水平方向(運動方向)にはたらく力はA、Bが押し合う**作用・反作用の内力のみ**。

よって、衝突前後で、**運動量保存則**が成り立つね。衝突後の一体となった物体の速度を右向きに進むと仮定して、速さuとする。

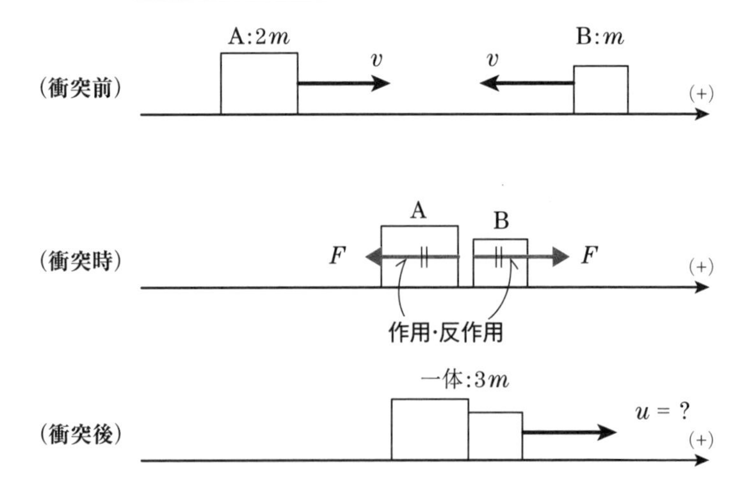

外力なしの場合 ➡ 物体系の運動量の和：$m\vec{v}+M\vec{V}=$一定

(Aの運動量)＋(Bの運動量)＝一定より、**方向に注意**して、運動量保存の式を立てると、次のようになる。

右向き　　左向き

$$\underbrace{\oplus 2mv + (\ominus mv)}_{\text{衝突前}} = \underbrace{3mu}_{\text{衝突後}}$$

$\therefore \quad u = +\frac{1}{3}v$ （もしuが負ならば、左に進んだことになるよ）

衝突後の速さ：$\frac{1}{3}v$ ……答

方向：右向き ……答

演習問題

図のような、水平でなめらかな床の上に静止している、質量Mの台車の左端へ、質量mの木片を置いた。

台車上面は、なめらかな面と、斜線で示された粗い面からなる。

いま、質量mの弾丸を水平方向に速さv_0で木片に打ち込む。弾丸が木片に当たり、なめらかな区間を進む間に両者は一体となって、台車上を速さvで水平に動き出した。

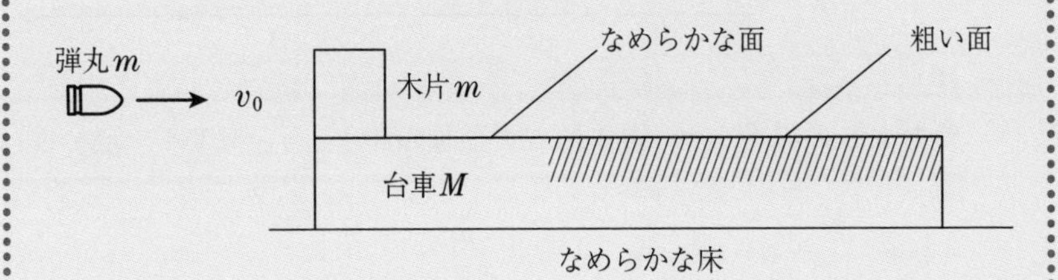

(1)　弾丸が木片に当たって、両者が一体となったときの速さvを求めよ。

(2)　弾丸と一体となった木片(これを以後Pとする)が、台車上の粗い区間を滑り、やがて台車上で静止した。Pが台車上で止まったときの台車の速さVを求めよ。

解答

(1)　弾丸が木片に当たるとき、水平方向(運動方向)にはたらく力は、弾丸と木片が押し合う**作用・反作用の内力のみ**であり、外力はない。

よって、弾丸と木片の系の運動量の和は、保存される。

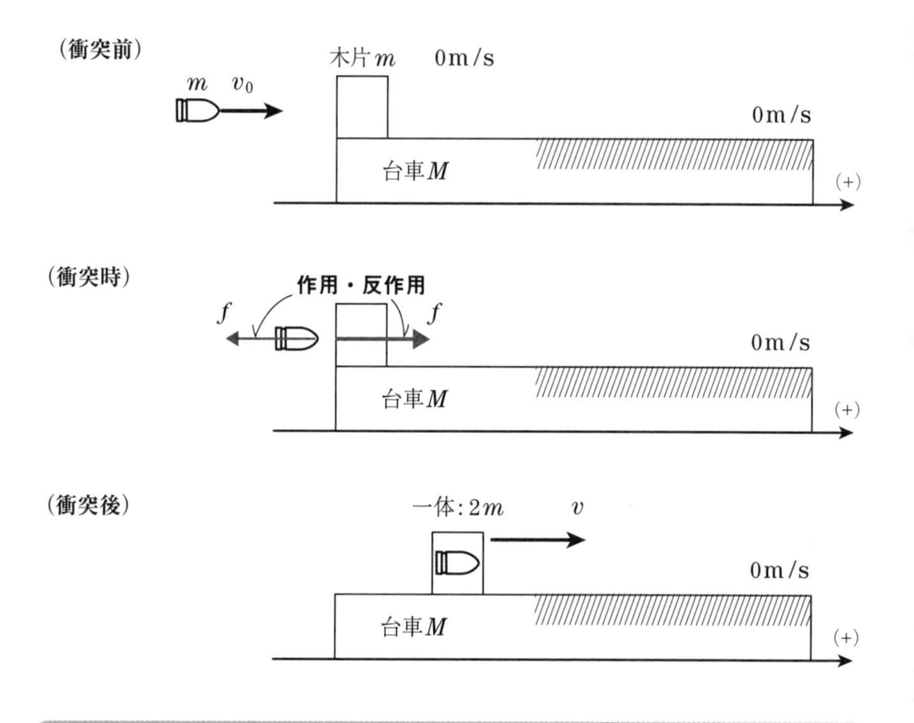

外力なしの場合 ➡ 物体系の運動量の和：$m\vec{v}+M\vec{V}=$一定

$$\underbrace{+mv_0+m\times 0}_{\text{衝突前}}=\underbrace{+2mv}_{\text{衝突後}}$$

$\therefore\quad v=+\dfrac{1}{2}v_0$ ……答

(2)　一体となった物体(弾丸と木片)をPとする。物体Pは速さvで台上の粗い面上に滑り込むと、移動方向と逆向きに動摩擦力がはたらく。動摩擦力の大きさをf'とおく。

台車には、動摩擦力の反作用f'がはたらくために、動き出すよね。

物体Pが台車上で止まったとき、物体Pと台車は、一体となって同じ速さVで動いている。

このVを求めるためには、運動方程式で加速度を求めてもよいのだが、新しい武器があるよね。

運動量保存則だ！　Pと台車を物体系とみると、動摩擦力とその反作用は**内力**であり、外力はなしだね。

衝突に限らず、このような場合でも、運動量は保存されるんだ。

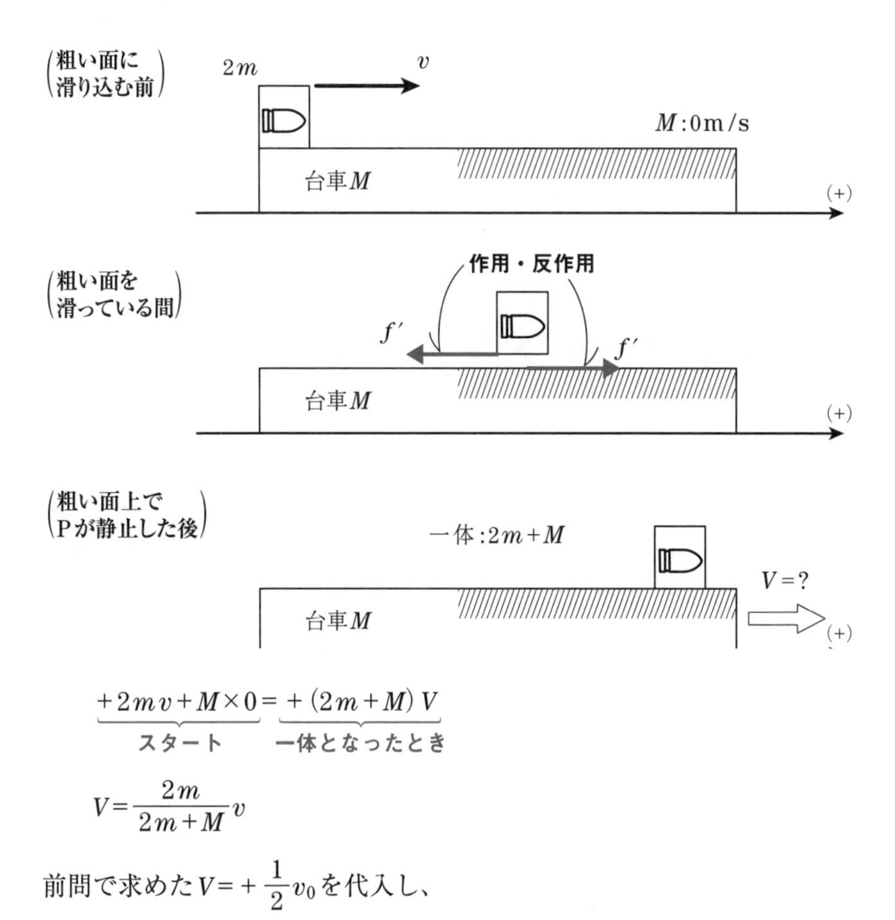

$$\underbrace{+2mv+M\times 0}_{\text{スタート}}=\underbrace{+(2m+M)V}_{\text{一体となったとき}}$$

$$V=\frac{2m}{2m+M}v$$

前問で求めた$V=+\frac{1}{2}v_0$を代入し、

$$\therefore\quad V=\frac{m}{2m+M}v_0 \quad \cdots\cdots 答$$

応用問題

なめらかな水平面上に質量Mの板Pがあり、板の左端に質量mの物体Qが乗せてある。PとQの間には摩擦力がはたらき、その動摩擦係数はμである。

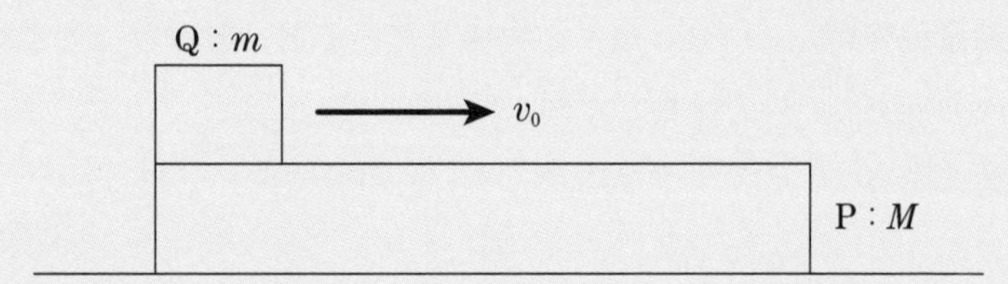

物体Qに水平方向右向きの初速度v_0を与えたところ、これと同時に板Pも床面上を滑り、QはPに対してL滑った後にP上で静止した。重力加速度をgとして次の問いに答えよ。

(1)　QがPに対して静止した後のP、Qの速さvを求めよ。

(2)　QがPに対して静止するまでに、Pに対して移動した距離Lを求めよ。

解答

(1)　右向きを正として、Qの加速度をα、Pの加速度をAとする。まず各物体に働く力を描こう。

Qには重力mg、垂直抗力N、Pに対する移動方向と逆向きの動摩擦力μNがはたらく。Pには重力Mg、床からの垂直抗力N'、Pが受けたN、μNの反作用がはたらくね。

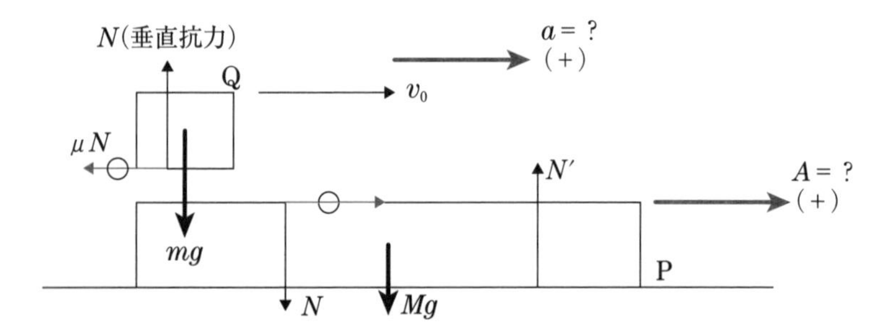

それぞれの物体について運動方程式を立て、各物体の加速度を求めよう！（ちなみに、Qが受ける垂直抗力Nは重力mgとつり合っているね。）

Q：$ma=-\mu N=-\mu mg$

よって、$a=-\mu g$

P：$MA=+\mu mg$ ……②

よって、$A=\dfrac{\mu mg}{M}$

Qが P上を移動中の時刻tでの、Qの速度v、Pの速度Vを計算する。

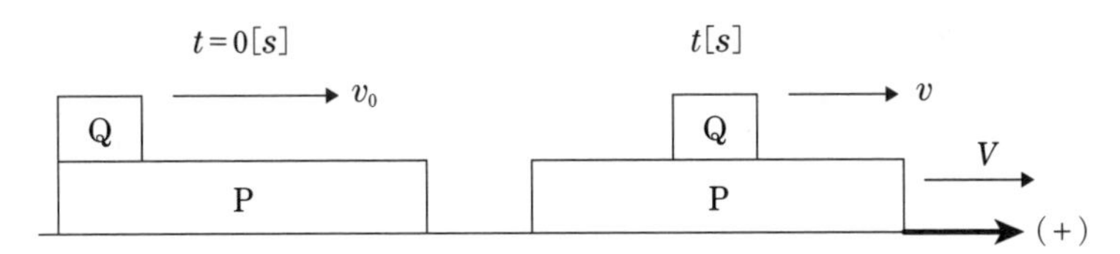

等加速度運動の速度の公式：$v=v_0+at$ より、

Q：$v=v_0-\mu gt$ ……①

P：$V=0+\dfrac{\mu mg}{M}t$ ……②

QがP上で静止する時刻をt_0とする。QがP上で静止すると、P、Qの速度が一致するので、$v=V$で時刻が計算できるね。

①=②よりt_0を求めてみよう！

$$v_0-\mu gt_0=0+\frac{\mu mg}{M}t_0$$

$$\frac{\mu(m+M)g}{M}t_0=v_0$$

よって、$t_0=\dfrac{Mv_0}{\mu(m+M)g}$ →②に代入。

②より、

$$V=\frac{\mu mg}{M}\times\frac{Mv_0}{\mu(m+M)g}=\frac{mv_0}{m+M}$$ ……答

(2)　Pから眺めたQの運動は、次の図のように初速度v_0でL移動し、最後は静止だね。

Lを求めるために、Pから眺めたQの相対加速度αを求める。

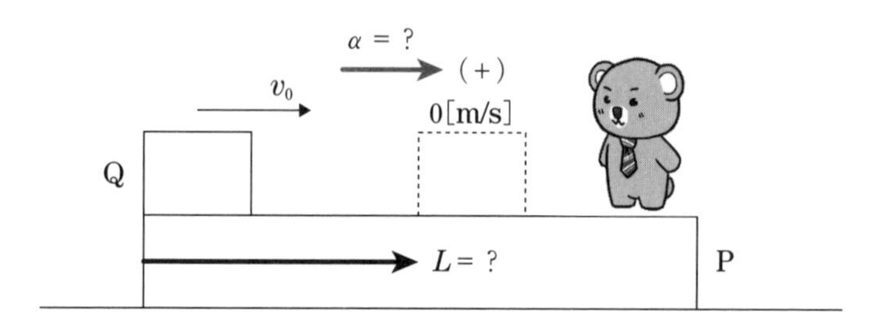

$$\alpha = a(\text{見ている相手}) - A(\text{自分})$$
$$= -\mu g - \frac{\mu mg}{M}$$
$$= -\frac{\mu(m+M)g}{M}$$

等加速度運動の「時間含まず」の式を用いてLを求めよう！

時間含まずの式：$2ax = v^2 - {v_0}^2$

$$2\left\{-\frac{\mu(m+M)g}{M}\right\}L = 0^2 - {v_0}^2$$

$$L = \frac{M{v_0}^2}{2\mu(m+M)g}$$ ……答

別解

(1) 運動方向に働く力は、動摩擦力 μNとその反作用の内力だね。

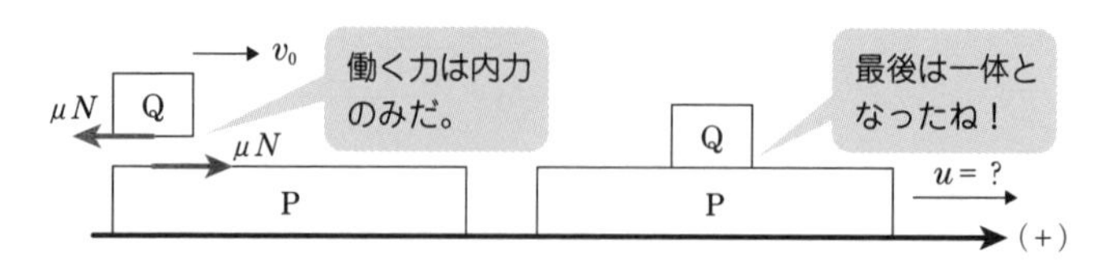

つまり、P、Qの物体系には外力が働かないので**運動量の和が保存**されるよね！

外力＝0 ⇒ $\sum_{\text{系}} m\vec{v}$＝一定（運動量保存の法則）

QがP上で静止すると、P、Qの速度が一致するがこの速度をuとする。

$$mv_0 = (m+M)u$$

よって、$u = \dfrac{m}{m+M}v_0$ ……答

(2)　P、Qが一体となるまでの速度の変化を、$v-t$グラフで描いてみる。**$v-t$グラフの傾きは加速度**だね。各物体の加速度は一定なので、グラフの傾きは一定だよ！

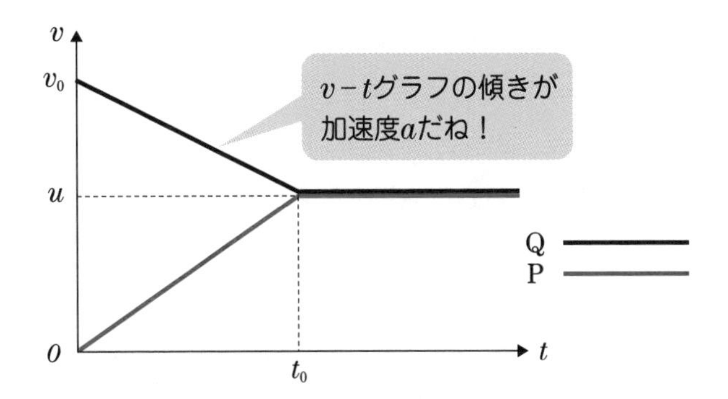

$v-t$グラフを利用して、QのP上での移動距離Lを求めてみよう。$v-t$グラフとt軸で囲まれた面積が、移動距離だよね！

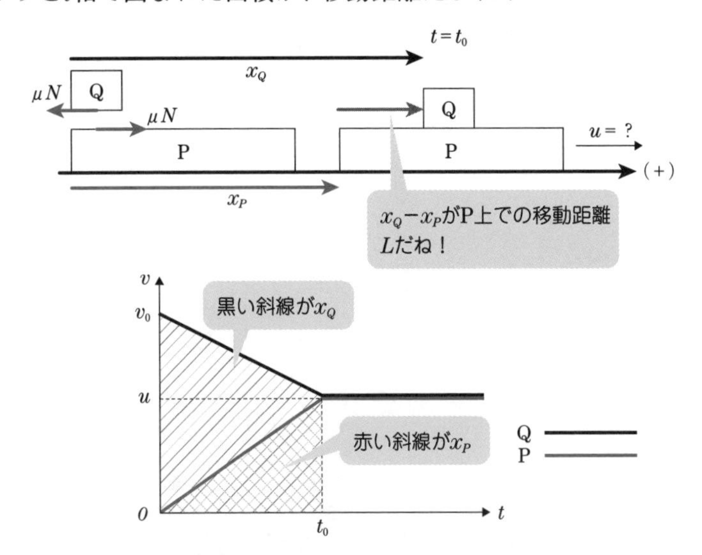

$v-t$グラフで、赤い斜線の面積がx_P、黒の斜線の面積がx_Qだよ！

x_Q-x_PがP上での移動距離Lなのだから、Lは底辺v_0で高さがt_0の三角形の面積だね。

$$L=\frac{1}{2}v_0t_0 \cdots\cdots ①$$

では、P、Qが一体となる時間t_0はどうやって計算しようか？　ここで、**力積と運動量の関係**を利用してみよう。

$$\vec{F}\cdot\Delta t=\Delta(m\vec{v})\,(=m\vec{v}'(後)-m\vec{v}(前))$$

$(N\cdot s)\,(kgm/s)$

物体に与えた力積＝物体の運動量の変化

物体Pはt_0の時間の間に、動摩擦力$(\mu N=\mu mg)$の反作用を受けた結果、速度が0から$u=\frac{m}{m+M}v_0$まで変化したね。

この運動を、**力積＝運動量の変化**に当てはめると次のようになる。

$$\mu mgt_0=M\frac{m}{m+M}v_0-0$$

よって、$t_0=\frac{Mv_0}{\mu(m+M)g}$を①に代入。

$$L=\frac{1}{2}v_0t_0=\frac{1}{2}v_0\frac{Mv_0}{\mu(m+M)g}$$

$$=\frac{Mv_0{}^2}{2\mu(m+M)g} \cdots\cdots 答$$

応用問題2

図のように傾斜角θ、斜面の長さLの断面をもつ質量Mの三角台があり、なめらかな水平面上に置かれている。斜面上には質量mの小物体を乗せ、斜面上を滑らかに移動することができる。

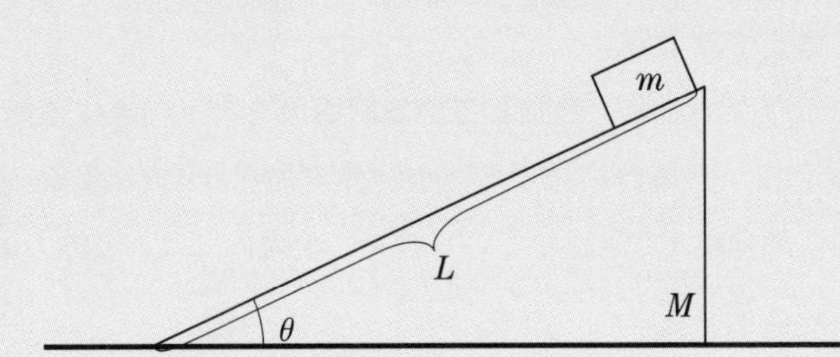

静止している三角台の上端から小物体が静かに滑り落ちると、三角台は水平方向に一定加速度で動く。

小物体が三角台の最下点に達するまでの間に三角台が移動した距離Xを求めよ。重力加速度をgとする。

解答

■普通の解答

三角台の加速度をA、小物体が三角台から受ける垂直抗力をNとする。

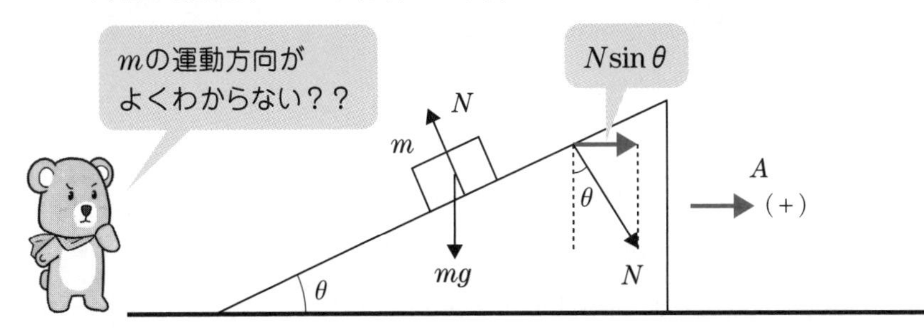

まず、三角台には小物体が受ける垂直抗力Nの反作用がはたらくので、右向きに加速度Aをもつ。三角台にはたらく垂直抗力Nの反作用の水平

成分は、$N\sin\theta$ だね。三角台の運動方程式は次のとおり。

$MA = N\sin\theta$ ……①

次に小物体の運動だが、三角台が静止ならば運動方向は斜面に沿って θ 下向きとなる。ところが、実際には三角台は移動しているので、外から眺めた小物体の運動方向はよくわからないよね。そこで、**三角台に乗った観測者**を考えてみよう。

この観測者からながめると、**静止している斜面上**を θ 下向きに運動するように見えるよね。三角台に対する、小物体の加速度を a とする。観測者は斜面と同じ加速度 A で運動しているので、小物体には、慣性力 mA がはたらくことに注意しよう。

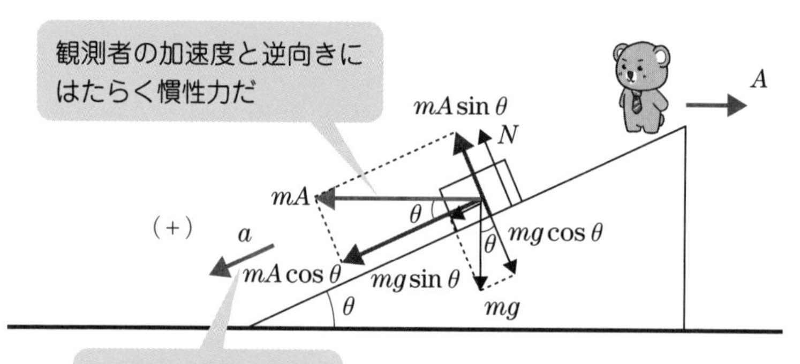

三角台からながめた小物体の加速度を a として、運動方程式を立てると次のとおり。

$ma = mg\sin\theta + mA\cos\theta$ ……②

斜面に対して垂直方向で小物体は静止なので、力のつり合いだね。

$N + mA\sin\theta = mg\cos\theta$ ……③

では①、②、③から加速度 A、a を求めよう。

③より、$N = mg\cos\theta - mA\sin\theta$ →①$MA = N\sin\theta$ に代入。

$MA = (mg\cos\theta - mA\sin\theta)\sin\theta$

よって、三角台の加速度：$A=\dfrac{mg\cos\theta\sin\theta}{M+m\sin^2\theta}$ →②に代入。

$$ma=mg\sin\theta+m\frac{mg\cos\theta\sin\theta}{M+m\sin^2\theta}\cos\theta$$

小物体の三角台に対する加速度：$a=\dfrac{(M+m)g\sin\theta}{M+m\sin^2\theta}$

等加速度直線運動の移動距離の公式より、次の関係が成り立つ。

小物体の斜面方向の移動距離：$L=\dfrac{1}{2}at^2$

上式に$a=\dfrac{(M+m)g\sin\theta}{M+m\sin^2\theta}$を代入し、小物体が三角台の最下点に達する時間$t$について求めよう。

$$L=\frac{1}{2}\ \frac{(M+m)g\sin\theta}{M+m\sin^2\theta}t^2$$

小物体が三角台の最下点に達する時間：$t=\sqrt{\dfrac{2L(M+m\sin^2\theta)}{(M+m)g\sin\theta}}$

三角台の移動距離をXとすると、等加速度直線運動の移動距離の公式より、次のように表すことができる。

三角台の移動距離：$X=\dfrac{1}{2}At^2$

三角台の加速度：$A=\dfrac{mg\cos\theta\sin\theta}{M+m\sin^2\theta}$と、小物体が三角台の最下点に達する時間：$t=\sqrt{\dfrac{2L(M+m\sin^2\theta)}{(M+m)g\sin\theta}}$を$X$に代入。

$$X=\frac{1}{2}\times\frac{mg\cos\theta\sin\theta}{M+m\sin^2\theta}\times\frac{2L(M+m\sin^2\theta)}{(M+m)g\sin\theta}$$

$$=\frac{mL\cos\theta}{M+m}$$ ……答

■超速解法

このような問題で移動距離を求める場合、**重心不動の原理**が有効だ。

次の図のように質量m、Mの2物体がx軸上にあり、それぞれの座標をx、Xとする。2物体の重心座標x_Gは、物体の質量の逆比(M：m)に内分する点だね。

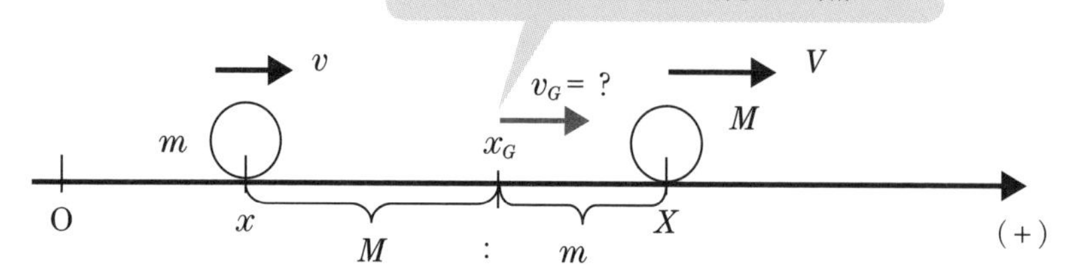

$$\text{重心座標：} x_G = \frac{mx + MX}{m + M} \quad \cdots\cdots ①$$

さらに、それぞれの物体がv、Vの速度で移動する場合、重心の速度x_Gはどのように表すことができるか？

①に登場した位置x、X、x_Gの1〔s〕あたりの変化量が速度なので、次のように重心の速度x_Gをmの速度v、Mの速度Vで表すことができる。

$$\text{重心速度：} x_G = \frac{mx + MX}{m + M}$$

x_Gの分子に登場した$mv + MV$は、2物体の運動量の和だね！　もし、運動量の和が保存されるならば、重心の速度x_Gは一定だ。

特に、$mv + MV = 0$ならば、重心の速度x_Gは0となり、重心座標x_Gは不動となるね。つまりx_Gの分子$mv + MV$が保存されるってことだよ！

この原理を、**重心不動の原理**という。

重心不動の原理

$mv + MV = 0 \Rightarrow mx + MX = $一定

(運動量の和＝0) ⇒ 重心不動

m、Mのスタートの位置を原点($x=X=0$)としよう。mがMの下端に達した際、各物体はいずれも正の方向にx、X移動したと仮定する。

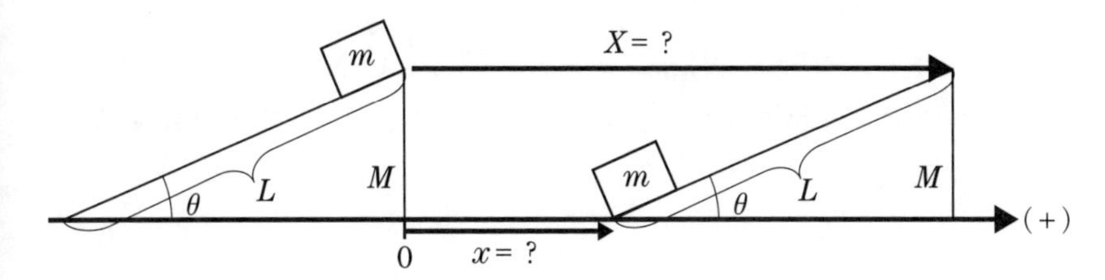

移動距離：x、Xの違いは$L\cos\theta$だね。式で表すと次のとおり。

移動距離の違い：$X-x=L\cos\theta$ ……①

さらに、x方向にはたらく力は、mには垂直抗力Nの水平成分、Mにはその反作用がはたらく。これらの力は内力だよね。

よって、x方向には**外力が働かないのでx方向の運動量の和は保存**される。

スタートは2物体とも静止していたため、運動量の和：$mv+MV=0$なので、重心不動($mx+MX=$一定)が成立だ！

$m\times0+M\times0=mx+MX$ ……②

①より、$x=X-L\cos\theta$ →②に代入。

$0=m(X-L\cos\theta)+MX$

三角台の移動距離：$X=\dfrac{mL\cos\theta}{M+m}$ ……答

17章 反発係数(はね返り係数)

昨今、日本のプロ野球では飛ぶボール、飛ばないボールが話題となっている。ボールの、はね返りやすさを表す物理量が、今回登場の**反発係数**(はね返り係数)だ。

17-1 反発係数(はね返り係数):e

次の図のように、固定面(床)にボールが衝突し、はね返る運動に注目しよう。

衝突前の**速度**をv〔m/s〕、衝突後の**速度**をv'〔m/s〕とする。速度は大きさと方向を含むベクトル量だったね。固定面に向かう方向を正(+)に定めると、衝突前の速度vは(+)、衝突後の速度v'は(−)となることに注意しよう。

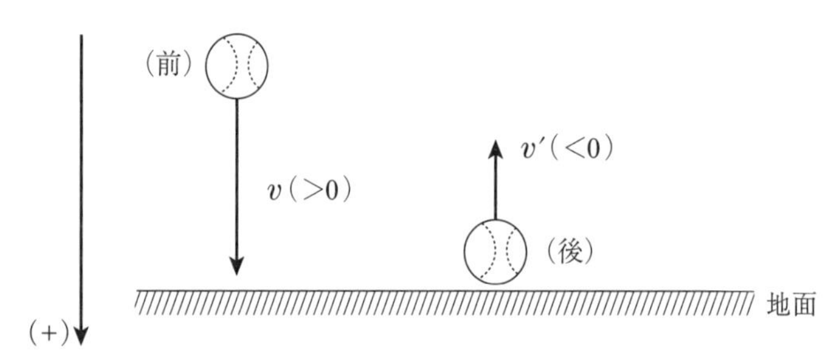

固定面とボールの**反発係数(はね返り係数)**:eは、衝突前後の**速さの比**として、次のように表すことができるんだ。

$$\textbf{反発係数}：e=\frac{\text{衝突後の速さ}}{\text{衝突前の速さ}}=\frac{|v'|}{|v|}$$

vとv'に**絶対値記号**がついているのは、vとv'が**速度**なので、**符号が含まれている**からだよ。
符号をはずして、速度の大きさ(=速さ)の比が、反発係数だね！

〈例〉

衝突前：$v=+10$m/s、衝突後$v'=-3$m/sの場合について

$$\text{反発係数}：e=\frac{|v'|}{|v|}=\frac{|-3|}{|+10|}=\frac{3}{10}=0.3$$

17-2 反発係数の範囲

反発係数：eは、固定面とボールの素材で決まり、さまざまな値をとるのだが、$\mathbf{0 \leqq e \leqq 1}$の範囲があるんだ。

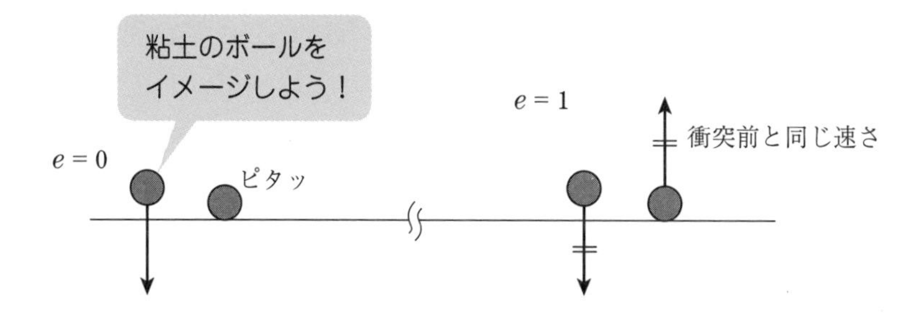

$e=1$の衝突は、**弾性衝突**という。弾性衝突は、衝突前後の速さが同じなので、衝突において、**運動エネルギー**：$K=\frac{1}{2}mv^2$が**保存**されるね。

これに対し、$0 \leqq e < 1$の衝突を、**非弾性衝突**という。

この場合、衝突後の速さが、衝突前より減るので、**運動エネルギーは失われる**よね。失われた運動エネルギーは、23章で登場する**熱エネルギー**に変わるんだ。

〈反発係数の範囲　$0 \leqq e \leqq 1$〉

$e=1$：弾性衝突 ➡ 運動エネルギーが保存される。

$0 \leqq e < 1$：非弾性衝突 ➡ 運動エネルギーは失われ、熱が発生する。

17-3 2物体の衝突における反発係数

17-1で登場した**反発係数の式**：$e=\dfrac{|v'|}{|v|}$を、書き換えてみるよ。まず分母をはらうと、$|v'|=e|v|$となるよね。さらに絶対値記号をはずすと、次のようになる。

$$v'=(-e)v$$
（後）　　（前）

衝突後の速度は、衝突前の速度のe倍となり、**方向が逆向き！**

次の図のように、一直線上を運動する2物体A、Bの衝突での**反発係数**を考えよう。

衝突前のAの速度をv_A、Bの速度をv_B、衝突後のAの速度をv'_A、Bの速度をv'_Bとする。

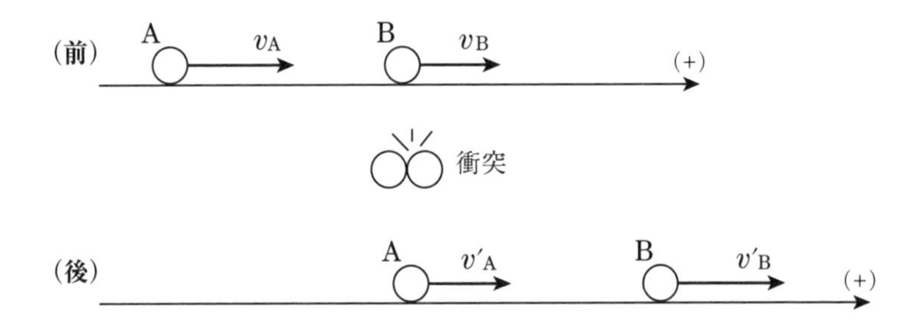

この運動は、外から眺めると、2物体がともに運動しているんだけど、ちょっと視点を変えるだけで、固定面との衝突とみなすことができるんだ。

ぜんぜん固定面との衝突に見えないなぁ……。視点を変えるって??
思い切って、AかBに乗ってみようかな??

2物体の衝突で反発係数を考える場合、**一方の物体に自分が乗って、他方を眺める**ことを、考えよう！

例えば、自分が物体Bに乗ったとする。すると、乗った物体Bは**自分の足元で静止**しているので、Bの表面は固定面と考えることができるよね。

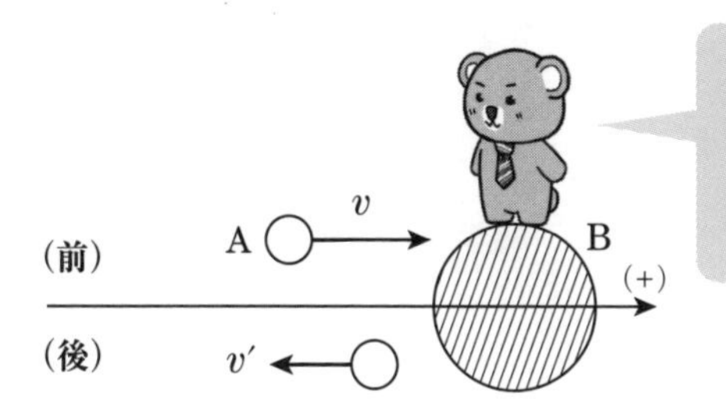

BからAの運動を眺めると、**17-1**で登場した固定面との衝突と同じ捉(とら)え方ができるよね！

Bから眺めたAの、衝突前の相対速度vと、衝突後の相対速度をv'を計算しよう！

Bから見たAの相対速度＝相手(A)の速度－自分(B)の速度

衝突前の相対速度：$v = v_A - v_B$

衝突後の相対速度：$v' = v'_A - v'_B$

衝突前後の相対速度は、固定面との衝突の関係：$v' = (-e)v$にあてはめると、次の式が得られるね！

$$\underbrace{v'_A - v'_B}_{\text{Bから見たAの衝突後の速度}} = (-e)\underbrace{(v_A - v_B)}_{\text{Bから見たAの衝突前の速度}}$$

上記の式を覚える必要はないよ。固定面との衝突での反発係数の関係$v' = (-e)v$に、相対速度を代入するだけだもんね。

基本演習

床からの高さがhの点Aから小球を自由落下させたところ、小球は床に当たって、高さh'の点Bまではね上がった。小球と床との衝突におけるはね返り係数eを求めよ。

解答

まず、小球が床に衝突する直前の速さv、衝突直後の速さv'を求めよう。

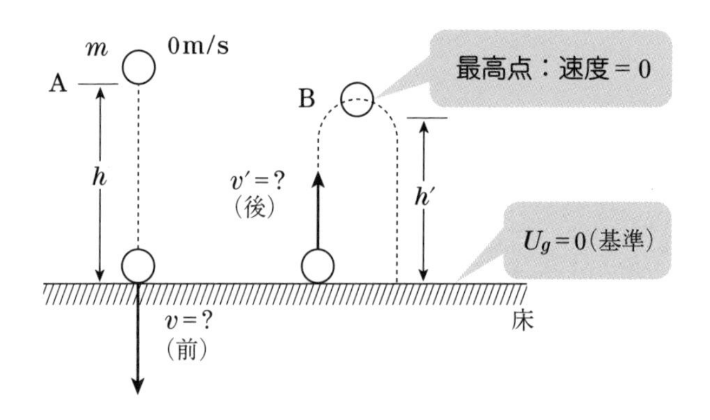

点Aから床までは、小球には重力(**保存力**だね！)のみはたらく。したがって、力学的エネルギー：$K+U$が、保存されるよ。

$$W_{非保存力}=0 \Longrightarrow K+U=一定$$

非保存力が仕事をしない場合、力学的エネルギーが保存される

小球の質量をm、重力加速度をgとして、力学的エネルギー保存の式を与えると、次のようになる。

$$\underbrace{0+mgh}_{点Aにあるとき}=\underbrace{\frac{1}{2}mv^2+0}_{床に当たる直前}$$

よって、$v=\sqrt{2gh}$　……①

床に当たった直後から最高点Bに達するまでも、小球には重力しかはたらかないので、力学的エネルギーは保存されるね。

ここでは、衝突前後で力学的エネルギーは保存されず、失われていることに注意しようね。
弾性衝突($e=1$)の場合だけ、衝突前後でも力学的エネルギーが保存されるんだ！

$$\underbrace{\frac{1}{2}mv'^2}_{\text{床に当たった直後}}=\underbrace{mgh'}_{\text{点B(最高点)に達したとき}}$$

$$v'=\sqrt{2gh'} \quad \cdots\cdots②$$

反発係数の公式は、次のとおりだよ！

反発係数：$e=\dfrac{\text{衝突後の速さ}}{\text{衝突前の速さ}}=\dfrac{\lvert v'\rvert}{\lvert v\rvert}$

上記の式に、①、②の結果を代入し、反発係数を求めると、次のようになる。

$$e=\frac{\text{衝突後の速さ}}{\text{衝突前の速さ}}=\frac{\sqrt{2gh'}}{\sqrt{2gh}}$$

$$\therefore \quad e=\sqrt{\frac{h'}{h}} \quad \cdots\cdots \text{答}$$

演習問題

なめらかな水平面上に、静止している質量Mの小球Bの左側から質量mの小球Aが速さv_0で正面衝突した。

AとBの反発係数をeとし、衝突後のAの速度v、Bの速度Vを求めよ。ただし、v_0の方向を正とする。

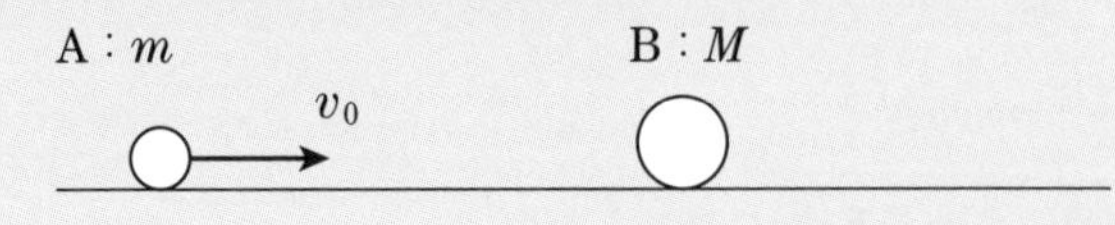

解答

問題文に**正面衝突**とあったら、一直線上での衝突と考えよう！　問題文にもあるように、まず**右向きを(＋)**に定める。

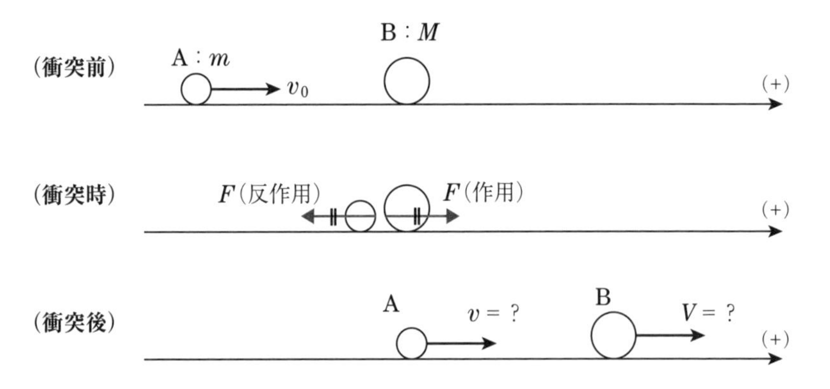

衝突後の小球A、Bの速度は、いずれも右向き(＋)に進むと仮定する。本当に右に進むか左に進むかは、答えの符号で判断できるよね。速度が＋ならば右向き、－ならば左向きというように。

衝突時にはたらく力は、A、Bが押し合う**作用・反作用の内力のみ**で、**外力なし**だね。

よって、前章で学んだように、衝突前後でAとBの**運動量の和は保存**だね！

〈運動量保存則〉

外力なしの場合 ➡ 物体系の運動量の和：$m\vec{v}+M\vec{V}=$一定

$$\underbrace{+mv_0+0}_{\text{衝突前}}=\underbrace{mv+MV}_{\text{衝突後}} \quad \cdots\cdots①$$

次に、**反発係数**：***e***の式を与えよう。

$$\underset{(後)}{v'}=(-e)\underset{(前)}{v}$$

衝突後の速度は、衝突前の速度の***e*倍**となり、**方向が逆向き！**

2物体の衝突で反発係数を考える場合、**一方の物体に自分が乗って、他方を眺めた**相対速度を、上記の式に代入だ！

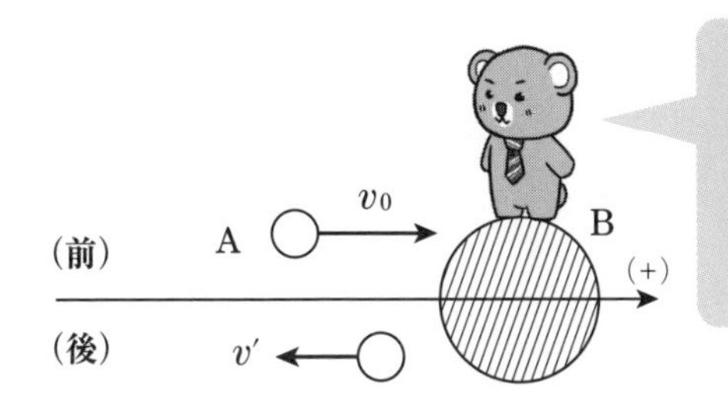

僕から見ると、Bは固定面だよ!!
Aは固定面に近づいて、衝突後に遠ざかっていった。

$$\underbrace{v(\text{相手A})-V(\text{自分B})}_{\text{衝突後}}=(-e)\underbrace{(+v_0-0)}_{\text{衝突前}} \quad \cdots\cdots②$$

②より、$v=V-ev_0$

上式を①に代入して、Vを計算すると、次のようになる。

$$+mv_0=m(V-ev_0)+MV$$

Bの速度：$V=\dfrac{m(1+e)}{m+M}v_0$ ……答

これを、②で得られた$v=V-ev_0$に代入し、vを計算する。

$$v=V-ev_0=\frac{m(1+e)}{m+M}v_0-ev_0=\frac{m(1+e)-e(m+M)}{m+M}v_0$$

Aの速度：$v=\dfrac{m-eM}{m+M}v_0$ ……答

Bの速度Vは正なので、右向きだ。一方、Aの速度vは分子が$(m-eM)$となるので、符号は＋と－のどちらも可能性があるね。

応用問題

図に示すように、床の上を運動し続ける質量mの物体に箱をかぶせる。物体は箱の中で左右に衝突を繰り返す。このとき、物体と箱の運動について考察しよう。

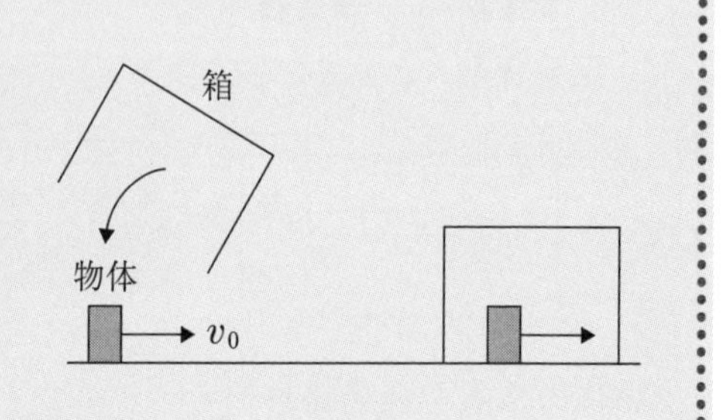

ただし、箱の質量をM、箱と物体のはね返り係数をeとする。また、衝突によって箱が傾くことはないものとする。

衝突前の物体および箱の速度をそれぞれv_0および0とする。床は、なめらかであったとする。衝突前の物体の速度の方向を正としてn回目の衝突後の物体の速度v_n、箱の速度V_nを求めよ。

解答

衝突時に働く力は、作用反作用の内力のみで外力は働かない。よって、運動量の和が保存されるよね！

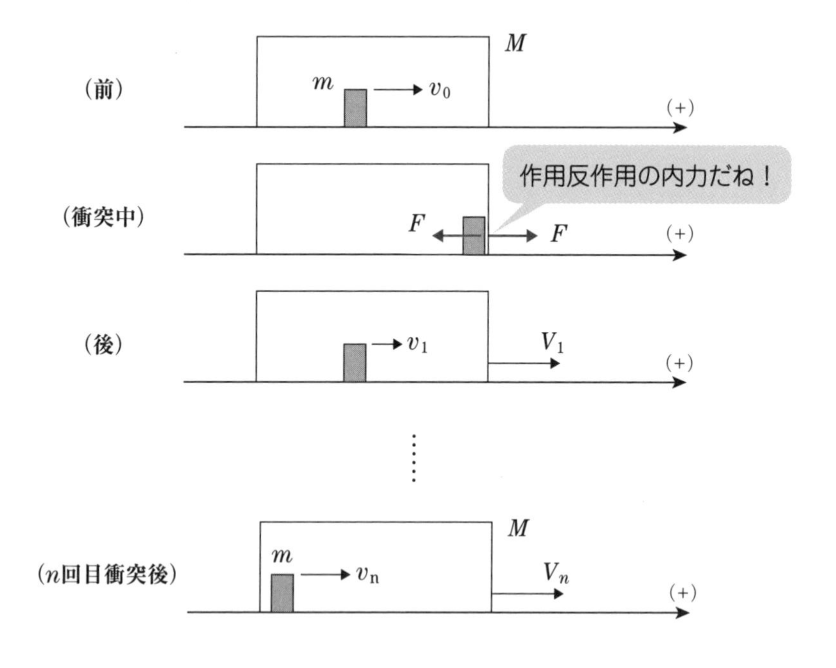

何度衝突しても外力がないので運動量の和が保存される。

$$mv_0 = mv_n + MV_n \cdots\cdots ①$$

次に、反発係数を箱に乗った立場で捉えてみよう。

1回目の衝突後の速度v_1、V_1の関係を$v' = (-e)v$に当てはめると、次のようになる。

$$v_1 - V_1 = (-e)v_0$$

上記の式は、1回目の衝突後の相対速度が衝突前の速度v_0の$(-e)$倍になったことを表しているよね。

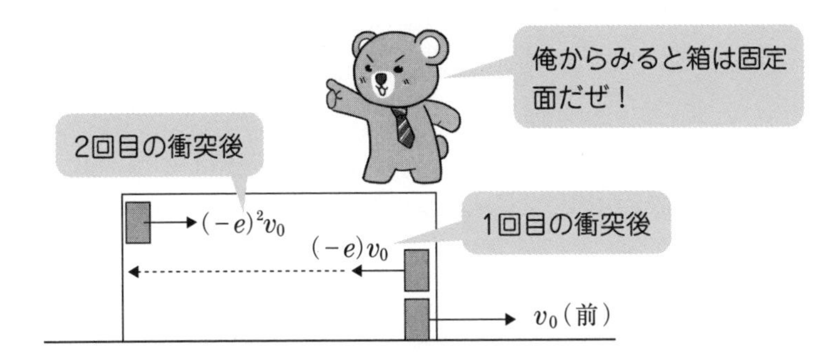

2回目の衝突後の相対速度は$(-e)v_0$の$(-e)$倍になるので$(-e)^2v_0$、3回目の衝突後の相対速度は$(-e)^3v_0$……では、第n回目の衝突後の相対速度$v_n - V_n$はどう表すことができるかな？

$$v_n - V_n = (-e)^n v_0 \cdots\cdots ②$$

①、②をv_n、V_nについて求める。

$$v_n = \frac{m + (-e)^n M}{m + M} v_0,\quad V_n = \frac{m\{1 - (-e)^n\}}{m + M} v_0 \cdots\cdots 答$$

応用問題

図のように、質量mの細い一様な棒ABの一端Aを、鉛直な壁に固定されたちょうつがいに留め、端Bには糸をつなぎ、糸を点Cで壁に固定した。棒ABと糸BCを壁に対して60°に保つ。重力加速度をgとして次の問いに答えよ。

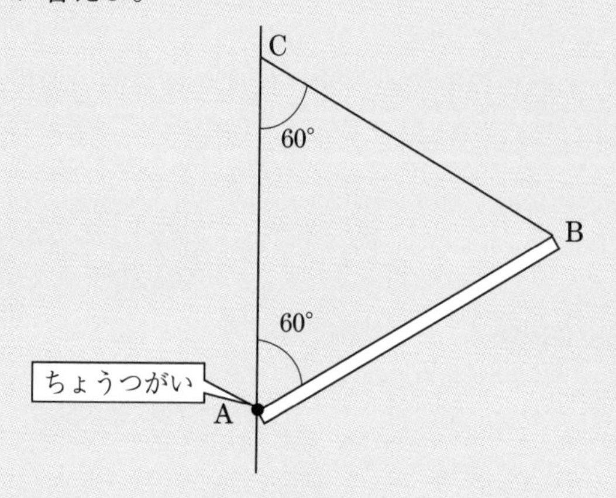

(1)　糸の張力の大きさTを求めよ。

(2)　棒が、ちょうつがいから受ける力の大きさFを求めよ。

(3)　ちょうつがいから受ける力Fが、壁となす角度θを求めよ。

答えはサポートページに
掲載しているよ！

第2部

複雑な運動

18章 円運動

ループ状のジェットコースターは、19世紀末にアメリカで初登場したそうだ。

ところがループの形を真円で作ったところ、乗客にムチ打ちが多発して、すぐに撤去された。いったい、何が原因でムチ打ちになったのだろう？

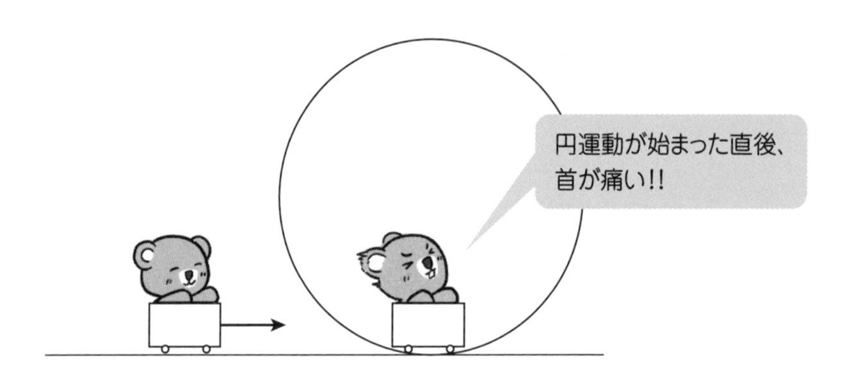

18-1 角速度：ω（ギリシャ文字で「オメガ」と読むよ）

円運動で重要な定数は、**角速度：ω**だ。次の図のように、物体が半径r〔m〕の円周上を、反時計回りに円運動している。

時刻t〔s〕において、図の位置にあった物体が、ちょっとの時間：Δt〔s〕間に、中心：Oと物体を結ぶ線分が角度：$\Delta\theta$〔rad〕だけ進んだとしよう。

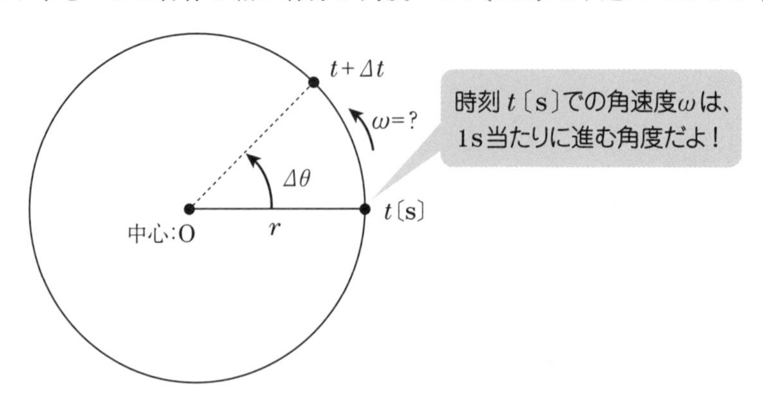

先に登場した角度の単位〔rad〕は**弧度法**だ。弧度法とは、半径1の扇形の弧の長さで角度を表現する方法だ。

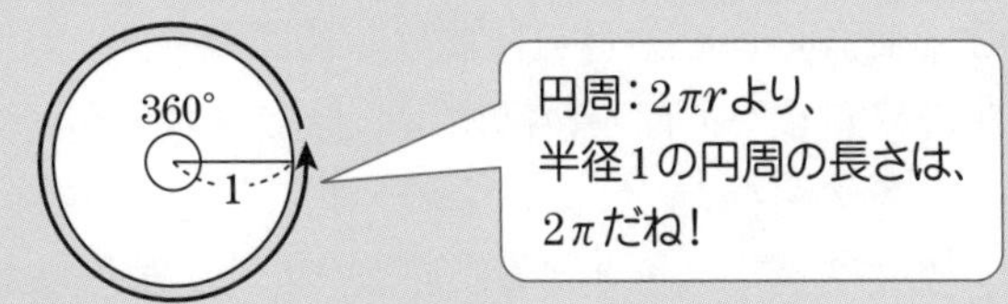

1回転分の角度：360°を円周の長さで表すと、2πだ。つまり、角度を長さで表す方法を弧度法というんだ。

360°＝2π〔rad(ラジアン)〕

角速度：ωは、ズバリ1s間に進む角度だ！　式では、次のように表すことができる。進んだ角度$\Delta\theta$を、時間Δtで割るだけだよ。

角速度：ω〔rad/s〕$= \dfrac{\Delta\theta\text{〔rad〕}}{\Delta t\text{〔s〕}}$

経過時間Δt〔s〕は、限りなく0sに近づける。この極限がt〔s〕における瞬間の角速度：ωを与えるんだ。

18-2 周期：T〔s〕

周期：T〔s〕は、**1回転するのに要する時間**だ。下の図のように角速度：ωが一定の円運動を考える。ω＝一定の運動を**等速円運動**という。

T〔s〕の間に進む角度は、弧度法で2π〔rad〕だね。角速度ωを周期で表すと次のように計算できる。

角速度：$\omega = \dfrac{\Delta\theta\text{〔rad〕}}{\Delta t\text{〔s〕}} = \dfrac{2\pi\text{〔rad〕}}{T\text{〔s〕}}$

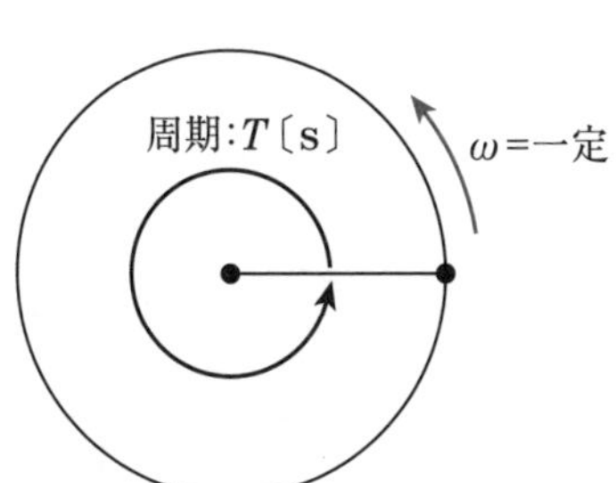

よって、周期：T〔s〕は角速度：ωを用いて、次のように表すことができるよね。

周期：T〔s〕$= \dfrac{2\pi}{\omega}$

18-3 円運動の速度：$\vec{v}$

■①速度の方向

円運動する物体の、時刻t〔s〕における速度の方向を考えよう。短い時間Δt〔s〕の間に移動した方向が、図に示した点線の矢印の方向となる。この移動方向が速度の方向だ。

ただし、Δtをどんどん小さく0に近づけると、進む角度$\Delta\theta$も0に近づくよね。すると、時刻t〔s〕の瞬間の速度の方向は**円の接線方向**となる。

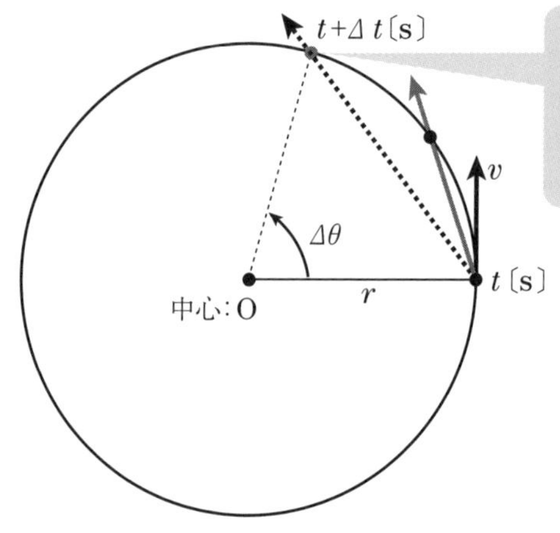

■②速度の大きさ(速さ)：v

次の図のように、Δt〔s〕の間に移動した距離は、半径r、中心角$\Delta\theta$の扇形の弧の長さ：$r\Delta\theta$だね。

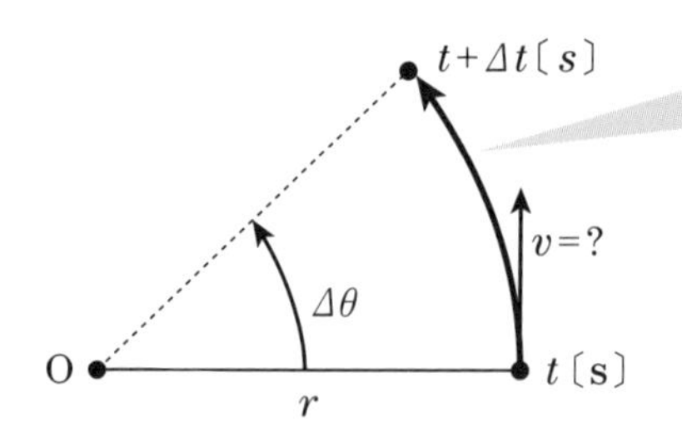

よって、速度の大きさvは、「距離÷時間」で、次のように計算できるね。

$$v = \frac{r\Delta\theta \text{〔m〕}}{\Delta t \text{〔s〕}} = r \times \frac{\Delta\theta}{\Delta t}$$

$\frac{\Delta\theta}{\Delta t} = \omega$（**角速度**）だね!!

円運動の速さ：$v = r\omega$

18-4 円運動の加速度：$\vec{a}$

等速円運動は、速さvが一定だけど、加速度：$\vec{a}$は0じゃないよ。

なぜなら、円周上を運動する物体の速度の**方向がどんどん変化**するからなんだ。

下の右図のように、t〔s〕の速度を$\vec{v}$、$t+\Delta t$〔s〕の速度を$\vec{v'}$として、方向を含めたベクトルで表す。

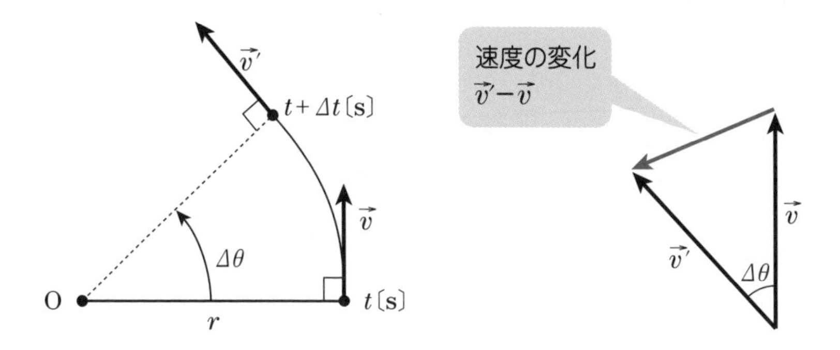

速度の方向が変化する場合の加速度$\vec{a}$〔m/s^2〕は、**速度の変化**：$\vec{v'}-\vec{v}$を用いて、次のように表すことができる（「15章：力積と運動量」でも登場したね！）。

$$\textbf{加速度}：\vec{a} = \frac{\vec{v'}-\vec{v}\ \text{(速度の変化)}}{\Delta t\ \text{(時間)}}$$

速度の変化：$\vec{v'}-\vec{v}$を作図すると、上右図のように、半径が速さ：vで、中心角が$\Delta\theta$の扇形の弦に沿った赤色のベクトルだ。

■ ①加速度の方向

$\Delta\theta$を0に近づけると、速度変化：$\vec{v'}-\vec{v}$は、速度：$\vec{v}$に対して直角に近づくよね。加速度$\vec{a}$と速度変化：$\vec{v'}-\vec{v}$の方向は一致するので、加速度は**円の中心向き**となるんだ。

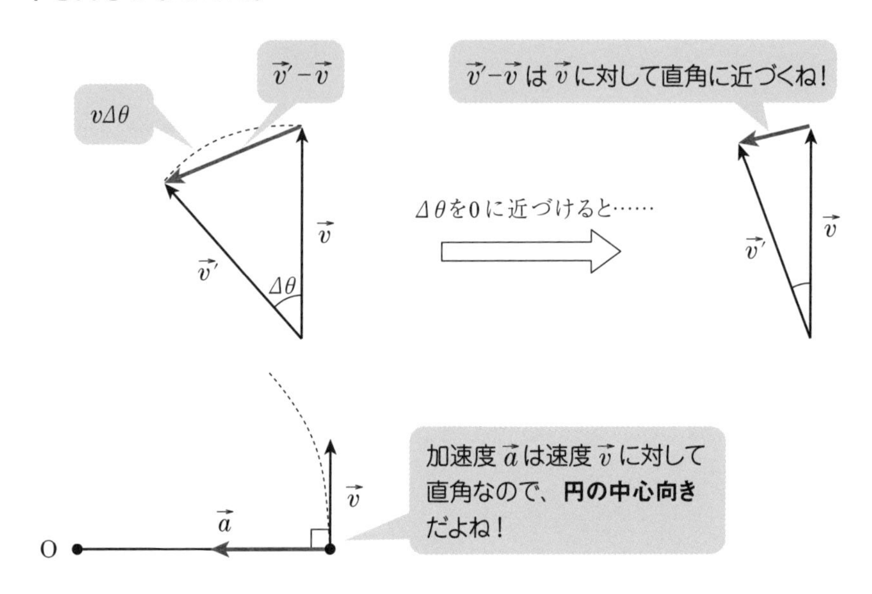

■ ②加速度の大きさ：a〔m/s²〕

$\vec{v}$と$\vec{v'}$のなす角度$\Delta\theta$を0に近づけると、速度の変化$\vec{v'}-\vec{v}$の大きさは、上右図に示す、扇形の弧の長さ：$v\Delta\theta$に近づくことがわかるよね！

すると、加速度の大きさaは、次のように計算できるんだ。

$$\text{加速度}：a=\frac{v\Delta\theta}{\Delta t}=v\times\frac{\Delta\theta}{\Delta t}$$

$\frac{\Delta\theta}{\Delta t}$は角速度$\omega$だね!!

速さvは**18-3**で示したように、$v=r\omega$なので、加速度は次のように表すことができる。

円運動の加速度：$a=r\omega^2$

円運動の速度、加速度についてまとめると、次のようになるよ!!

■③速度、加速度の方向

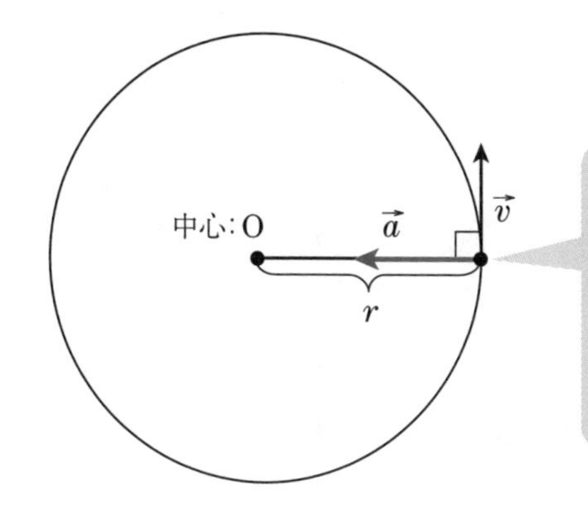

■④半径r、速度v、加速度aの大きさの関係

半径r、速さv、加速度aはrを初項とし、角速度ωを1回ずつ掛け算する、**等比数列**になってるね！

$$r \xrightarrow{\times\omega} v \xrightarrow{\times\omega} a$$
$$(=r\omega)\ (=r\omega^2)$$

$v=r\omega$から、角速度について求めると、$\omega=\dfrac{v}{r}$となる。これを加速度：$a=r\omega^2$に代入すると、加速度：aは、半径rと速度vを用いて、次のように表すことができるんだ。

加速度：$a=r\left(\dfrac{v}{r}\right)^2=\dfrac{v^2}{r}$

18-5 向心力

円運動する物体の質量をm〔kg〕とすると、物体にはたらく力$\vec{F}$は、次のように、運動方程式：$ma=F$で計算できるね！

円運動する物体の力：$\vec{F}=m\vec{a}$

加速度：$\vec{a}$は、円の中心に向かうので、力も加速度と同じ中心向きとなる。この中心に向かう力を、**向心力**っていうんだ。

基本演習

なめらかな水平面上で長さrの糸の一端Oを固定し、もう一端に質量mの物体を取り付ける。

物体に初速度を与えたところ、Oを中心とする角速度ωの等速円運動をするようになった。この場合の、糸の張力Sを求めよ。

解答

円運動を解く方法(観測者の立場)は2通りあるよ!!

■解法1

静止している観測者から眺めると、物体は円運動をしてるね。円運動する物体の加速度aは、円の中心向きだ。そこで、加速度の方向を(+)に定め、**運動方程式**を立てて、張力Sを求めよう。

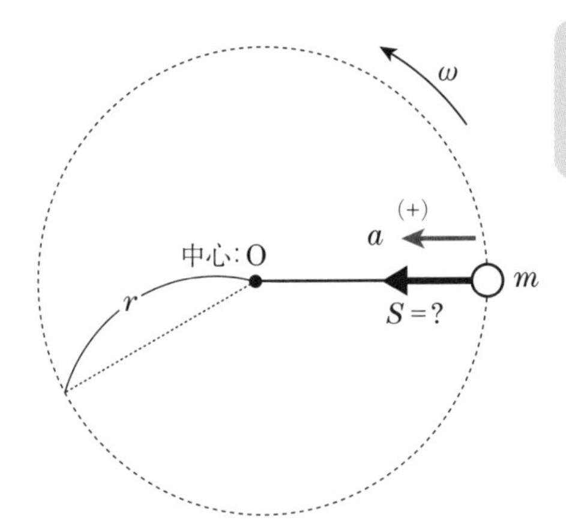

円の中心Oに向かう方向を(+)に定めると、運動方程式は、次のようになるよ!

$ma = +S$ (糸の張力が**向心力**だね!)

加速度:aは、**半径rに角速度ωを2回掛け算**した$r\omega^2$を上式に代入すると、糸の張力:Sは、次のように計算できるね。

$S = mr\omega^2$ ……答

■解法2

物体とともに、円運動する観測者から眺めると、物体は**静止**しているように見えるよね。

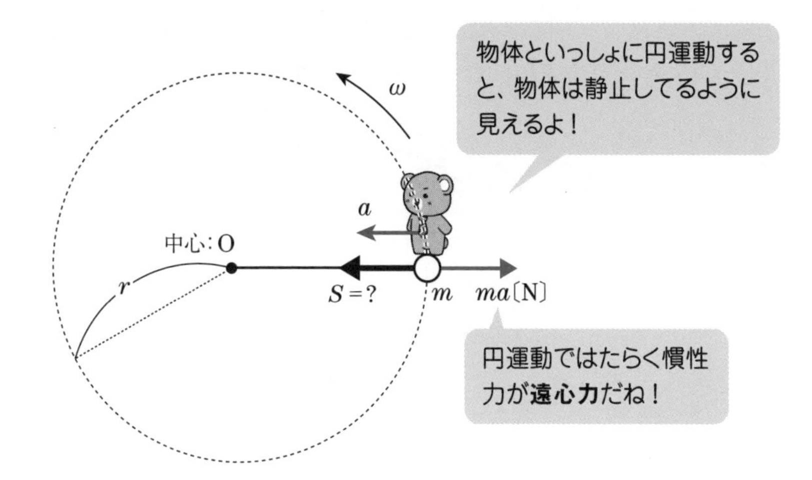

観測者は、円運動をしているので、**円の中心に向かう加速度**をもっている。

観測者が加速度運動する場合、物体には**慣性力**：ma〔N〕(12章で登場したね！)がはたらくね。慣性力は、**観測者の加速度と逆向き**なので、円の中心から遠ざかる方向となる。

円運動ではたらく慣性力を**遠心力**というんだ。

物体とともに運動する観測者から眺めると、物体は静止してるように見える。**静止する物体にはたらく力はつり合っている**よね！

糸の張力：Sは、**遠心力**：$ma=mr\omega^2$〔N〕と、つり合っている。

力のつり合いより、$S=mr\omega^2$ ……答

演習問題

次の図のように、円直面内に半径rのなめらかな円筒面がある。円筒面は、最下点Aで水平面と、なめらかに接続されている。

質量mの物体が、最下点Aを速さvで通過した。物体の大きさは無視し、重力加速度をgとして、次の問いに答えよ。

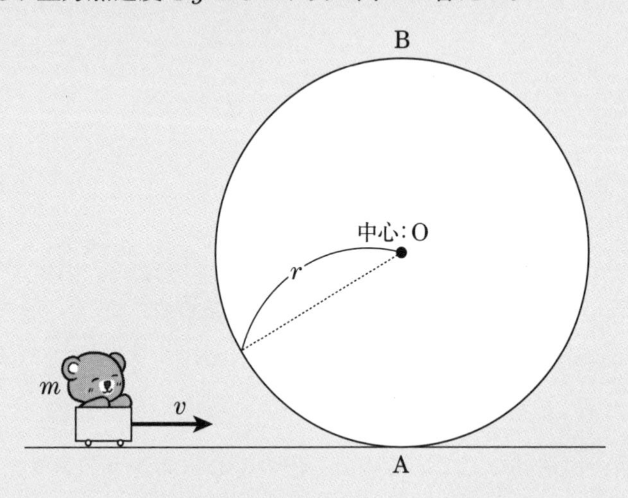

(1)　最下点Aを通過する直前、物体が面から受ける垂直抗力：Nと、点Aを通過直後の垂直抗力：N'を求めよ。

(2)　最高点Bで物体が円筒面から離れないための、点Bでの速さ：Vを求めよ。

(3)　最高点Bでレールから離れないための、最下点Aでの速さvを求めよ。

解答

(1)　点Aを通過する前は、物体は等速直線運動なので**鉛直方向に対して静止**だね。静止ならば物体にはたらく力はつり合いだ！

つり合いより、点Aを通過する直前：$N=mg$ ……答点Aを通過直後から、**円運動**が始まるね。すると、物体に乗っている観測者から眺めると、**遠心力**：maが加わる。

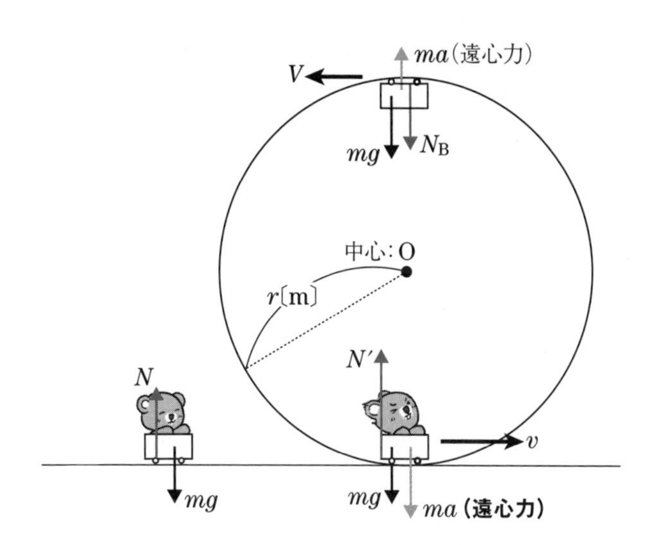

円運動の加速度：aは、半径：rと速さ：vを用いて、$a=\dfrac{v^2}{r}$ と表すことができるね。半径方向の**力のつり合い**を考えて、垂直抗力N'を計算しよう！

$$N'=mg+ma=mg+m\frac{v^2}{r} \quad \cdots\cdots 答$$

つまり、点Aを通過直後に、垂直抗力はmgから突如、遠心力$m\dfrac{v^2}{r}$の分だけ増加することになるよね。これが、まさにムチ打ちの原因となったんだ。

だから、現在のジェットコースターのループは真円ではなく、遠心力が急激にはたらかないように、曲率半径rを連続的に変化させるように作られている。

(2)　最高点Bで受ける垂直抗力をN_Bと表し、**遠心力**を含めた、力のつり合いを考えると、次のように計算できる。

$$N_B + mg = m\frac{V^2}{r}$$

よって、$N_B = m\frac{V^2}{r} - mg$

点Bでレールから離れないためには、レールから受ける**垂直抗力が、わずかでもはたらく**必要があるよね。

これを式で表すと、$N_B \geqq 0$となる。このことから、最高点Bでの速さ：Vを計算しよう。

$$N_B = m\frac{V^2}{r} - mg \geqq 0$$

よって、$V \geqq \sqrt{gr}$ ……答

(3)　最下点Aから最高点Bに至る過程では、**力学的エネルギーが保存**されるよね。

なぜなら、**非保存力**である垂直抗力は、移動方向に対して常に直角にはたらくので、仕事をしないからだ(14章のおさらいだよ！)。

〈力学的エネルギー保存の法則〉

$W_{非保存力} = 0$ ➡ $K + U$(力学的エネルギー) = 一定

非保存力が仕事をしない場合、力学的エネルギーが保存される。

最下点Aを、**重力の位置エネルギー**：$U=mgh$の基準($U=0$)に定めて、最下点Aから最高点Bまで、力学的エネルギーの法則を式で表すと、次のようになる。

$$\frac{1}{2}mv^2=\frac{1}{2}mV^2+mg2r$$

(2)で求めた$V \geqq \sqrt{gr}$を上式に代入し、最下点での速さvを求めると、次のようになる。

$$\frac{1}{2}mv^2=\frac{1}{2}mV^2+mg2r \geqq \frac{1}{2}mgr+2mgr$$

$$\frac{1}{2}mv^2 \geqq \frac{5}{2}mgr$$

$$\therefore \quad v \geqq \sqrt{5gr}$$ ……答

応用問題

半頂角θのなめらかな円錐面の頂点に長さlの糸の一端を取り付け、他端に質量mの小球を取り付ける。

小球に水平方向の初速度を与えたところ、小球は円錐面上から離れずに角速度ωの円運動をするようになった。重力加速度の大きさをgとして次の問いに答えよ。

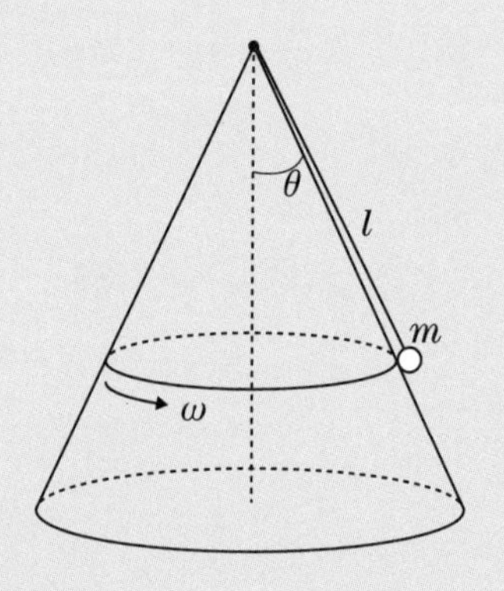

(1)　小球にはたらく糸の張力Sを求めよ。

(2)　小球が円筒面から受ける垂直抗力の大きさNを求めよ。

(3)　角速度ωを増加させたところ、小球は円筒面から離れた。この場合の円運動の周期を求めよ。

解答

■運動方程式による解法

(1)　円運動の中心Oに向かう加速度aの方向を(＋)に定める。半径方向は運動方程式を与え、鉛直方向は静止なのだから、力のつり合いだね。

加速度αは、円運動の半径$r=l\sin\theta$に角速度ωの二乗の掛け算なので、$\alpha=l\sin\theta\,\omega^2$と表すことができる。

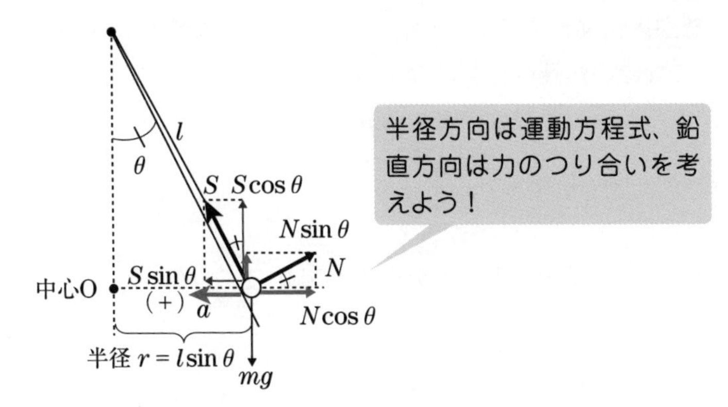

半径方向の運動方程式：$ml\sin\theta\ \omega^2 = S\sin\theta - N\cos\theta$ ……①

鉛直方向の力のつり合い：$S\cos\theta + N\sin\theta = mg$ ……②

②から、Sを用いてNを表すと次の通り。

$$N = \frac{mg - S\cos\theta}{\sin\theta}$$

この結果を①に代入。

$$ml\sin\theta\ \omega^2 = T\sin\theta - \frac{mg - S\cos\theta}{\sin\theta}\cos\theta$$

$$ml\sin^2\theta\ \omega^2 = S\sin^2\theta - mg\cos\theta + S\cos^2\theta$$

$\sin^2\theta + \cos^2\theta = 1$より、

$S = m(g\cos\theta + l\sin^2\theta\ \omega^2)$ ……答

(2)　(1)で求めた張力 を、②から得られたNに代入し、Nを計算しよう！

②より$N = \dfrac{mg - S\cos\theta}{\sin\theta}$

上式に(1)で得られた張力$S = m(g\cos\theta + l\sin^2\theta\ \omega^2)$を代入する。

$$N = \frac{mg - m(g\cos\theta + l\sin^2\theta\ \omega^2)\cos\theta}{\sin\theta}$$

$$= \frac{mg(1 - \cos\theta^2) - ml\sin^2\theta\cos\theta\ \omega^2}{\sin\theta}$$

$$= \frac{mg\sin^2\theta - ml\sin^2\theta\cos\theta\ \omega^2}{\sin\theta}$$

$N = m(g - l\omega^2\cos\theta)\sin\theta$ ……答

(3)　小球が円筒面から離れたのだから、前問(2)で求めた垂直抗力が0となる。この際の角速度ωを計算する。

前問より$N=m(g-l\omega^2\cos\theta)\sin\theta=0$

$$\omega^2=\frac{g}{l\cos\theta}\left(\omega=\sqrt{\frac{g}{l\cos\theta}}\right)$$

周期 $T=\frac{2\pi}{\omega}$より、上記のωを代入する。

$$周期T=2\pi\sqrt{\frac{l\cos\theta}{g}}$$ ……答

■ 超速解法

物体と共に円運動する観測者の立場で考えてみよう。

観測者は、円の中心向きに加速度：$a=l\sin\theta\ \omega^2$を持っているので、物体には観測者の加速度と逆向きに遠心力：maが働く。

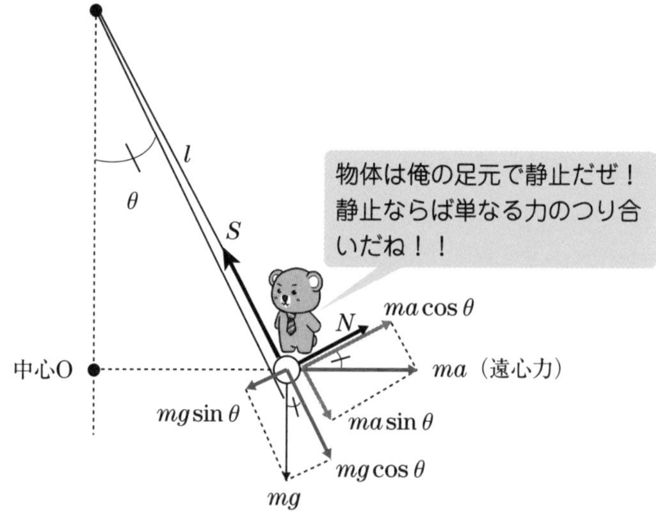

物体とともに運動する観測者から見ると物体は静止しているように見える。

物体が静止⇒単なる力のつりあいだ！

ここで、力を2方向に分解するのだが、鉛直、水平方向や、斜面、斜面に垂直など、**どのような２方向に分解してもかまわない**んだ。なぜなら、物体はどの方向に対しても静止しているからだね。

外から眺めた場合は、加速度の方向とそれに垂直な方向に分解するしかない。

この問題は、張力Sと垂直抗力Nを求めるのが目的なので鉛直、水平と分解するより、斜面方向と斜面に垂直な方向に分解したほうが直接S、Nを計算できるよね！

(1) 斜面方向のつり合い：$S = mg\cos\theta + ma\sin\theta$

$a = l\sin\theta\,\omega^2$を上式に代入する。

$S = mg\cos\theta + ml\sin\theta\,\omega^2$

$= m(g\cos\theta + l\sin\theta\,\omega^2)$ ……答

(2) 斜面に垂直な方向のつり合い：$N + ma\cos\theta = mg\sin\theta$

$a = l\sin\theta\,\omega^2$を代入する。

$N + ml\sin\theta\,\omega^2\cos\theta = mg\sin\theta$

よって、$N = m(g - l\omega^2\cos\theta)\sin\theta$ ……答

(3)は運動方程式による解法と同様。

応用問題2

次の図のように半径rのなめらかな円筒面の最下点に小球を置き、初速度を与えたところ、中心Oを通る水平線から角θ上方の点Pで小球は円筒面から離れ放物運動を描き、円筒の中心Oを通過した。重力加速度をgとする。

円筒面から離れた点Pでの角度θに対する$\sin\theta$を求めよ。

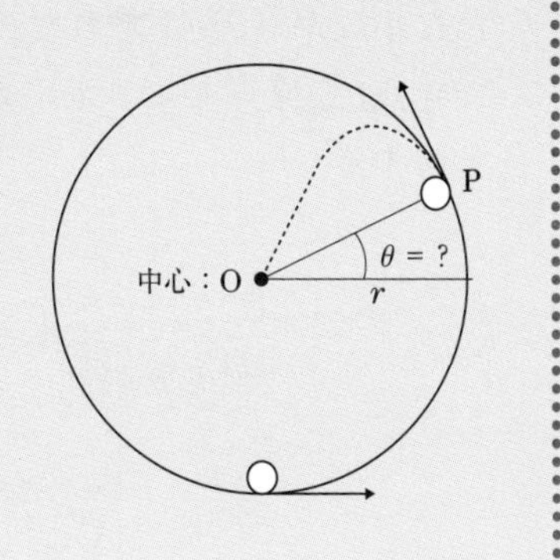

解答

■ 普通の解答

点Pで面からの垂直抗力をN、速さをvとする。

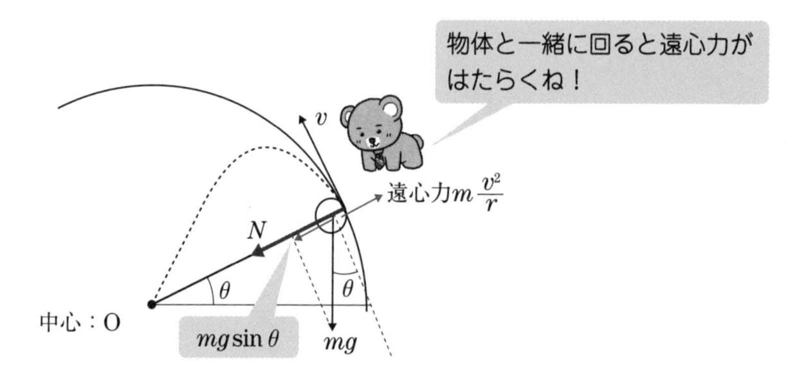

半径方向のつり合い：$N+mg\sin\theta=m\dfrac{v^2}{r}$

点Pで、物体は**円筒面から離れた**ので、$N=0$だ。これを半径方向のつり合いの式に代入し、rとvの関係を導く。

$$0+mg\sin\theta=m\frac{v^2}{r}$$

$$v^2=gr\sin\theta \cdots\cdots ①$$

次に小球が点Pから離れた後の放物運動を考えよう。

まず点Pを原点とする水平方向のx軸と、鉛直方向のy軸を与え、初速を分解する。

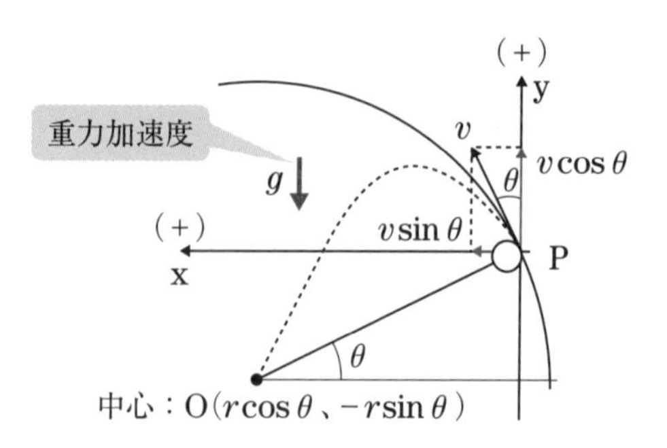

各方向の加速度は、次のとおり。

$a_x=0$、$a_y=-g$(重力加速度)

等加速度運動の位置の式：$x=v_0t\frac{1}{2}at^2$にx、y方向の初速度と、加速度を当てはめる。

$$x=v\sin\theta\, t$$
$$y=v\cos\theta\, t+\frac{1}{2}(-g)t^2$$

円筒の中心Oの座標(x、y)は半径rとθを用いて次のように表すことができる。

$$(x、y)=(r\cos\theta、-r\sin\theta)$$

小物体が、ある時刻tに上記の中心座標を通過したことを式で表すと次のとおりである。

$$x=r\cos\theta=v\sin\theta\, t\cdots\cdots②$$
$$y=-r\sin\theta=v\cos\theta\, t+\frac{1}{2}(-g)t^2\cdots\cdots③$$

②より、時間tを求め、③に代入する。

$$t=\frac{r\cos\theta}{v\sin\theta}\to③に代入。$$
$$-r\sin\theta=v\cos\theta\frac{r\cos\theta}{v\sin\theta}-\frac{1}{2}g\left(\frac{r\cos\theta}{v\sin\theta}\right)^2$$
$$\frac{gr^2\cos^2\theta}{2v^2\sin^2\theta}=\frac{r(\cos^2\theta+\sin^2\theta)}{\sin\theta}$$

分母を払って式を整理すると、次のようになる。

$$gr\cos^2\theta=2v^2\sin\theta\cdots\cdots②$$

①より$v^2=gr\sin\theta$を上式②に代入する。

$$gr\cos^2\theta=2gr\sin^2\theta$$

$\cos^2\theta=1-\sin^2\theta$を上式に代入し、$\sin\theta$を求める。

$$1-\sin^2\theta=2\sin^2\theta$$
$$\sin^2\theta=\frac{1}{3}$$

$\sin\theta>0$なので、$\sin\theta=\frac{1}{\sqrt{3}}$ ……答

■超速解法

点Pで小物体が円筒面から離れる条件までは、普通の解法と同じだよ。

$v^2 = gr\sin\theta$ ……①

次に、点Pから離れた後の放物運動であるが、次の図のようにPと中心Oを通る線分を斜面とみなし、斜面方向にX軸、斜面に直角にY軸を定める。

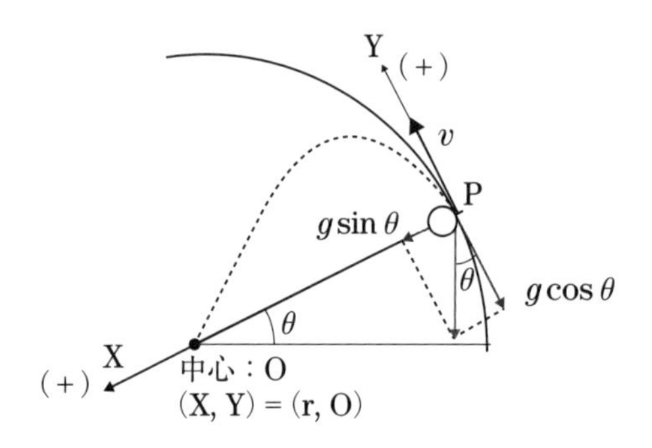

各方向の加速度は次のとおりである。

$a_X = g\sin\theta$ 、$a_Y = -g\cos\theta$

Y方向の運動に注目すると、次の図のような投げ上げである。

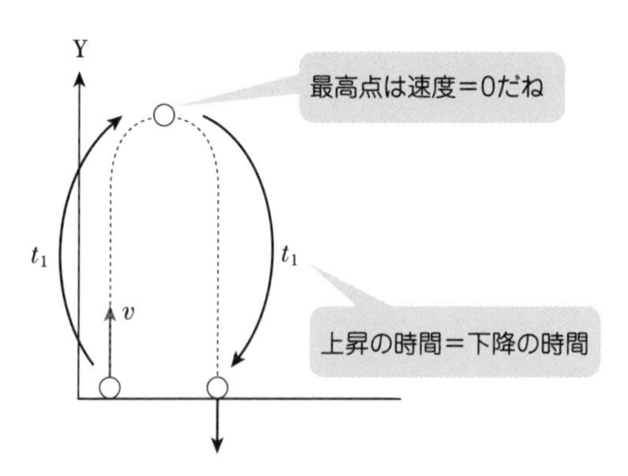

最高点に達する時間t_1を、Y方向の速度：$v_Y = 0$から求めよう。

等加速度運動の速度の式：$v = v_0 + at$より、

$v_Y = v - g\cos\theta\, t_1 = 0$

最高点の時間：$t_1 = \dfrac{v}{g\cos\theta}$

上昇時間＝下降時間なので、中心Oに達する時間はt_1の2倍だね。

中心Oに達する時間：$t = 2t_1 = \dfrac{2v}{g\cos\theta}$

一方、X方向は初速度＝0の等加速度運動だ。位置Xを式で表すと、次のようになる。

$$X = \frac{1}{2}g\sin\theta\, t^2$$

時刻$t = 2t_1 = \dfrac{2v}{g\cos\theta}$に$X = r$となったよね。この関係を上式に代入すると次のようになる。

$$r = \frac{1}{2}g\sin\theta\left(\frac{2v}{g\cos\theta}\right)^2$$

分母を払って式を整理する。

$$gr\cos^2\theta = 2v^2\sin\theta \cdots\cdots②$$

①より$v^2 = gr\sin\theta$を②に代入する。

$$gr\cos^2\theta = 2gr\sin^2\theta$$

$\cos^2\theta = 1 - \sin^2\theta$を上式に代入し、$\sin\theta$を求める。

$$1 - \sin^2\theta = 2\sin^2\theta$$

$$\sin^2\theta = \frac{1}{3}$$

$\sin\theta > 0$なので、$\sin\theta = \dfrac{1}{\sqrt{3}}$ ……答

19章 万有引力

この章では、**万有引力**を考えるよ。万有引力とは、この宇宙にあるすべての物体が、お互いに引き合う引力なんだ。

この万有引力に初めて気付いたのが、**ニュートン**だよ。「7章：運動方程式」で、登場したよね。

ニュートンは、リンゴが落ちるのを見て、「地球の引力が原因ではないか？」と考えたようだ。

19-1 万有引力：F〔N〕

次の図のように、地球と人工衛星が引き合う**万有引力**を考えよう。

人工衛星が、地球から受ける万有引力の大きさをF〔N〕とすると、地球は、**作用・反作用の法則**により、**逆向きで同じ大きさの力**を受けるよね。

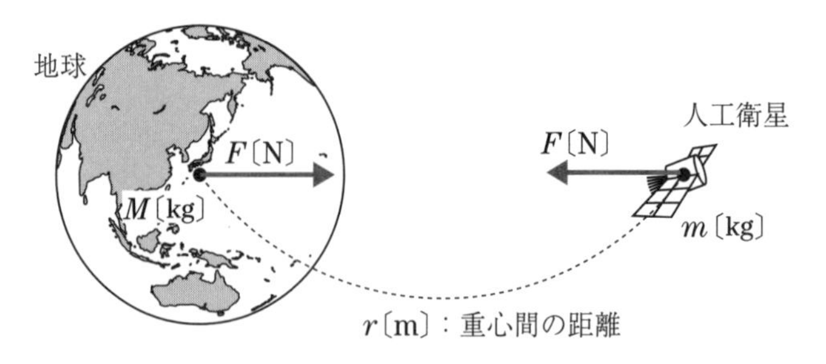

地球の質量をM〔kg〕、人工衛星の質量をm〔kg〕、各物体の**重心間の距離**をr〔m〕とすると、万有引力の大きさ：F〔N〕は、次のように表すことができる。

万有引力：$F=G\dfrac{Mm}{r^2}$ **万有引力定数**：$G=6.67\times10^{-11}\mathrm{N\cdot m^2/kg^2}$

（質量の積に比例し、距離の２乗に反比例する）

万有引力は地球と人工衛星に限らず、2つの物体があれば、必ずお互いに引き合う力だ。

ただし、**万有引力定数**：Gがあまりにも小さいので、日常生活では感じることができないんだ。

例として、クマAとクマBがお互いに引き合う万有引力を計算してみよう。それぞれの質量がともに100kgで1m離れているとしよう。

この場合の、万有引力：Fは、いくらかな？

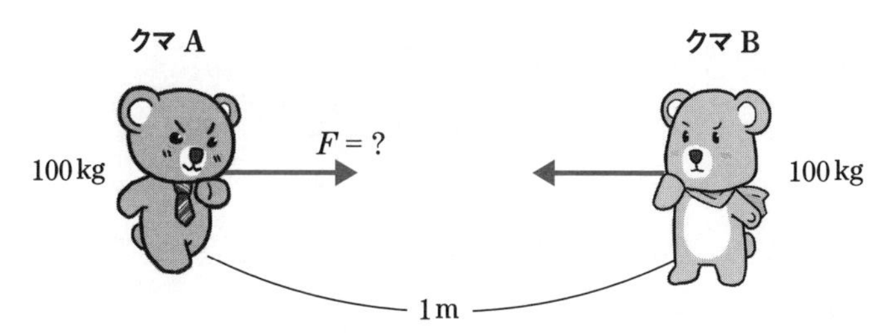

万有引力の公式：$F=G\dfrac{Mm}{r^2}$より、計算は次のとおりだ。

$$F=6.67\times10^{-11}\times\frac{100\times100}{1^2}$$
$$=6.67\times10^{-7}〔\mathrm{N}〕$$

お互いに引き合う万有引力は、一千万分の6.67Nとなり、めちゃめちゃ小さいことがわかるよね。だから、日常生活のレベルでは、万有引力を感じることができないんだ。

19-2 万有引力の位置エネルギー：U〔J〕

万有引力はズバリ、**保存力**だ。14章で学んだように、保存力とは**位置エネルギーが決まる力**だね。

ここでおさらいだが、位置エネルギーは次のように、**保存力がする仕事**で、計算できるんだったね。

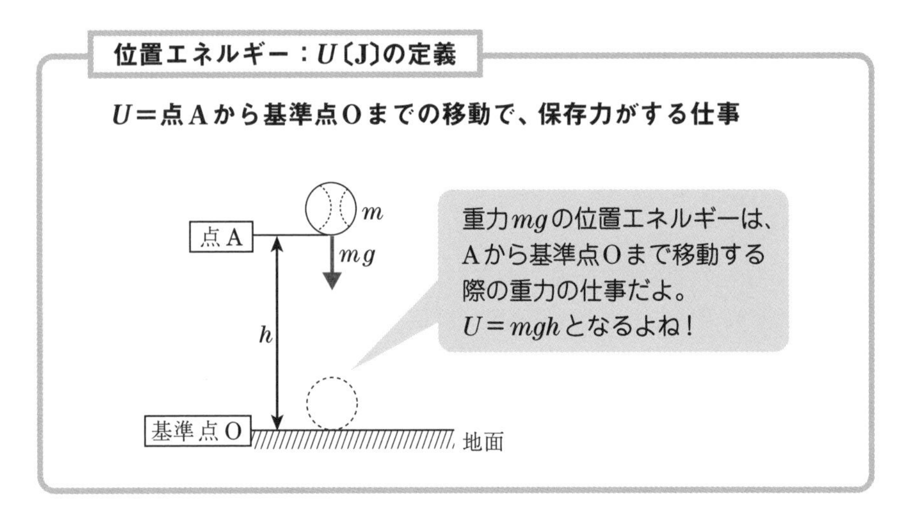

では、万有引力の位置エネルギーを計算してみよう！

地球の重心からr〔m〕離れた点をA、r_0〔m〕離れた点を**位置エネルギーの基準点：O**とする。

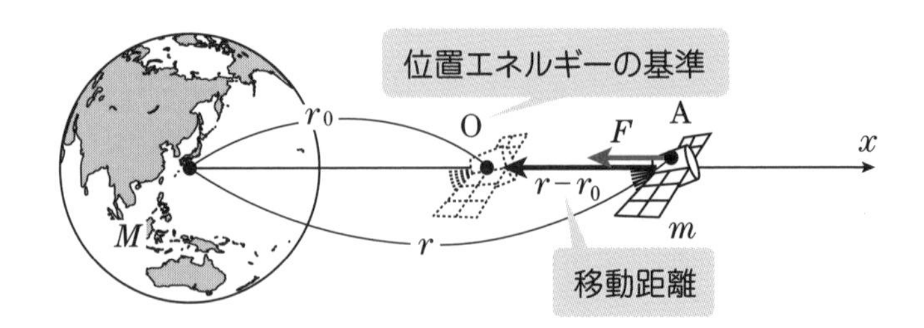

衛星の点Aから基準点Oまでの移動を考え、この移動で**万有引力がした仕事**を計算すれば、その値が点Aでの位置エネルギーだね。

ただし、万有引力：Fは、一定力ではないので、「仕事＝力×距離」というわけには、いかないよね??

万有引力：Fは、次の図のように、地球からの距離xの2乗に反比例するグラフになるよ。

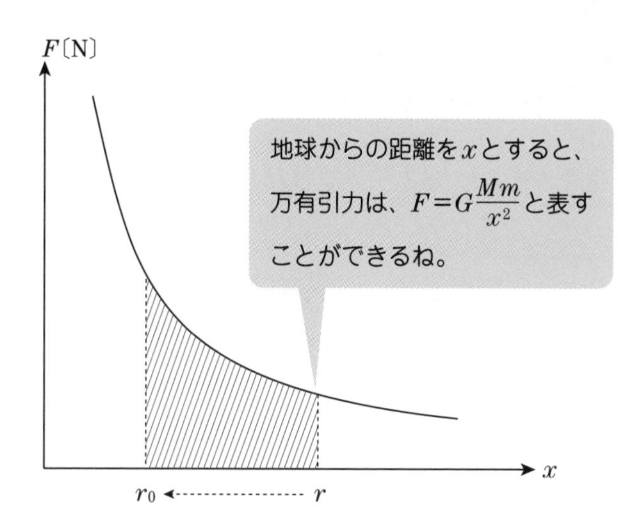

力が一定じゃない場合の仕事は、**弾性エネルギー**でも登場したよね。仕事はズバリ、F-xグラフとx軸で囲まれた面積だ！

この面積を計算するためには、積分が必要となる。積分を習っていない読者の皆さんは、積分の計算を読み飛ばして、右辺の結果だけに注目しよう！

Aでの位置エネルギー：$U=\int_{r_0}^{r} G\frac{Mm}{x^2}dx=\left[-G\frac{Mm}{x}\right]_{r_0}^{r}=-GMm\left(\frac{1}{r}-\frac{1}{r_0}\right)$

この式が、地球からの距離：$x=r_0$を**基準**に定めた場合の、**位置エネルギー**なのだが、ちょっと複雑な式だねぇ……。

そこで、基準点Oを、思い切って無限遠方($r_0=\infty$)に選んでみよう。

上式に$r_0=\infty$を代入すると、**無限遠方を基準とした位置エネルギー**の式が得られるよ。

万有引力による位置エネルギー：$U=-G\frac{Mm}{r}$

※無限遠方($r=\infty$)を基準とする。

基本演習

地球の質量：Mを、次の手順で求める。地球は半径Rの球形とし、自転や太陽からの万有引力の影響は無視する。

(1)　地上にある質量mのボールにはたらく重力Fの正体は、万有引力である。このことから、地上での重力加速度gを、地球の質量M、地球の半径R、万有引力定数Gを用いて表せ。

(2)　地球の質量Mを求めよ。

必要ならば、重力加速度$g = 9.8\,\mathrm{m/s^2}$、地球の半径$R = 6.4\times10^6\,\mathrm{m}$、万有引力定数$G = 6.67\times10^{-11}\,\mathrm{N\cdot m^2/kg^2}$を用いよ。

解答

(1)　地上にある質量mのボールにはたらく重力Fは、重力加速度gを用いて、次のように表すことができる。

$$F = mg \quad \cdots\cdots①$$

一方、地球の重心(中心)からボールまでの距離は、ほぼ地球の半径：Rなので、Fは**万有引力**として、次のように表すことができる。

$$F = G\frac{Mm}{R^2} \quad \cdots\cdots②$$

①＝②とし、mを消去すると、次の式が得られる。

$$mg = G\frac{Mm}{R^2}$$

よって、$g = G\frac{M}{R^2}$ ……答

(2) (1)の結果より、地球の質量：Mについて求めると、次のようになる。

地球の質量：$M = \frac{gR^2}{G}$

この式に$g = 9.8\mathrm{m/s^2}$、$R = 6.4 \times 10^6\mathrm{m}$、$G = 6.67 \times 10^{-11}\mathrm{N \cdot m^2/kg^2}$を代入すると、次のように計算できる。

$$M = \frac{9.8 \times (6.4 \times 10^6)^2}{6.67 \times 10^{-11}}$$
$$= 60.18 \cdots \times 10^{23}$$
$$= 6.0 \times 10^{24}〔\mathrm{kg}〕$$ ……答

演習問題

次の図のように、高度hの円軌道を周回する質量mの人工衛星がある。地上における重力加速度をg、地球の半径をRとして、次の問いに答えよ。

ただし、地球の自転の影響は無視し、万有引力は地球の影響のみを考える。

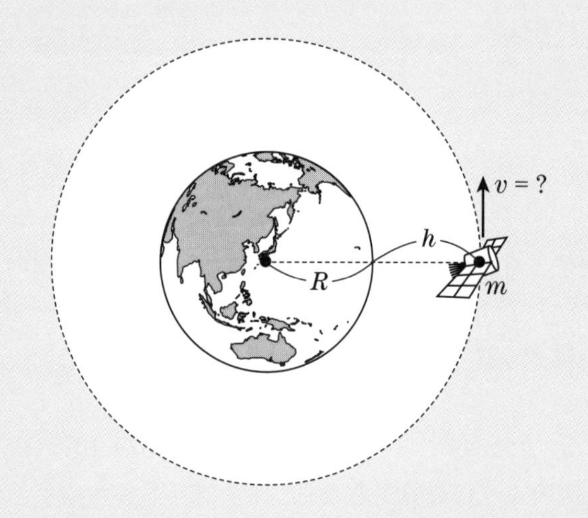

(1)　人工衛星にはたらく万有引力の大きさFを、g、h、Rの文字を用いて求めよ。

(2)　人工衛星の速さvを求めよ。

(3)　人工衛星の高度hが0の場合の衛星の速さをv_1とする。$g=9.8\mathrm{m/s^2}$、$R=6.4\times10^6\mathrm{m}$として、衛星の速さ$v_1$を求めよ。必要ならば、$\sqrt{2}=1.41$を用いよ。

(4)　地上から真上に人工衛星を初速度v_2で打ち出したところ、宇宙の果てに飛び去ってしまった。初速度v_2の最小値を求めよ。

解答

(1) 地球から衛星までの距離は、地球の重心から測るんだね。だから、地上からの距離hではなくて、$(R+h)$であることに注意しよう。

地球の質量をM、万有引力定数をGとすると、衛星が受ける万有引力Fは、次のように表すことができるよね。

$$F=G\frac{Mm}{(R+h)^2} \quad \cdots\cdots①$$

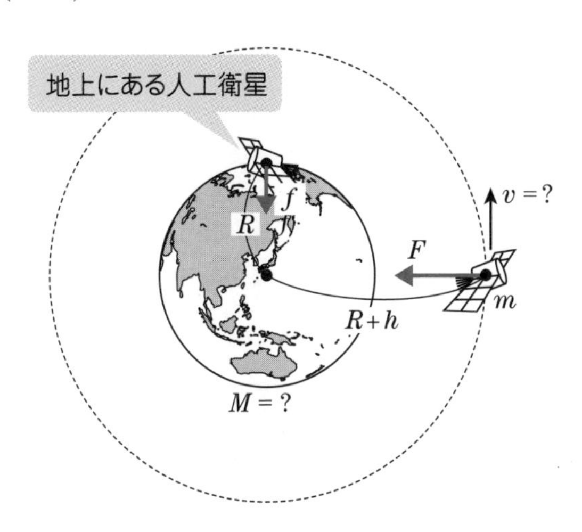

ところが、この問題ではGとMが与えられていないんだ。そこで、問題に与えられている**重力加速度**：$\boldsymbol{g}$に注目しよう。基本演習でも登場したが、人工衛星が地上にあった場合の引力：fは、「**重力**と**万有引力**の2通りの捉(とら)え方がある」ことを、式で表す。

$$f=\underbrace{mg}_{\text{重力}}=\underbrace{G\frac{Mm}{R^2}}_{\text{万有引力}} \quad \cdots\cdots②$$

②より、$GM=gR^2$と書き換えて、①に代入すると、次のように計算できる。

$$F=G\frac{Mm}{(R+h)^2}=\frac{gR^2m}{(R+h)^2}=mg\left(\frac{R}{R+h}\right)^2 \quad \cdots\cdots \text{答}$$

(2)　人工衛星とともに円運動する観測者から眺めると、**遠心力**：ma〔N〕がはたらくね。

円運動の加速度：aは前章で学んだとおり、半径rと速さvで、次のように表すことができる。

円運動の加速度：$a=\dfrac{v^2}{r}$

(1)で求めた**万有引力と遠心力のつり合い**を考え、速さvを求めよう。

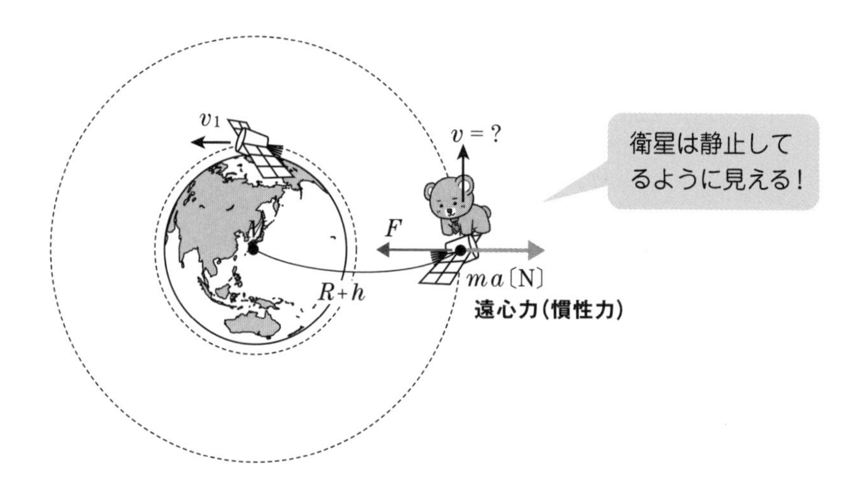

万有引力＝遠心力より、$F=ma$〔N〕

$$mg\left(\frac{R}{R+h}\right)^2=m\times\frac{v^2}{R+h}$$　よって、$v=R\sqrt{\dfrac{g}{R+h}}$ ……答

(3)　前問で求めた結果に、$h=0$を代入する。

$$v_1=R\sqrt{\frac{g}{R+0}}=\sqrt{gR}$$

$g=9.8\text{m/s}^2$、$R=6.4\times10^6\text{m}$を代入し、v_1を求めよう。

$$v_1=\sqrt{9.8\times6.4\times10^6}=\sqrt{2\times49\times64\times10^4}=1.41\times7\times8\times10^2$$

$$=78.96\times10^2\fallingdotseq7.9\times10^3\text{m/s}$$ ……答

つまり、地面に平行に、秒速7.9kmで物体を投げたとすると、地面に落下せずに、地球のまわりを円運動し続けることになるんだ。この速度v_1を**第一宇宙速度**って呼ぶんだ。

(4) 地上から打ち出した人工衛星が、宇宙の果てに至るまでにはたらく力は万有引力だけだ。万有引力は**保存力**なので、人工衛星のもつ**力学的エネルギーの保存**だね。

$$K+U=\frac{1}{2}mv^2-G\frac{Mm}{r}$$ (**万有引力の位置エネルギー**) = 一定

無限遠に到達したときの速度がちょうど0m/sとなる場合が、初速度：v_2の最小値となる。

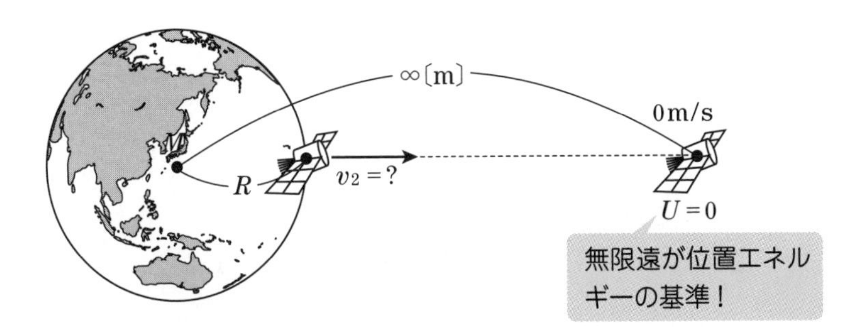

$$\frac{1}{2}mv_2{}^2-G\frac{Mm}{R}=0+0$$ (**位置エネルギーは無限遠が基準だよ**)

よって、$v_2=\sqrt{2\frac{GM}{R}}$

(1)より得られた$GM=gR^2$を、v_2に代入する。

$$v_2=\sqrt{2\frac{gR^2}{R}}=\sqrt{2gR}$$

(3)で求めた第一宇宙速度：v_1は$\sqrt{gR}$なので、v_2はv_1の$\sqrt{2}$倍だね。

具体的な数字をあてはめて、v_2を計算しよう。

$$v_2=\sqrt{2}\,v_1=\sqrt{2}\times\sqrt{2\times49\times64\times10^4}=2\times7\times8\times10^2$$

$$=112\times10^2\fallingdotseq1.1\times10^4\mathrm{m/s}$$ ……答

この地上から物体を打ち上げて、宇宙の果てに飛び去る速度の最小値v_2を**第二宇宙速度**と呼ぶんだ。

20章 ケプラーの法則

惑星の運動を支配する**ケプラーの法則**が、世に登場したのが1609年。**ニュートン**が運動方程式を発表する、ずっと前の話なんだ。

この法則は、3つの法則にまとめられている。ケプラーの法則は惑星の運動に限らず、地球のまわりを回る人工衛星のように、**万有引力**を受けた物体ならば成り立つんだ。

20-1 第一法則：惑星は、太陽を1つの焦点とする楕円軌道を描く

まず、楕円とは**「2点からの距離の和が一定」**となる軌跡だ。

楕円のかき方は、平面上の2点F、F'に画びょうを打ち、それぞれの画びょうに糸を巻きつけて、糸をぴんと張りながら鉛筆でなぞると、楕円をかくことができるよ！

画びょうを打った2点F、F'を楕円の**焦点**というよ。

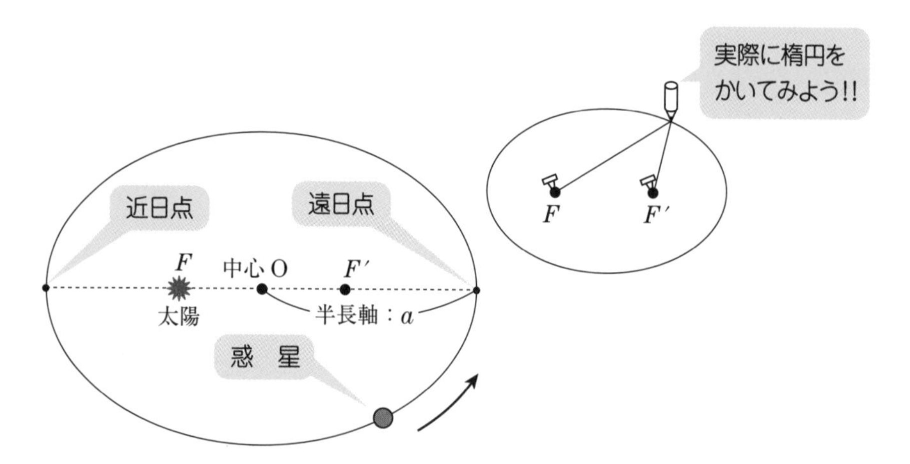

惑星の軌道は一般的に**楕円**であり、**焦点上に太陽**がある。この楕円軌道上で、太陽から最も遠ざかった点が**遠日点**、最も近づいた点が**近日点**だ。

遠日点、近日点の2点間の距離の半分の長さを、**半長軸**といい、ここではaと表しておく。

20-2 第二法則：惑星と太陽とを結ぶ線分の描く単位時間当たりの面積は、一定である（面積速度一定）

面積速度とは、惑星と太陽とを結ぶ線分が、1s間に描（えが）く面積だ。ちょっとの時間：Δt〔s〕に描く面積をΔS〔m^2〕とすると、**面積速度**は、次のように表すことができる。

$$\textbf{面積速度} = \frac{\Delta S〔\mathrm{m}^2〕}{\Delta t〔\mathrm{s}〕}$$

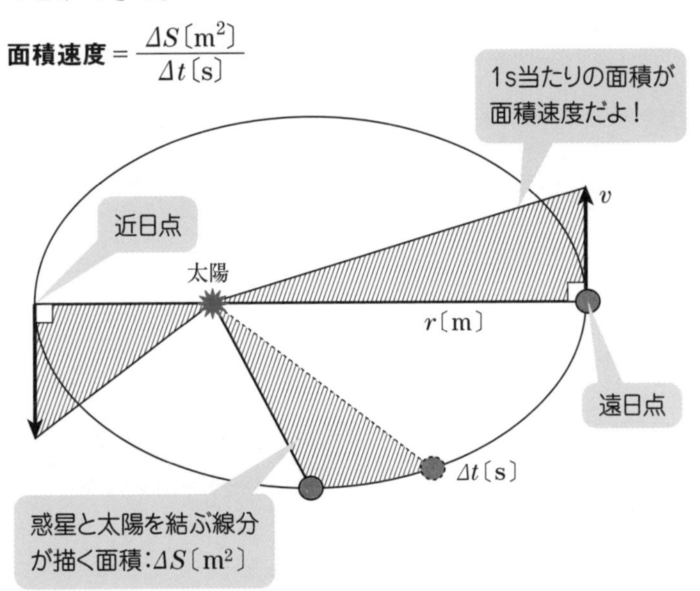

また面積速度は、**惑星と太陽とを結ぶ線分の長さ**：r〔m〕と、**速度**：v〔m/s〕を用いて表すこともできる。代表的な場所として、**近日点**と**遠日点**に注目すると、rとvが**直角**だね。

面積速度は1s当たりの面積なので、1s間に速度vだけの直進を考えよう。このとき描いた**三角形の面積**が、面積速度になるんだ！

$$\textbf{面積速度} = \frac{\Delta S〔\mathrm{m}^2〕}{\Delta t〔\mathrm{s}〕} = \frac{1}{2}rv = \textbf{一定}$$

なぜ面積速度が保存されるのか？　この証明は、本章の最後に掲載したので、興味のある読者の皆さんはチャレンジして！

20-3 第三法則：惑星の公転周期の2乗は、楕円軌道の半長軸の3乗に比例する

公転周期とは、太陽のまわりを一周するのに要する時間であり、地球ならば1年だね。

この公転周期をT、半長軸をaとすると、次のように式で表すことができるんだ。

$$\frac{T^2}{a^3} = 定数（\textbf{軌道によらず、同じ値となる}）$$

つまり、太陽のまわりを回る、どの惑星を選んでも、$\frac{T^2}{a^3}$は同じ値になるということを表している。

ケプラーの第三法則は、イマイチピンとこないなぁ……。
次の基本演習で、具体的な数値計算をしてみるよ!!

基本演習

地球はほぼ円軌道であり、**半長軸**は約1億5千万kmである。これを**1天文単位〔AU〕**と呼ぶ。

一方、冥王星の遠日点距離は約50AU、近日点距離は約30AUである。冥王星の周期を、年単位で求めよ。

必要ならば、$\sqrt{10} = 3.16$とし、有効数字は2桁とする。

解答

地球の半長軸をa_0、周期をT_0（＝1年）とする。冥王星の半長軸aは、近日点と遠日点の距離の半分なので、次のように計算できる。

冥王星の半長軸：$a=\dfrac{30a_0+50a_0}{2}=40a_0$

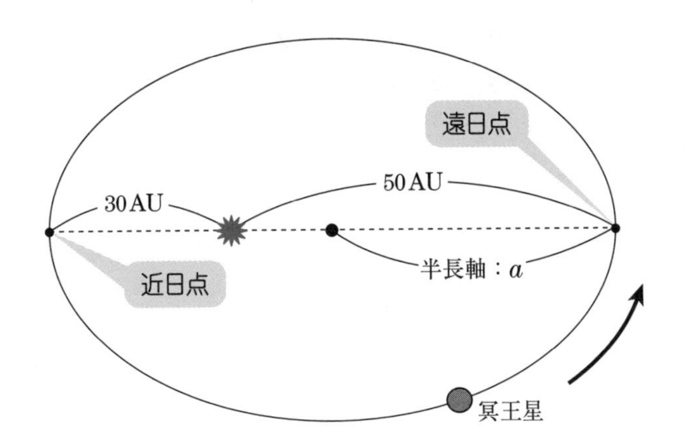

ケプラーの第三法則に、地球と冥王星の周期と半長軸をあてはめると、次のようになる。

$$\underbrace{\frac{{T_0}^2}{{a_0}^3}}_{\text{地球}}=\underbrace{\frac{T^2}{(40a_0)^3}}_{\text{冥王星}}$$

上式を、冥王星の周期Tについて求める。

$$T^2=40^3{T_0}^2$$

$$T=40\times\sqrt{40}\times T_0$$

$T_0=1$年

$$=40\times2\sqrt{10}\times1$$

$$=80\times3.16=252.8\fallingdotseq2.5\times10^2〔年〕$$ ……答

冥王星は、最近惑星の仲間から外れたよね……。
周期が250年!!　1周すると地球の歴史変わってる！

演習問題

次の図のように、人工衛星が地球を焦点とする近地点距離がr、遠地点距離がRの楕円軌道を描(えが)いている。

地球の質量をM、人工衛星の質量をm、万有引力定数をGとして、次の問いに答えよ。

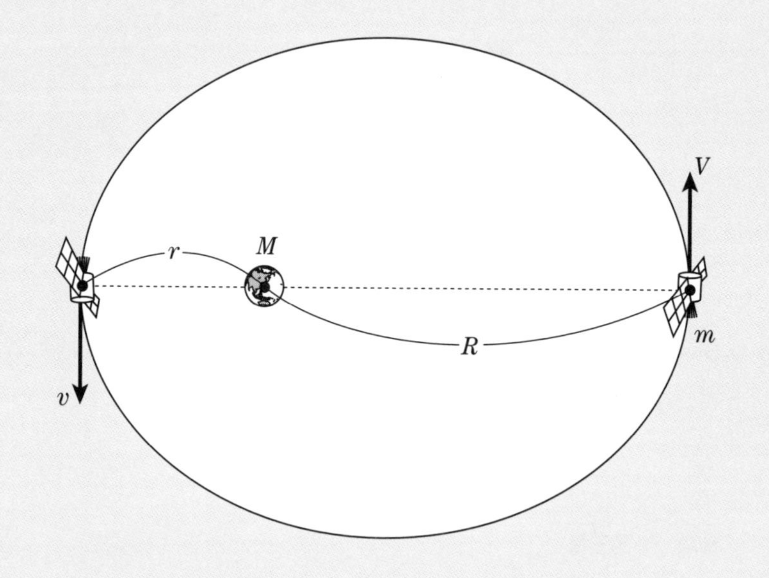

(1)　近地点における人工衛星の速さvは、遠地点における速さVの何倍か。rとRを用いて答えよ。

(2)　近地点と遠地点における力学的エネルギー保存の法則を、式で表せ。ただし、万有引力による位置エネルギーの基準は、無限遠とする。

(3)　(1)と(2)の結果をもとに、近地点の速さvと遠地点の速さVをr、R、G、Mを用いて求めよ。

解答

(1)　人工衛星は、地球から万有引力を受けて運動するので、ケプラーの法則が成り立つよね。

ケプラーの第二法則：**面積速度＝一定**を、近地点と遠地点にあてはめよう。

面積速度は、地球と人工衛星を結ぶ線分が単位時間：1s間に描く面積だ。1s間に速度分だけ直進すると考えた場合の、直角三角形の面積が**面積速度**だね。

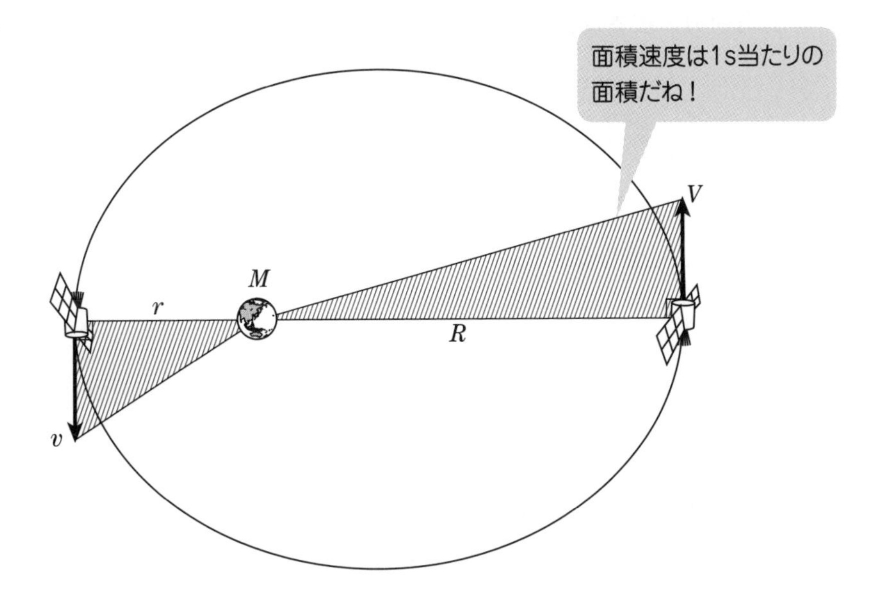

面積速度$=\dfrac{\Delta S\,[\mathrm{m^2}]}{\Delta t\,[\mathrm{s}]}$より、

$$\underbrace{\frac{1}{2}rv}_{\text{近地点}}=\underbrace{\frac{1}{2}RV}_{\text{遠地点}}$$

よって、$v=\dfrac{R}{r}V$となる。

近地点における速さvは、遠地点の速さVの$\dfrac{R}{r}$倍 ……答

(2)　人工衛星は、**保存力**である**万有引力**だけを受けた運動をしているので、**力学的エネルギー**が保存されるよね。

万有引力の位置エネルギー：Uは、無限遠を基準として、次のように表すことができるね!!

万有引力による位置エネルギー：$U=-G\dfrac{Mm}{r}$　(無限遠を基準)

$K+U=$一定を、近地点と遠地点にあてはめると、次のように表すことができる。

$$\underbrace{\frac{1}{2}mv^2-G\frac{Mm}{r}}_{\text{近地点}}=\underbrace{\frac{1}{2}mV^2-G\frac{Mm}{R}}_{\text{遠地点}}\quad\cdots\cdots\text{答}$$

(3)　(1)で求めた$v=\dfrac{R}{r}V$を、(2)の力学的エネルギー保存の式に代入し、遠地点での速さVについて求めよう。

$$\frac{1}{2}m\left(\frac{R}{r}V\right)^2-G\frac{Mm}{r}=\frac{1}{2}mV^2-G\frac{Mm}{R}$$

$$\frac{1}{2}m\left\{\left(\frac{R}{r}V\right)^2-V^2\right\}=GMm\left(\frac{1}{r}-\frac{1}{R}\right)$$

$$\frac{1}{2}mV^2\frac{R^2-r^2}{r^2}=GMm\frac{R-r}{rR}$$

$$\frac{1}{2}mV^2\frac{(R-r)(R+r)}{r^2}=GMm\frac{R-r}{rR}$$

$$V^2=\frac{2GMr}{R(R+r)}$$

よって、遠地点での速さ$V=\sqrt{\dfrac{2GMr}{R(R+r)}}$ ……答

(1)で求めた$v=\dfrac{R}{r}V$に、上記の結果を代入し、近地点での速さvについて求めよう。

$$v=\frac{R}{r}\sqrt{\frac{2GMr}{R(R+r)}}$$

$$\therefore\quad v=\sqrt{\frac{2GMR}{r(R+r)}} \quad \text{……答}$$

近地点と遠地点の速さは、
① 力学的エネルギー保存
② 面積速度＝一定
の2つの式の組み合わせで計算できるんだね！

補足

■面積速度＝一定の証明

まず、**等速直線運動**する物体の面積速度は一定となるよ！

次の図のように、基準点Oからr離れた位置AをOAに対して、直角に速度vで通過したとする。

もちろん面積速度は、斜線部の面積を考えると、$\frac{1}{2}rv$だよね。

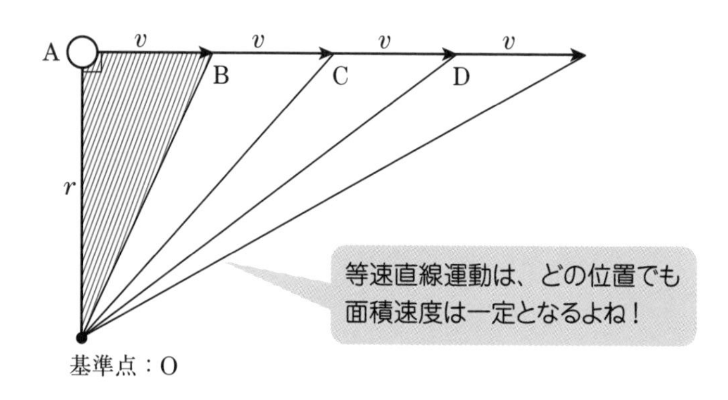

物体に力がはたらいていなければ等速直線運動となり、上図のB、C、D……いずれの位置を通過しても、面積速度は、底辺がv、高さがrの三角形の面積なので、同じになるよね。

等速直線運動の場合、「面積速度＝一定」は当たり前だなぁ……。
じゃあ、万有引力がはたらく場合は??

次に、基準点Oに太陽があり、太陽から万有引力を受けている場合を考えてみよう。

次の図のように点Bで、BからOに向かう力F（万有引力だよ！）が微小時間$\varDelta t$だけはたらいたとしよう。

物体の質量をm、点Bでの力を受ける前の速度を方向を含めて$\vec{v}$、力を受けた後の速度を$\vec{v'}$と表す。

15章で登場した、**力積と運動量の関係**から、$\vec{v'}$を計算してみよう。

力積＝運動量の変化より、次の関係が成り立つね！

$$\vec{F}\cdot \Delta t = m\vec{v'} - m\vec{v}$$

よって、力積を受けた後の速度：$\vec{v'}$は、次のように表すことができる。

$$\vec{v'} = \vec{v} + \frac{\vec{F}\cdot \Delta t}{m}$$

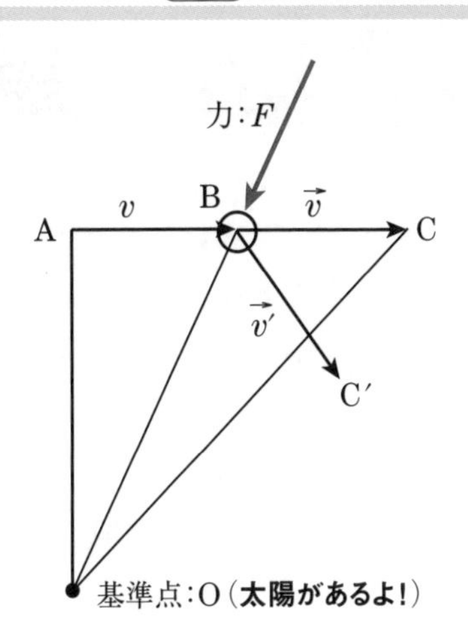

上記の結果を作図すると、次のようになる。

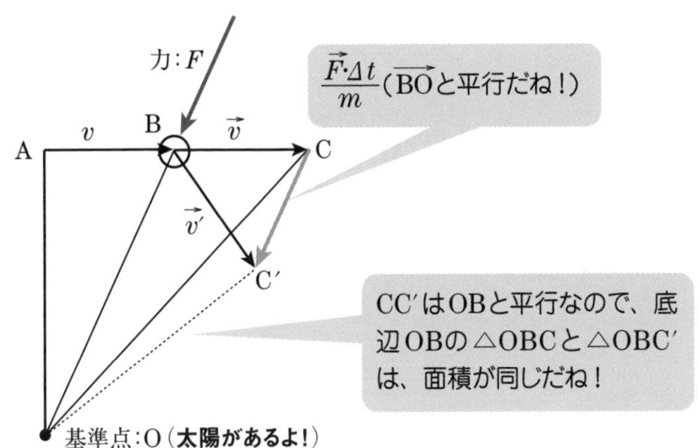

点Bでの力を受ける前の面積速度は△OBCの面積、力を受けた後の面積速度は△OBC′の面積だね。

CC′はOBと平行なので、底辺をOBとする△OBCと△OBC′は、面積が同じとなる。

よって、**万有引力がはたらく物体は、面積速度＝一定**になることがわかるよね！

21章 単振動

次の図のように、長さ1mの糸に5円玉をつるし、できるだけ振れ角を小さくするように振動させる。

振れ角が小さい振り子を、**単振り子**と呼ぶんだ。長さ1mの単振り子の周期は、ほぼ2sとなり、片道で1sを刻むことになるんだ。

振り子の周期は糸の長さで決まり、おもりの質量は一切無関係なんだ。

では、単振り子の周期は、なぜ糸の長さだけで、決まるのだろう？

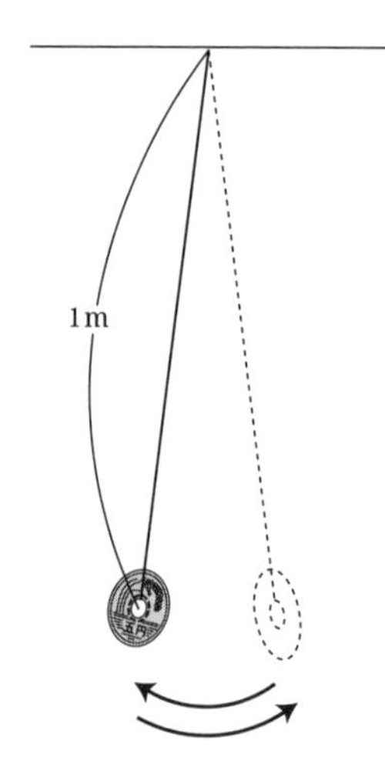

長さ1mの単振り子の周期は、ほぼ2sだから、片道ちょうど1sだね。おもりの質量は関係ないのかな??

21-1 単振動の位置：x

単振動とは、ズバリ、**等速円運動**を横から見た運動だ。

次の図のように、半径Aの円周上を、**角速度**ωで**等速円運動**する物体があり、真横からみると上下に振動するように見えるよね。この運動が**単振動**だ。

円の中心を原点($x=0$：**単振動の中心**)、上向きを正とするx軸を与える。

0sで真横からスタートした物体について、t〔s〕後での単振動の位置x(下図の赤丸)を求めよう。

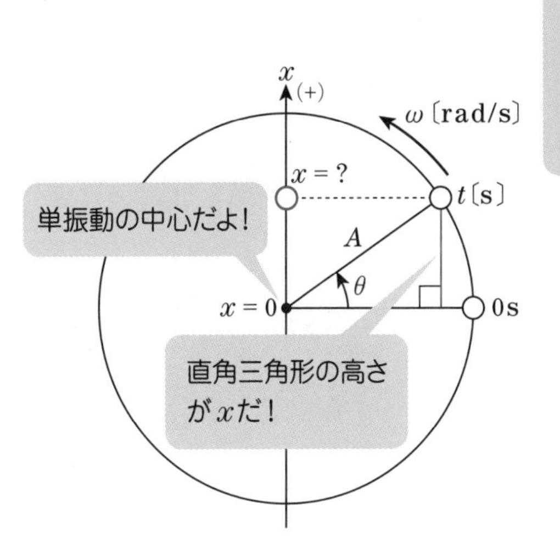

t〔s〕間に円運動の進んだ角度をθ〔rad〕とすると、位置$x=A\sin\theta$となるよね。θは、**角速度**：ωの定義より、次のように計算できる。

角速度：$\omega〔\mathrm{rad/s}〕=\dfrac{\Delta\theta〔\mathrm{rad}〕}{\Delta t〔\mathrm{s}〕}=\dfrac{\theta}{t}$

よって、$\theta=\omega t$だ。

$\theta=\omega t$を、位置：$x=A\sin\theta$に代入すると、単振動の位置：xは、次のように表すことができる。

単振動の位置：$x=A\sin\omega t$

上式のAは**振幅**、ωは**角振動数**という。

次に、単振動の速度vと加速度aを考えてみよう！

21-2 単振動の速度：v

円運動の速度は、**接線方向**で大きさは半径(単振動の振幅)Aのω倍だよね。

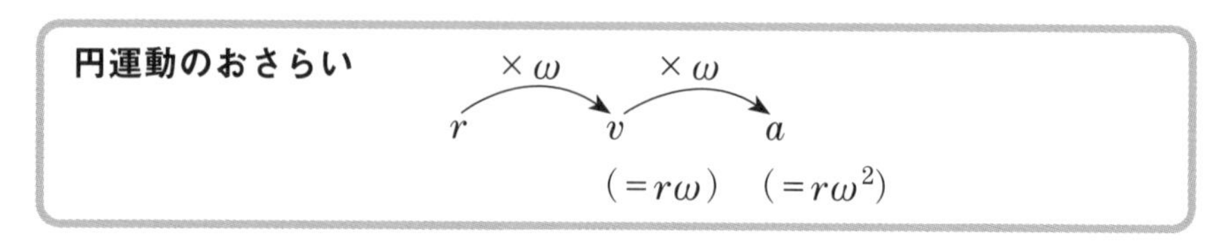

円運動の速度：$A\omega$を、真横から眺めた速度が、単振動の速度vだよ。速度vは、$A\omega$に$\cos\theta$（$\theta = \omega t$)を掛けたものだね！

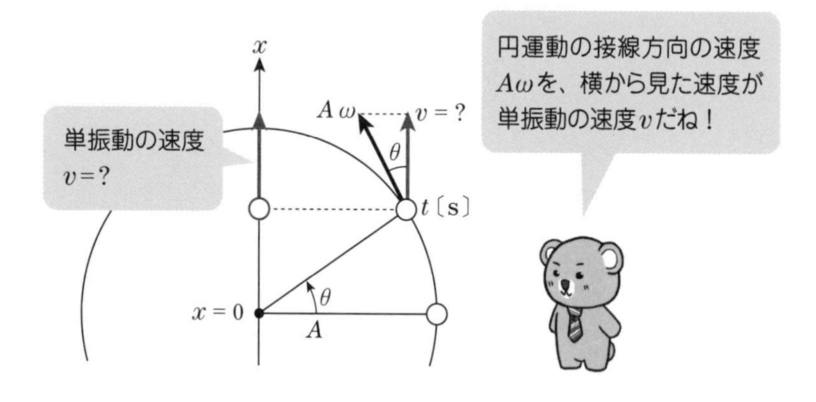

単振動の速度：$v = A\omega\cos\omega t$

発展 数学で三角関数の微分を習っていれば……

速度vの基本形は$\dfrac{\Delta x}{\Delta t}$だが、$\Delta t$を0に近づける極限は$\dfrac{\mathrm{d}x}{\mathrm{d}t}$となり、**$x$を時間$t$で微分**したものとなる。

$\sin x$をxで微分すると、$\cos x$となるよね。

単振動の位置：$x = A\sin\omega t$

上式を時間tで微分したものが速度vとなるのだから、次のように計算できる。

単振動の速度：$v = \dfrac{\mathrm{d}x}{\mathrm{d}t} = A\omega\cos\omega t$

21-3 単振動の加速度：a

円運動の加速度は**円の中心向き**で、大きさは半径：Aのω^2倍だよね。

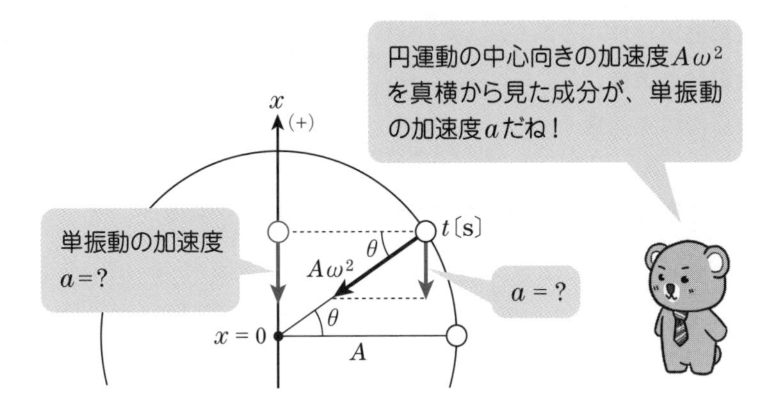

真横から見た加速度のx成分は、円運動の加速度：$A\omega^2$にsinθ（$\theta = \omega t$）を掛けたものとなり、方向は下向きなので(−)をつけて、次のように表すことができる。

単振動の加速度：$a = -\mathrm{A}\omega^2\sin\omega t$

発展 数学で三角関数の微分を習っていれば……

加速度aの基本形は$\dfrac{\Delta v}{\Delta t}$だが、$\Delta t$を0に近づける極限は$\dfrac{\mathrm{d}v}{\mathrm{d}t}$となり、

速度vを時間tで微分したものとなる。

cos$x$をxで微分すると、−sin$x$となるよね。

単振動の速度：$v = A\omega\cos\omega t$

上式を時間tで微分したものが加速度aだね。

単振動の加速度：$a = -A\omega^2\sin\omega t$

21-4 単振動の位置と加速度の関係

単振動の位置：x、速度：v、加速度：aを並べてみると、次のようになる。

単振動の位置　：$x = A\sin\omega t$
単振動の速度　：$v = A\omega\cos\omega t$
単振動の加速度：$a = -A\omega^2\sin\omega t$

上記の3式を比較すると、**仲間がいる**のだがわかるかな??

位置：xと加速度：aは、いずれも$\sin\omega t$を含んでいるので、よく似てるなぁ……。何か、つながりがありそう??

位置：xと加速度：aは、いずれも$\sin\omega t$を含んでいるので、仲間ってカンジだね。まず、加速度：aの式を次のように書き換える。

単振動の加速度：$a = -\omega^2(A\sin\omega t)$

上式の$(A\sin\omega t)$は、単振動の位置：xそのものだよね。そこで、加速度aをxを用いて、次のように変形する。

単振動で最も重要な式が登場だ！

単振動の加速度と位置の関係：$a = -\omega^2 x$

上式からわかることは、加速度の大きさは**中心からの距離**：**xに比例**することだ。また、**加速度の方向**は、**中心向き**であることを表している。

なぜなら、$x>0$ならば、加速度aは$a<0$(下向き)となり、$x<0$ならば、加速度aは$a>0$(上向き)となるからだ(次の**21-5**の図を参照)。

21-5 単振動する物体にはたらく力

単振動する物体の質量がmの場合、加速度：$a=-\omega^2x$を、運動方程式：$F=ma$に代入すると、次のように計算できる。

単振動する物体にはたらく力：$F=ma=-m\omega^2x$

上式の$m\omega^2$は単なる定数なので、$m\omega^2=K$とおくと、Fは次のように表すことができる。

単振動する物体にはたらく力：$F=-Kx$

単振動する物体にはたらく力は、加速度と同様、**中心からの距離に比例**し、**中心向き**であることを表しているよね。

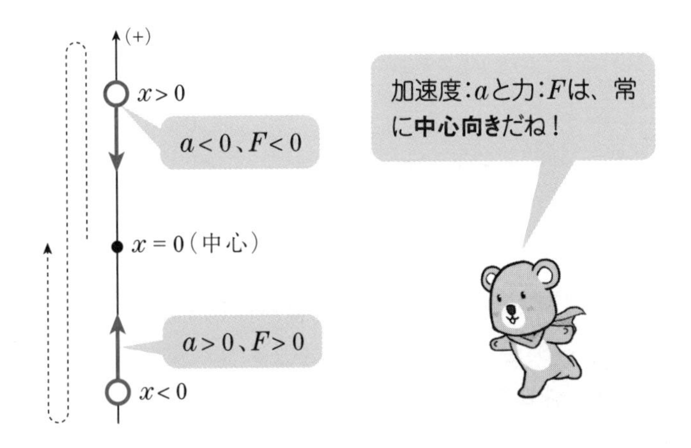

単振動する物体ならば、はたらく力は$F=-Kx$となったね。逆に、はたらく力が$F=-Kx$ならば、物体は単振動するんだ！

$F=-Kx$ ⇔ 単振動

つまり、逆も成り立つということなのだが、これを証明するには大学レベルの物理が必要となる。

物体にはたらく力が、**$F=-Kx$と表すことができれば、その物体は必ず単振動をする**ことを覚えておこう！

基本演習 (水平ばね振り子の周期)

次の図のように、ばね定数kのばねの一端を壁に固定し、もう一端に質量mの小物体を取り付け、なめらかな水平面上に置く。

ばねが自然長であるときの物体の位置を原点：$x=0$として、右向きを正とするx軸を定める。ここで、ばねを自然長からAだけ伸ばし、物体を静かに離した。

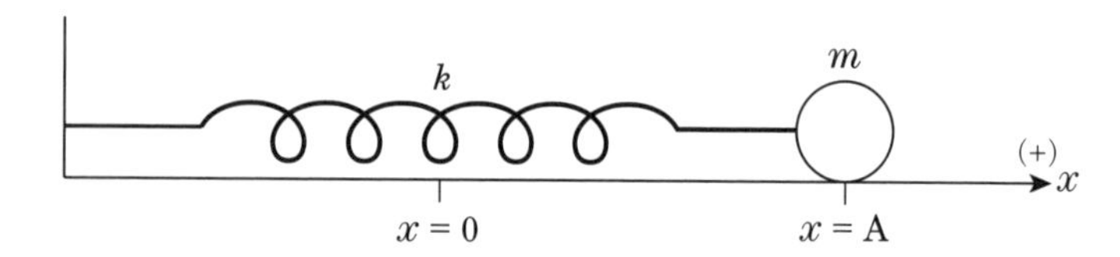

(1)　物体が座標xを通過した際の加速度をaとして、運動方程式を示せ。ただし、加速度aの方向は右向きを正とする。

(2)　物体の角振動数ωを求めよ。

(3)　単振動の周期Tを求めよ。

解答

(1)　ばねに取り付けた物体の単振動を、**ばね振り子**っていうんだ。

物体が座標xを通過したときに、おもりにはたらく力は、**フックの法則**により、kxの**弾性力**がはたらき、物体の座標xが正ならば、弾性力の方向は負だよね（重力mgと垂直抗力Nは、左右の運動とは無関係なので省略するよ！）。

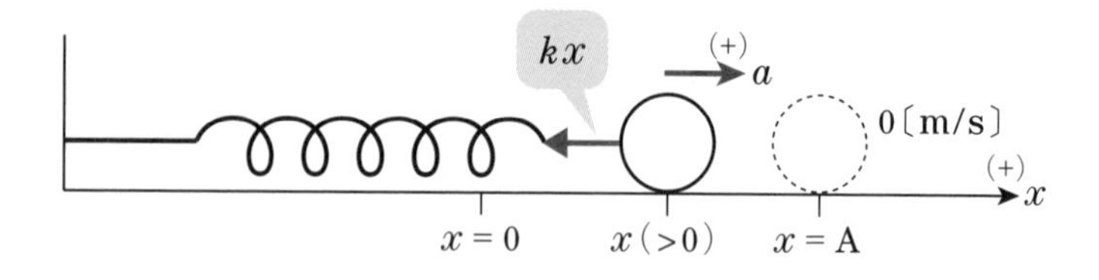

物体の運動方程式は、次のように表すことができる。

$$ma = -kx$$ ……答

上式の右辺の力$F = -kx$の形なので、**単振動する**ことがわかるよね！

(2) 単振動の**角振動数**とは、円運動の角速度ωに対応する呼び方なんだ。(1)で求めた運動方程式を加速度aについて求め、単振動の位置xと加速度aを結ぶ関係式と比較しよう。

$a = -\frac{k}{m}x$ ⟷ 比較 ⟷ $a = -\omega^2 x$（単振動の位置、加速度の関係）

すると、単振動のω^2が$\frac{k}{m}$であることがわかるよね。

$\omega^2 = \frac{k}{m}$より、単振動の角振動数：$\omega = \sqrt{\frac{k}{m}}$ ……答

(3) 円運動の周期：Tは、1回転する時間だね。これを横から眺めた運動が単振動なのだから、**単振動の周期は1往復**する時間だ！

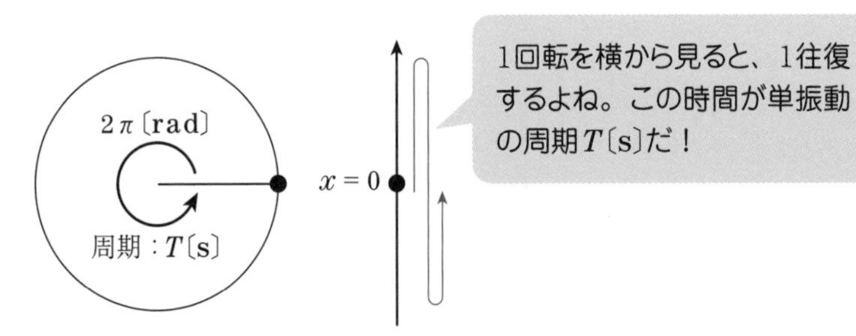

単振動の周期：Tは、円運動と同様に、次の式で表すことができる。

周期：$T〔\mathrm{s}〕 = \frac{2\pi}{\omega}$

(2)で求めた$\omega = \sqrt{\frac{k}{m}}$を、周期$T$の式に代入すると、ばね振り子の周期は、次のように計算できる。

ばね振り子の周期：$T = 2\pi\sqrt{\frac{m}{k}}$ ……答

演習問題（単振り子の周期）

本章の最初に登場した**単振り子**の周期：Tを、次の問題を解きながら考える。

図のように、長さlの糸の上端を固定し、下端に質量：mのおもりをつけて、振れ角が極めて小さい範囲で振動させる。

最下点を原点：$x=0$とし、右向きを(＋)とするx軸で、物体の水平方向の位置を表す。重力加速度をgとして、次の問いに答えよ。

(1)　図のように糸の傾角がθであった場合、おもりにはたらく重力について、軌道に対して接線方向の成分の大きさを、位置xを用いて求めよ。

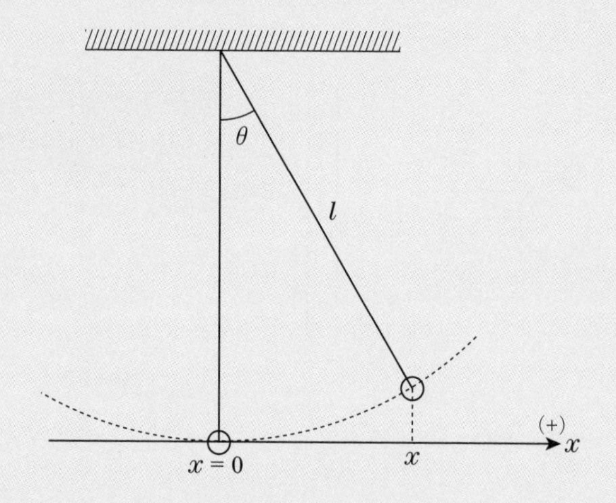

(2)　糸の振れ角が十分小さい場合、(1)で求めた重力の接線成分が、近似的に水平成分とみなすことができる。x軸方向の加速度をaとして、運動方程式を立てよ。

(3)　(2)の結果から、単振り子の周期：Tを求めよ。

解答

(1) おもりにはたらく重力の接線成分はθを用いると、$mg\sin\theta$となるよね。

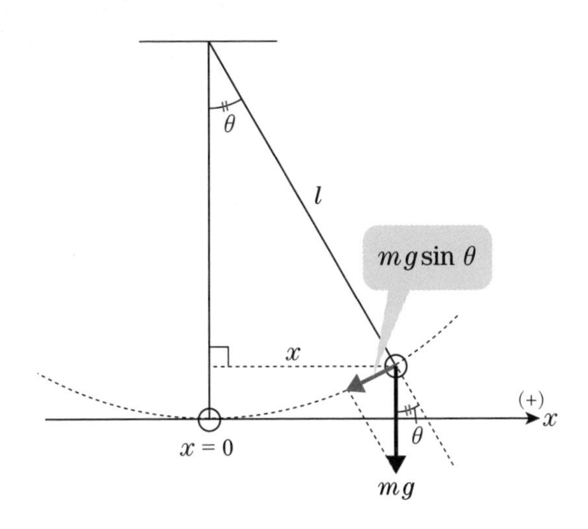

$\sin\theta$は、上図の直角三角形の斜辺lと高さxを用いると、$\sin\theta=\dfrac{x}{l}$と表すことができる。

重力の接線成分：$mg\sin\theta$に代入すると、次のように表すことができる。

重力の接線成分の大きさ$=mg\dfrac{x}{l}$ ……答

糸の振れ角θが小さい場合、接線方向にはたらく力は、近似的にx方向にはたらくと考えられるね。

(2)　糸の振れ角が十分小さい場合は、次の図のように、物体は、x軸上を運動しているとみなすことができるね。

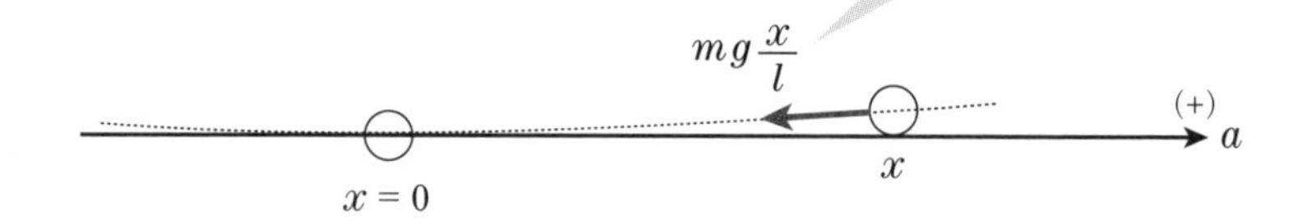

糸の振れ角が十分小さいと、(1)で求めた重力の接線成分：$mg\frac{x}{l}$が、x軸の負の方向にはたらいていると、**近似的に**考えることができる。

x座標が正の場合、力は負の方向にはたらくので、方向を含めた力：Fは、次のように表すことができる。

x方向にはたらく力：$F=-mg\frac{x}{l}$

運動方程式を立てると、次のようになる。

運動方程式：$ma=-mg\frac{x}{l}$ ……**答**

(3)　上式の右辺に表れた$\frac{mg}{l}$を、$K=\frac{mg}{l}$とおく。

すると、物体にはたらく力Fは、$F=-Kx$となっているので、振れ角の小さい振り子は単振動するといえるね。

上記の運動方程式から、加速度aを求めると、次のようになる。

$$a=-\frac{g}{l}x$$

上記の式と、単振動の位置xと、加速度aを結ぶ関係式：$a=-\omega^2 x$を比較し、単振動の角振動数ωを計算しよう！

$$a=-\frac{g}{l}x \quad \xleftrightarrow{\text{比較}} \quad a=-\omega^2 x$$

$$\omega^2=\frac{g}{l}、$$

よって、$\omega=\sqrt{\dfrac{g}{l}}$

ここで、**周期**：Tを、ωで表した式：$T=\dfrac{2\pi}{\omega}$に、$\omega=\sqrt{\dfrac{g}{l}}$を代入すると、次のように計算できる。

単振り子の周期：$T=2\pi\sqrt{\dfrac{l}{g}}$ ……答

単振り子の周期は、おもりの**質量mとは無関係**に、糸の長さlと重力加速度gだけで決まるよね。

では、本章の最初に登場した糸の長さ$l=1\text{m}$の単振り子の場合、周期はいくらかな？

ただし、$\sqrt{g}=\sqrt{9.8}=3.13\fallingdotseq\pi$と考えてかまわないよ。

$$T=2\pi\sqrt{\frac{l}{9.8}}$$

$$=2\pi\times\frac{1}{3.13}$$

$$\fallingdotseq 2\,[\text{s}]$$

よって、糸の長さ$l=1\text{m}$の単振り子の周期は2sとなるので、片道1sだよね！

応用問題 1

フックの法則に従うばねの上端を固定し、下端に質量mの小球を鉛直につるしたところ、自然長からdだけ伸びてつり合った。

ばねが自然長での小球の位置を点A、つり合いの小球の位置を点Oとする。

点Oからさらに$2d$だけ小球を引き下げて静かに離すと、小球は上下に往復運動を始めた。

重力加速度をgとして次の問いに答えよ。

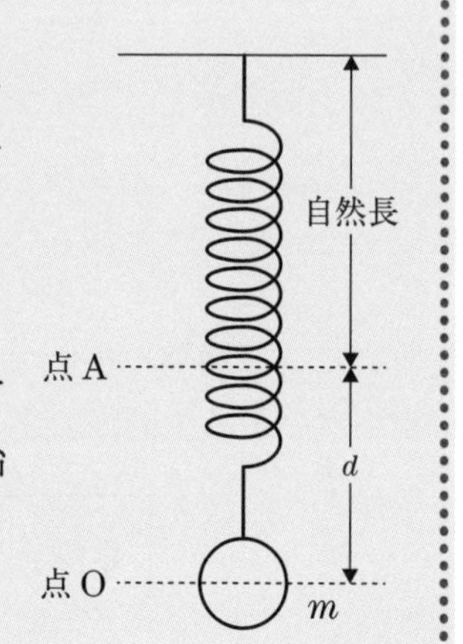

(1)　点Oを通過するときの小球の速さを求めよ。

(2)　点Aを通過するときの小球の速さを求めよ。

解答

(1)　点Oで物体にはたらく重力mgと弾性力kdの力のつり合いからばね定数kを計算しよう。

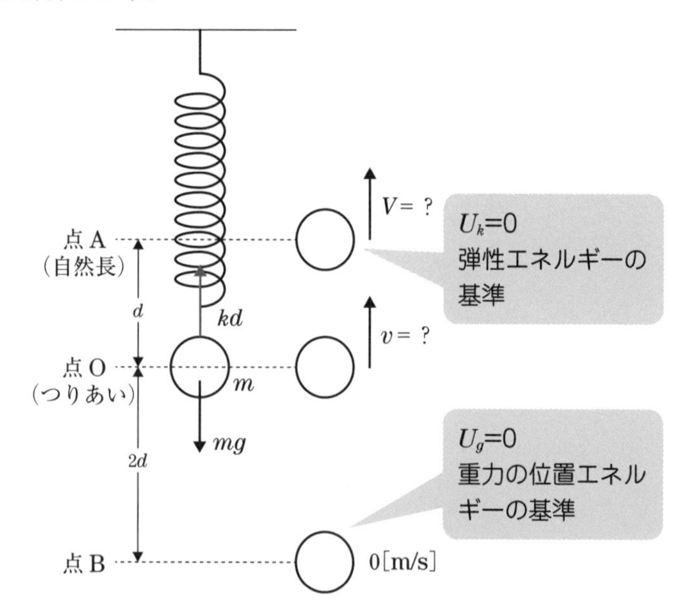

点Oでの力のつり合い：$kd=mg$

よって、ばね定数kは、$k=\dfrac{mg}{d}$となる。

点Oから$2d$引き下げた位置を点Bとする。点Bで静かに離した物体は、重力と弾性力の**保存力**だけがはたらいているので、力学的エネルギーが保存される。

運動エネルギーをK、重力の位置エネルギーをU_g、弾性エネルギーをU_kと表すと次の関係が成り立つ。

力学的エネルギー保存：$K+U_g+U_k=$一定

$2d$引き下げた位置Bを重力の位置エネルギーU_gの基準点($U_g=0$)とし、点Oを通過するときの速さをvとする。

$$\underbrace{0+0+\frac{1}{2}k(3d)^2}_{\text{点B}}=\underbrace{\frac{1}{2}mv^2+mg2d+\frac{1}{2}kd^2}_{\text{点O}}$$

$$\frac{1}{2}mv^2=\frac{1}{2}k(3d)^2-\frac{1}{2}kd^2-2mgd$$

$$=\frac{1}{2}8kd^2-2mgd$$

上式に、ばね定数$k=\dfrac{mg}{d}$を代入する。

$$\frac{1}{2}mv^2=4\frac{mg}{d}d^2-2mgd$$

$$\frac{1}{2}mv^2=2mgd$$

$$v^2=4gd$$

よって、$v=2\sqrt{gd}$ ……答

(2)　点Aを通過する速さをVとする。(1)と同様にBから点Aまで、力学的エネルギー保存 $K+U_g+U_k=$一定 を適用する。

$$\underbrace{0+0+\frac{1}{2}k(3d)^2}_{\text{点B}}=\underbrace{\frac{1}{2}mV^2+mg3d+0}_{\text{点A}}$$

$$\frac{1}{2}mV^2=\frac{1}{2}k(3d)^2-3mgd=\frac{1}{2}9kd^2-3mgd$$

$k=\dfrac{mg}{d}$を代入する。

$$\frac{1}{2}mV^2=\frac{9}{2}\frac{mg}{d}d^2-3mgd=\frac{3}{2}mgd$$

$$V^2=3gd$$

よって、$V=\sqrt{3gd}$ ……答

■別解1

次の図のように、つり合いの位置Oを原点$(x=0)$とする、下向きのx軸を与える。

物体が座標xを通過した場合の合力をFとする。Fは重力mgと弾性力$k(d+x)$の和を考え、次のように計算できる。

$$F=mg-k(d+x)\ \cdots\cdots①$$

点Oでのつり合い：$kd=mg$を上式にあてはめると、Fは次のようになる。

重力と弾性力の合力：$F=-kx$

上記の力から、物体が**単振動**することがわかるね！

また、$F=-kx$は**弾性力と同じ形式**なので、この力で決まる位置エネルギーをUとすると、次のように表すことができる。

> $F=-kx \Leftrightarrow U=\dfrac{1}{2}kx^2$(単振動の位置エネルギー)
> **つり合いの位置が$U=0$(基準)、x：つり合いからの変位**

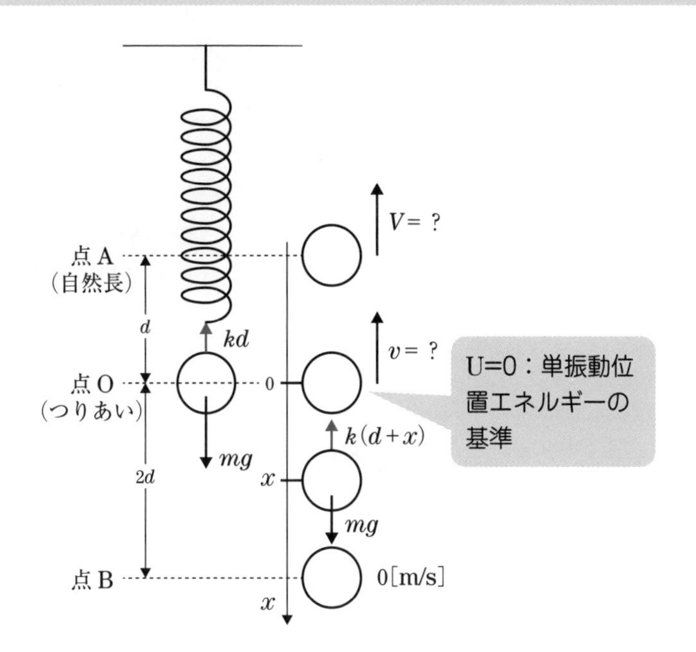

(1)(2)力学的エネルギー：$K+U=$一定より、

$$\underbrace{0+\frac{1}{2}k(2d)^2}_{\text{点B}}=\underbrace{\frac{1}{2}mv^2+0}_{\text{点O}}=\underbrace{\frac{1}{2}mV^2+\frac{1}{2}kd^2}_{\text{点A}}$$

$k=\dfrac{mg}{d}$を代入する。

$v=2\sqrt{gd}$、$V=\sqrt{3gd}$ ……答

■別解2

(1)　物体の運動はつり合いの位置Oを中心とする、振幅$A=2d$の単振動である。そもそも、単振動は等速円運動を横からながめた運動だ。そこで、次の図のように半径が振幅$A(=2d)$、各速度ωの等速円運動を考える。

円の中心を原点$(x=0)$とし、下向きにx軸を与える。まず、円運動の速度は接線方向で、大きさは半径Aにωをかけた$A\omega$だね。

点Oを通過する速度vは、円運動の接線方向の速度$A\omega$に等しい。

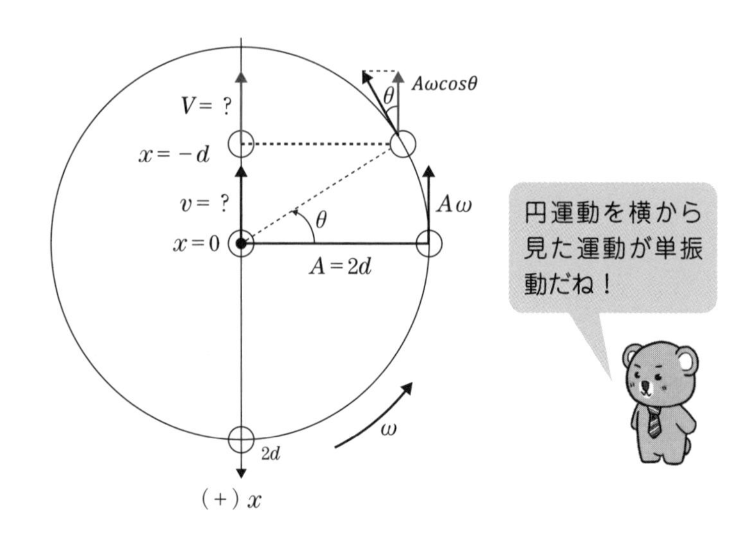

ωはどうするか？　ばね振り子周期Tの公式を利用しよう！

ばね振り子の周期$T=2\pi\sqrt{\dfrac{m}{k}}$(弾性力以外の力が一定ならOK！)

一方、周期Tはωを用いて次のように表すことができる。

$$T=\frac{2\pi}{\omega}=2\pi\sqrt{\frac{m}{k}}$$

よって、

$$\omega=\sqrt{\frac{k}{m}}$$

$$v=A\omega=2d\sqrt{\frac{k}{m}}$$

ばね定数$k=\dfrac{mg}{d}$を代入する。

$$v=2d\sqrt{\frac{mg}{d}\frac{1}{m}}=2\sqrt{gd}$$ ……答

(2)　点Aのx座標は、$x=-d$だね。円運動の中心Oと$x=-d$となる円運動の物体を結ぶ線分と水平線の成す角をθとする。

このθは次のように計算できるよ。

$\sin\theta = \frac{d}{A} = \frac{d}{2d}$、よって$\theta = 30°$。

Vは、$A\omega$と$30°$を用いて次のように表すことができる。

$V = A\omega\cos 30°$

$A\omega$は(1)で求めた$v = 2\sqrt{gd}$を代入する。

$V = 2\sqrt{gd} \times \frac{\sqrt{3}}{2} = \sqrt{3gd}$ ……答

応用問題2

次の図のように滑らかな水平面上で、ばね定数kのばねの両端に同じ質量mの小球P、Qを取り付け静止させる。

小球Pに力積を加え、大きさv_0の右向きの初速度を与えたところ、ばねが伸縮を繰り返しながら小球P、Qは移動を始めた。

方向は右向きを正として、次の問いに答えよ。

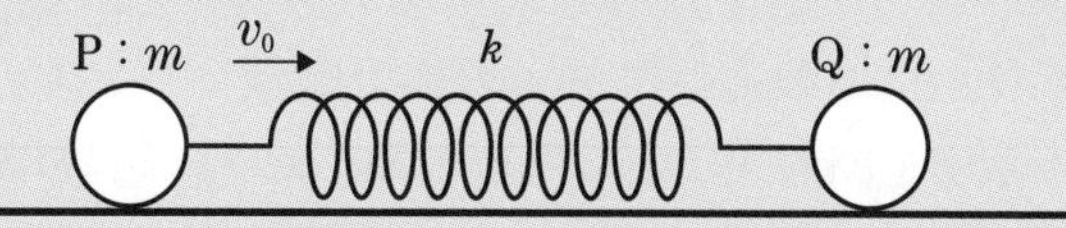

(1)　2物体の重心の速度を求め、どのような運動をするかを述べよ。

(2)　重心に対する2物体の運動は、速度が常に逆向きの単振動となる。単振動の周期Tおよび振幅Aを求めよ。

解答

(1)　まずは、運動量保存則の問題で登場した重心不動のおさらいだ。次の図のように質量m、Mの重心は物体の質量の逆比$(M : m)$に内分する点だね。

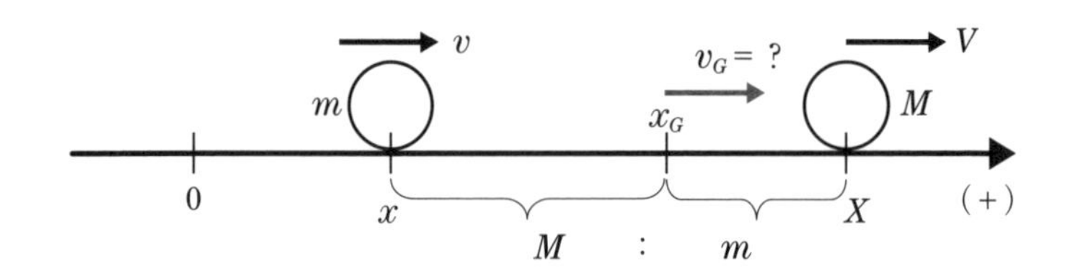

$$\text{重心座標}\, x_G = \frac{mx + MX}{m + M}$$

さらに、上式を重心の速度v_Gをmの速度v、Mの速度Vで表すことができるよね。

$$\text{重心速度}\, v_G = \frac{mv + MV}{m + M} = \frac{\text{運動量の和}}{\text{質量の和}}$$

P、Qにはばねの弾性力の内力のみがはたらいており、外力はない。外力がなければ、運動量の和が保存されるね！

$$\text{外力なし} \Rightarrow \text{運動量が保存}(\Sigma m\vec{v} = \text{一定})$$

重心の速度v_Gは運動量の和/質量の和のなので、v_Gは一定となるよね。スタートの状態をv_Gの式にあてはめると、次のように計算できる。

$$\text{重心の速度：}v_G = \frac{mv_0 + m \times 0}{m + m} = \frac{v_0}{2}\text{、等速直線運動}$$ ……答

(2) まず、重心からながめたP、Qの相対的な初速度を計算する。

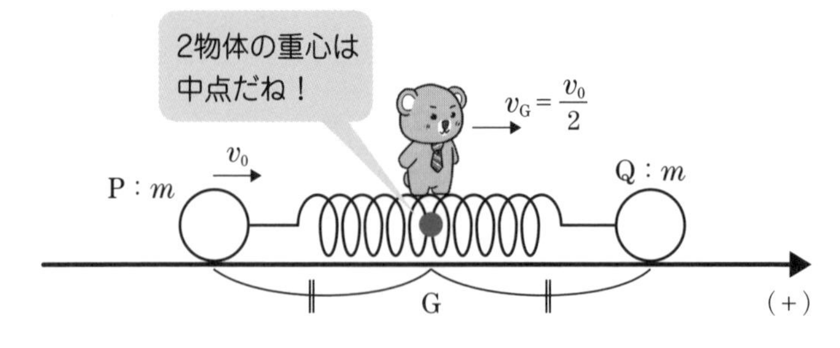

$$\text{重心Gから見たPの相対的な初速度：}v_0 - \frac{v_0}{2} = +\frac{v_0}{2}$$

重心Gから見たQの相対的な初速度：$0-\dfrac{v_0}{2}=-\dfrac{v_0}{2}$

上記の結果から、重心からながめると、P、Qは逆向きで同じ大きさの初速度$\dfrac{v_0}{2}$だったことがわかるよね。

では、重心GからながめたP、Qの運動方程式を立ててみよう。**重心Gに固定されたx軸上**で、Pのスタートの位置を原点に定める。

P、Qの初速度は逆向きの同じ大きさで、質量も同じなのだから、常に逆向きの同じ運動となるね。

よってPの移動距離をxとすると、Qも同じ距離x移動するね。このとき、ばねは$2x$縮んでいるので弾性力は$k\times 2x$となる。

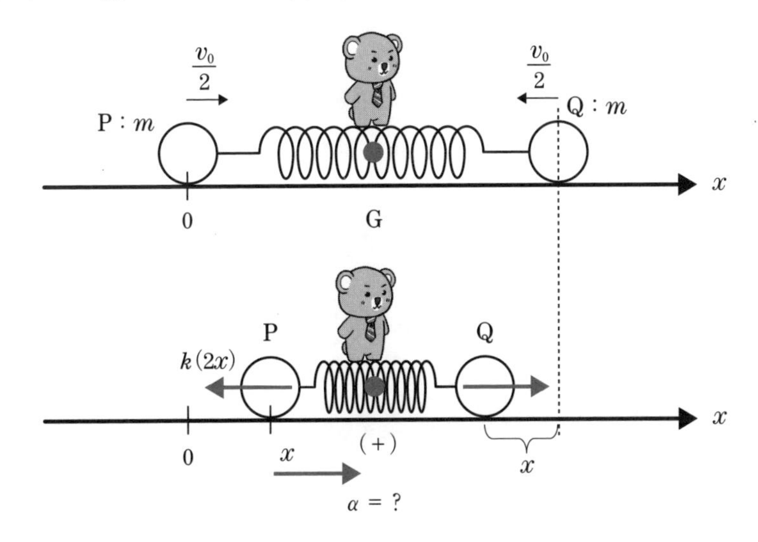

Gからながめたの加速度をaとして運動方程式を与えると、次のようになる。

$$ma=-k\times 2x=-2kx$$

上式より、働く力Fが$F=-Kx$の形なので、$x=0$(自然長)を中心とする単振動であることがわかるね。

さらに、重心Gからながめた加速度aを求める。

$$a=-\frac{2k}{m}x \cdots\cdots ①$$

単振動の位置xと加速度aの一般的な関係式は次のとおり。

$$a = -\omega^2 x \quad \cdots\cdots②$$

①と②を比較して角振動数ωを計算しよう。

$$\omega^2 = \frac{2k}{m}$$

$$\omega = \sqrt{\frac{2k}{m}}$$

周期$T = \dfrac{2\pi}{\omega}$より、上記のωを代入する。

$$T = \frac{2\pi}{\omega} = 2\pi\sqrt{\frac{m}{2k}} \quad \cdots\cdots \text{答}$$

P、Qの初速度$\dfrac{v_0}{2}$は、単振動の中心通過の速度なので最大値だよね。

速度の最大値v_{max}は、振幅Aと角振動数ωを用いて次のように表すことができる。

$v_{max} = A\omega$、振幅Aについて計算する。

$$A = \frac{v_{max}}{\omega}$$

上式に、$v_{max} = \dfrac{v_0}{2}$、$\omega = \sqrt{\dfrac{2k}{m}}$を代入。

$$A = \frac{v_0}{2}\sqrt{\frac{m}{2k}} \quad \cdots\cdots \text{答}$$

■超速解法

(2)の重心Gから眺めた周期Tを、運動方程式を用いずに計算する方法がある！

ばね定数とばねの自然長の間には、次の関係があることを覚えよう。

ばね定数kは、ばねの自然長に反比例する。

例えば次のように、ばねの一端を壁に固定し、他端に大きさFの力を加えた場合、伸びがxであったとしよう。

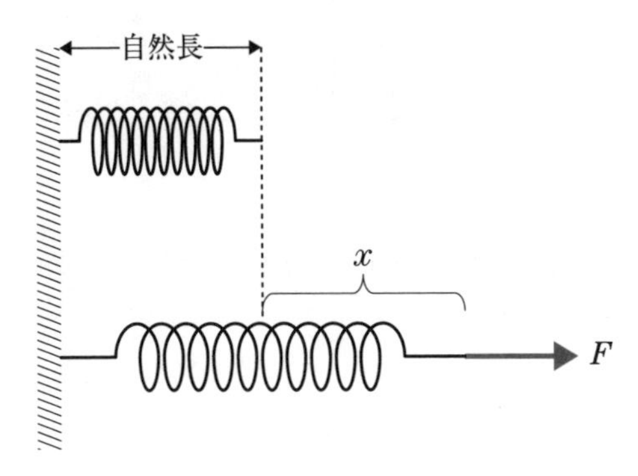

もし、次の図のように同じ自然長、同じばね定数のばねを2本連結し、同じ力Fを加えるとばね定数kは何倍になるかな？

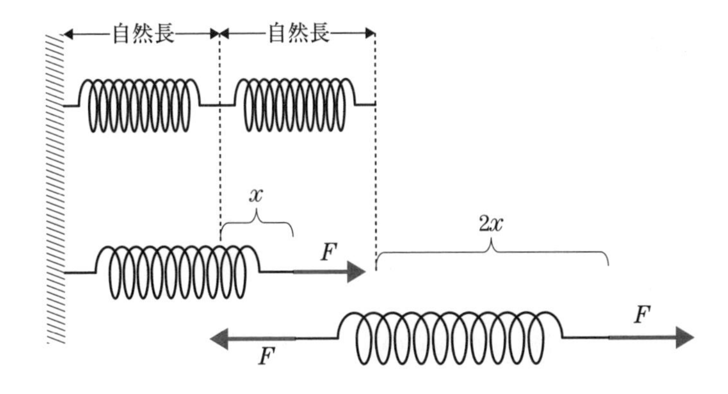

まず、それぞれのばねの伸びはxだね。ということは、**全体の伸びが$2x$となった**わけだ。

フックの法則：$F=kx$より、同じ力Fを加えると伸びxが2倍となったのだから、ばね定数kは$\frac{1}{2}$倍となるよね。まさに、ばね定数kは自然長に反比例することがわかる。

改めて(2)を考えてみよう。重心Gを境目に自然長が半分のばねが左右に2本あると考えることができるよね。

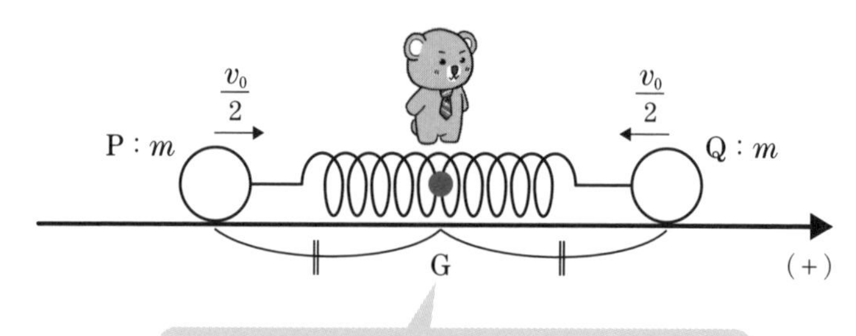

「ばね定数kは、ばねの自然長に反比例する」ので、自然長が半分になると、ばね定数は2倍の$2k$となるよね。

ばね振り子の周期の式：$T=2\pi\sqrt{\frac{m}{k}}$より、ばね定数に$2k$をあてはめて次のように計算できる。

P、Qの周期$T=2\pi\sqrt{\frac{m}{2k}}$ ……答

上記の式からωを計算する。

$$T=2\pi\sqrt{\frac{m}{2k}}=\frac{2\pi}{\omega}、よって、\omega=\sqrt{\frac{2k}{m}}$$

P、Qの初速度$\frac{v_0}{2}$は、中心通過の最大値速度だ。

速度の最大値$v_{\mathrm{max}}=A\omega$、振幅Aについて計算する。

$$A=\frac{v_{\mathrm{max}}}{\omega}$$

$v_{\mathrm{max}}=\frac{v_0}{2}$、$\omega=\sqrt{\frac{2k}{m}}$を代入。

$A=\frac{v_0}{2}\sqrt{\frac{m}{2k}}$ ……答

コラム

数学や物理って、身近なところで、果たして役に立つのか？

MIT(マサチューセッツ工科大学)の学生が、数学の確率論の知識を最大限に生かして、ラスベガスのカジノに乗り込み、なんと10億円の利益を出したことがあるんだ。

種目はBJ(ブラックジャック)だ。BJとは、トランプのカードを受け取って、合計をできるだけ21に近づけ、ディーラー(親)の数字を上回れば勝ち。ただし、21を超えたら即負け。

ちなみに、絵札は全て10と数え、エースは1か11と数える。例えば自分の手札の合計が16の場合、もう一枚カードをもらうか、もらわないかを考えるよね？

欲を出してもう一枚もらって絵札なら、16＋10＝26となり、即負け。5をもらうと16+5＝21となり、最高なんだけど、確率は低いでしょ??

じつは、親の手札と自分の手札を比較して、もう一枚もらうか、もらわないのか、はたまた倍掛けするのが良いのかを、数学者が最善の解を論文で示しているんだ。

僕は、(かなりの頻度で)ラスベガスに行くのだが、BJの最善の解は、必ずアタマに叩き込んでおく。

すると、返戻率(掛け金に対する戻りの期待値)は98%となり、日本の競馬の75%をはるかに上回る良質な(？)ギャンブルとなる。

返戻率をさらに上げる方法に、カウンティングがある。出たカードを暗記し、カードの残り枚数が少なくなったとき、絵札とエースがどの程度の割合で含まれているかを計算する方法だ。

カウンティングで親が有利か自分が有利かを判断し、掛け金を増やす減らすの戦略によって、返戻率がなんと100%を上回るんだ。

MITの学生は複数の仲間で組んで、カウンティングを利用してカジノに完全勝利。

結局、カジノ側に莫大な損失を与えたため、彼らは世界中のカジノで、出入り禁止になっちゃったんだけどね。

こんなところで、数学の確率論が役立つとは！

第3部

気体とエネルギー

22章 気体の法則

「今日は暑いね。35℃だよ！」「この冬一番の寒さ、−5℃で……」
寒暖を表す量として、**温度**はとても身近な数字だよね！

ところで、温度の最小値は−273℃って聞いたことがあるよね？
なぜ、−273℃が最小値なのだろう??

22-1 気体の状態を表す物理量

気体は、空間中をさまざまな方向に飛び回っている**分子の集まり**だ。次の図のように、シリンダーにピストンがはめ込まれている容器に、気体が入っている。気体の状態を表す物理量は、
①体積：*V*、②圧力：*P*、③温度：*T*、④モル数：*n*の4つだよ。

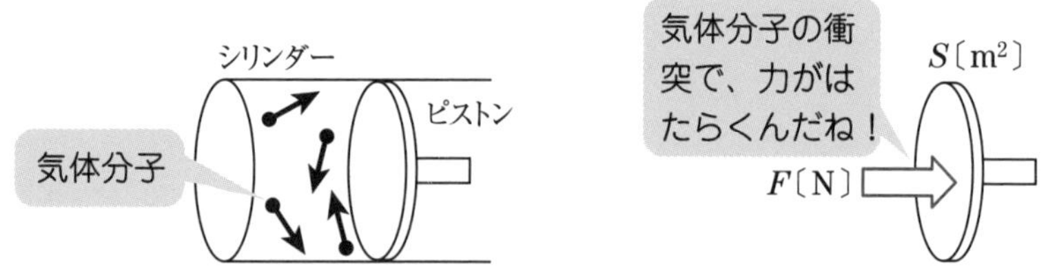

①体積：V〔m^3〕……**容器の体積に等しい**

気体は固体や液体と異なり、閉じられた容器内を自由に飛び回るので、容器の体積＝気体(分子)の占める体積V〔m^3〕となる。

②圧力：P〔N/m^2〕＝P〔Pa(パスカル)〕……**容器面1 m^2当たりの力**

気体分子は、容器の壁と衝突することによって、容器の**面に対して直角**に力を及ぼす。この力が圧力の原因だ。

面積S〔m^2〕のピストンに、F〔N〕の力がはたらく場合、**圧力**：Pは、$1\mathrm{m}^2$当たりの力として、次のように表すことができる。p.108での水圧でも登場したけどおさらいだよ！

圧力：$P=\dfrac{F〔\mathrm{N}〕}{S〔\mathrm{m}^2〕}$　**圧力の単位**：〔$\mathrm{N/m}^2$〕＝〔Pa(パスカル)〕

圧力の単位：〔Pa(パスカル)〕は、天気予報で、おなじみだね！　台風の中心気圧は、950〔hPa〕(h：ヘクト＝100)ってカンジ。

③**温度**：t〔℃〕 or T〔K(ケルビン)〕……**分子運動の激しさを表す**

日常生活で使われている温度は、**摂氏温度**：t〔℃〕だね。摂氏温度とは別に、絶対温度：T〔K〕がある。

摂氏温度には、**最小値**があり、−273℃なんだ。温度に最小値がある理由は、**シャルルの法則**で説明するよ。この−273℃を0Kと定め、目盛りの幅が同じとなるように(1K上昇＝1℃上昇)表した温度が、**絶対温度**だ。

絶対温度T〔K〕と摂氏温度t〔℃〕の関係は、次のようになる。

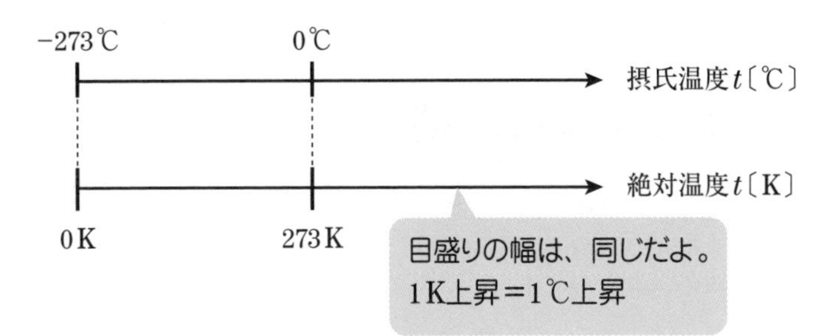

絶対温度：T〔K〕＝摂氏温度t〔℃〕＋273

温度が分子の運動の激しさと対応することは、次の章で証明するよ！

④**モル数**：n〔mol〕……**分子の個数を表す**

モル数とは、12本の鉛筆を1ダースというように、数のまとまりを〔mol(モル)〕として表したものだ。6×10^{23}個(アボガドロ数)という莫大な分子の個数を1molで表す。

22-2 ボイルの法則

次の図のように、気体の**温度**：T〔K〕を一定に保ったまま、ピストンを押す力を増やすと、どうなるかな？

気体の圧力：P〔Pa〕は増加し、体積：V〔m^3〕が減少するよね。例えば、圧力$\boldsymbol{P}$を2倍にすると、体積Vは$\frac{1}{2}$となるんだ。

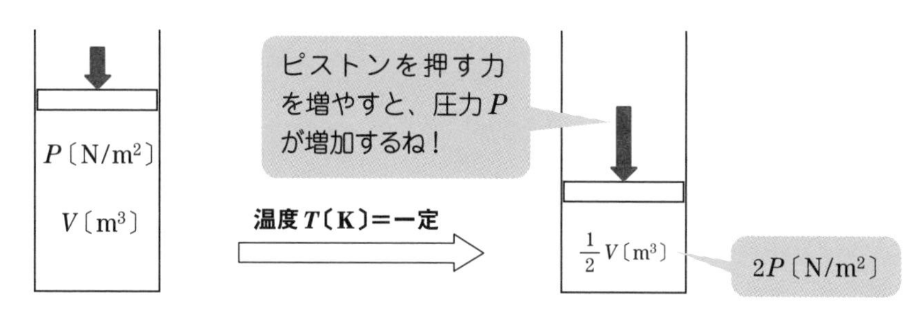

つまり、**体積Vは、圧力Pに反比例**すると考えることができるね。比例定数をkとして、式で表すと次のようになる。

ボイルの法則：$V=k\frac{1}{P}$　（温度が一定 ➡ 体積Vは、圧力Pに反比例）

22-3 シャルルの法則

次の図のように、圧力Pを一定に保って、温度：t〔℃〕を上げると、体積：V〔m^3〕は増加するね。実験によって、次のことがわかったんだ。

温度を1℃上げると、0℃のときの体積の$\frac{1}{273}$倍、増加する。

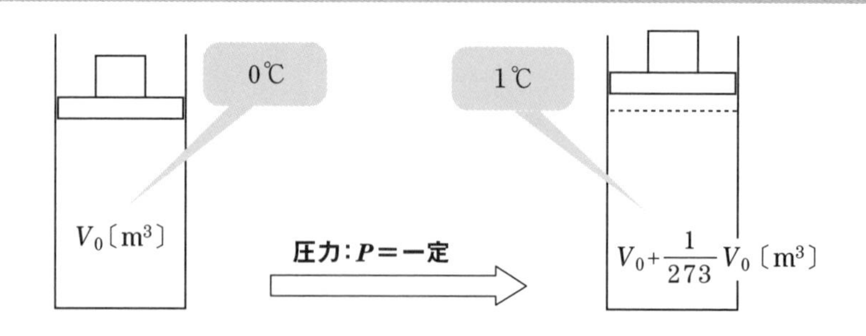

つまり、温度が0℃からt〔℃〕上昇すると、体積は0℃のときと比べて、$\frac{t}{273}$倍だけ増加するんだ。

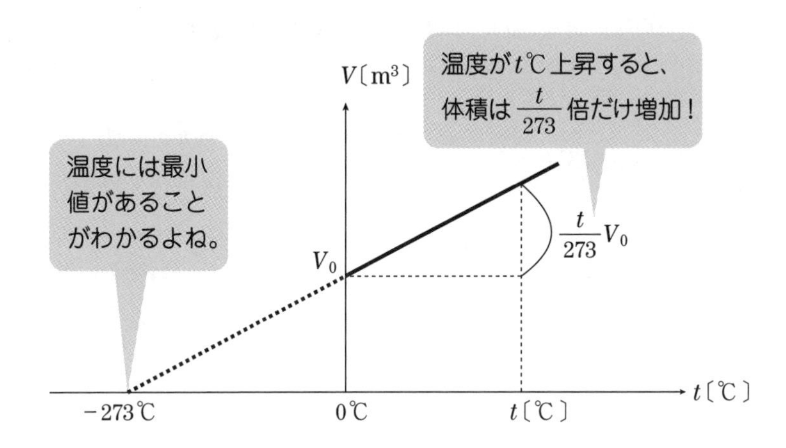

温度t〔℃〕における気体の体積Vは、0℃での体積：V_0と、温度t〔℃〕を用いて、次のように表すことができる。

$$t℃における体積：V = V_0 + \frac{t}{273}V_0 = \frac{273+t}{273}V_0$$

上式から、温度t〔℃〕を下げると、体積Vが減り、ついに、体積Vが0となるとき、温度は−273℃となるよね。

体積が負(−)となることは絶対にないので、この**−273℃が温度の最小値**となる。

−273℃を0 Kとし、T〔K〕＝273＋t〔℃〕と、置いたものが**絶対温度**だ。

絶対温度：T〔K〕を使うと、気体の体積Vは、次のように表すことができる。

$$V = \frac{273+t}{273}V_0 = \frac{T}{273}V_0$$

シャルルの法則：$V = \frac{V_0}{273} \times T$ （圧力一定 ➡ 体積Vは、温度Tに比例）

22-4 ボイル・シャルルの法則

ボイルの法則（温度が一定ならば、**体積 V は、圧力 P に反比例**）と、**シャルルの法則**（圧力一定ならば、**体積 V は、温度 T に比例**）を組み合わせると、気体の体積：V は、比例定数を k' として、次のように表すことができる。

$$\text{気体の体積}：V = k'\frac{T}{P}\begin{cases}\text{温度}\,T\,〔\mathrm{K}〕\text{に比例（シャルルの法則）}\\ \text{圧力}\,P\,〔\mathrm{N/m^2}〕\text{に反比例（ボイルの法則）}\end{cases}$$

上式を書き換えると、$k' = \dfrac{PV}{T}$ となるよね。つまり、気体の圧力 P、体積 V、温度 T が変化しても、$\dfrac{PV}{T}$ は保存されるってことなんだ。これを、**ボイル・シャルルの法則**という。

ボイルの法則とシャルルの法則を組み合わせたものが、**ボイル・シャルルの法則**なんだね！

ボイル・シャルルの法則：$\dfrac{PV}{T} = \text{一定}$

22-5 状態方程式

ボイル・シャルルの法則：$V = k'\dfrac{T}{P}$ に、もう一度注目しよう。気体の体積 V を決める要素に、気体の**モル数**：n〔mol〕があるんだ。

次の図のように、圧力：P と、温度：T が同じ気体があり、**モル数が2倍になれば、体積は当然2倍**になるよね。

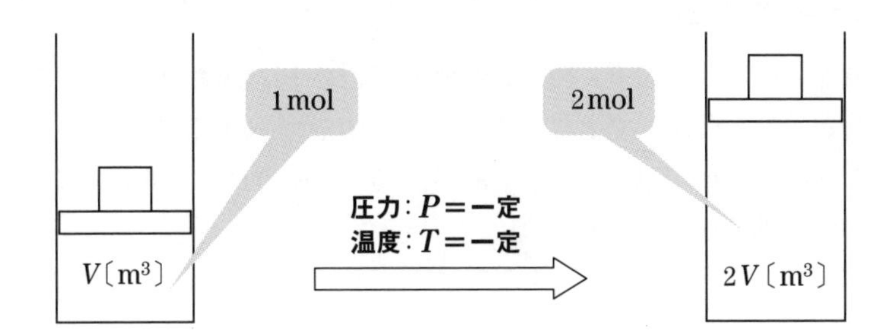

つまり、**体積Vは、モル数nに比例**しているんだね。そこで、$V=k'\dfrac{T}{P}$の比例定数k'を、$k'=nR$と置く。Rは**気体定数**という定数だよ。

$$V=nR\frac{T}{P}$$

上式の分母をはらうと、状態方程式が登場だ。

状態方程式　$PV = nRT$
〔Pa〕〔m³〕〔mol〕〔K〕

気体定数Rは**気体の種類によらない定数**であり、具体的な数字は、$R=8.31\,\mathrm{J/mol\cdot K}$だ。

気体定数の単位は、なぜ〔J/mol·K〕なのか？
状態方程式をRについて書き換えると、次のように計算できる。

$$R=\frac{PV}{RT}$$

上式で、右辺の単位に注目すると、次のようになる。圧力の単位〔Pa〕は〔N/m²〕に書き換える。

$$\frac{[\mathrm{Pa}][\mathrm{m^3}]}{[\mathrm{mol}][\mathrm{K}]}=\frac{[\mathrm{N/m^2}][\mathrm{m^3}]}{[\mathrm{mol}][\mathrm{K}]}=\frac{[\mathrm{N\cdot m}]}{[\mathrm{mol}][\mathrm{K}]}$$

〔N·m〕は「力×距離」なので、仕事$W=Fs$と同じ単位〔J〕を与えることができるね。よって、気体定数Rの単位は、〔J/mol·K〕となるね。

基本演習

気温27℃、圧力1.0×10^5Paの地上に置かれた風船がある。この風船が、ある高さまで上昇したところ、体積が1.2倍になった。

この高さでの温度が−3℃であった場合、圧力はいくらか。なお、風船の内外で圧力差と温度差はないものとする。

解答

風船内部の気体について、**ボイル・シャルルの法則**を適用しよう。

温度は、必ず、**絶対温度**：T〔K〕＝摂氏温度t〔℃〕＋273、に換算して、代入しようね！

ボイル・シャルルの法則：$\dfrac{PV}{T}$＝一定

スタートの気体の体積をVとおく。

$$\underbrace{\frac{(1.0 \times 10^5) \times V}{273 + 27}}_{\text{地上}} = \underbrace{\frac{P \times 1.2V}{273 - 3}}_{\text{上空}}$$

$$P = \frac{1.0 \times 10^5 \times 270}{1.2 \times 300}$$

$$= 0.75 \times 10^5$$

$$= 7.5 \times 10^4 \text{〔Pa〕}$$ ……答

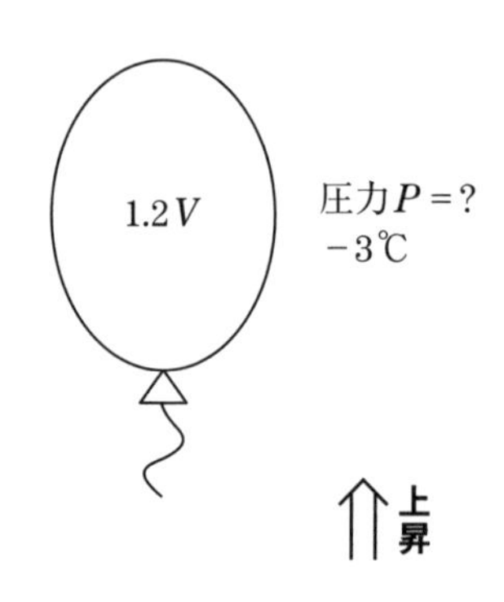

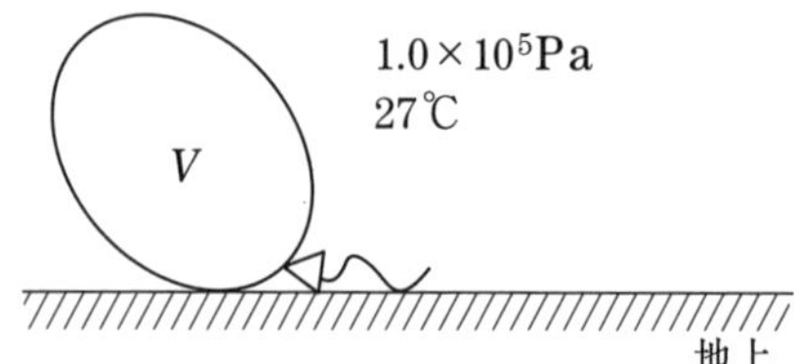

断面積S、質量Mのなめらかに動くピストンにより、一定量の気体を閉じこめたシリンダーがある。このシリンダーを鉛直に立てたり、水平に倒したりして、気体部分の長さを測った。

閉じ込められた気体の温度は、常に周囲の大気と同じとして、次の問いに答えよ。ただし、重力加速度の大きさをgとする。

(1) 大気の圧力がP、絶対温度がTのとき、図1のようにシリンダーを鉛直上向きにした状態で、閉じ込められた気体部分の長さはℓであった。

このとき、閉じ込められた気体の圧力はいくらか。また、気体定数をRとして、気体のモル数nを求めよ。

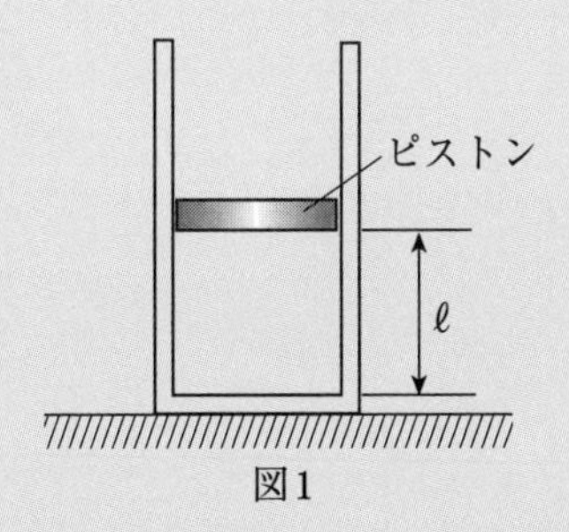

図1

(2) また、図2のようにシリンダーを水平にすると、閉じ込められた気体部分の長さはLになった。以上のことから、大気の圧力Pは、どのように表されるか。M、g、S、ℓ、Lを用いて表せ。

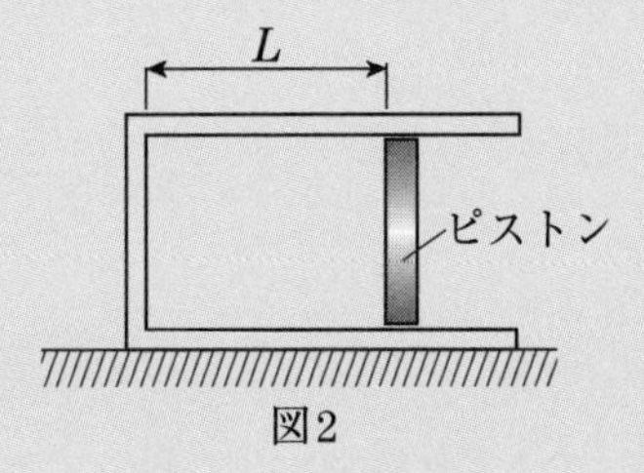

図2

解答

(1)　内部の気体の圧力をP_1として、ピストンにはたらく力のつり合いを考えよう！

圧力：$P=\dfrac{F〔\mathrm{N}〕}{S〔\mathrm{m}^2〕}$より、気体がピストンを押す力$F$は、$F=PS$で表すことができるよね。

ピストンにはたらく力は、重力：Mgと、大気がピストンを押す力：PS、内部の気体がピストンを押す力：P_1Sの3力だ。

ピストンにはたらく力のつり合い：$P_1S=PS+Mg$

$$P_1=P+\frac{Mg}{S}$$ ……答

モル数nは、**気体の状態方程式**：$PV=nRT$で、計算できるね！

$$P_1S\ell=nRT$$

P_1の結果を、上記の式に代入する。

$$\left(P+\frac{Mg}{S}\right)S\ell=nRT$$

よって、モル数：$n=\dfrac{(PS+Mg)\ell}{RT}$ ……答

(2) 問題文に「**閉じ込められた気体の温度は、常に周囲の大気と同じ**」とあるので、シリンダーを水平に倒しても、気体の温度はTで一定だね。

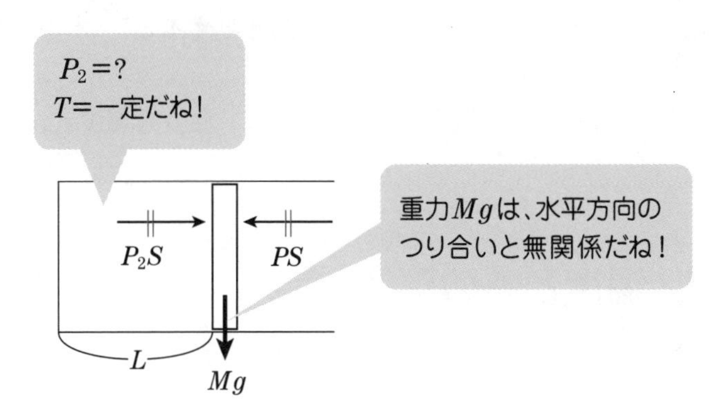

このときの内部の圧力をP_2とし、ピストンにはたらく力のつり合いを考える。

力のつり合いより、$P_2S=PS$

よって、P_2は大気圧Pと同じだね！

次に、**ボイル・シャルルの法則**：$\dfrac{PV}{T}$＝一定 を、問題文にある図1と図2の状態にあてはめる。

$$\frac{P_1 \cdot S\ell}{T}=\frac{P \cdot SL}{T}$$

(1)で求めた、$P_1=P+\dfrac{Mg}{S}$を、上式に代入する。

$$\left(P+\frac{Mg}{S}\right)\cdot \ell = P \cdot L$$

$$P(L-\ell)=\frac{Mg}{S}\ell$$

$$\therefore \quad P=\frac{Mg}{S}\cdot\frac{\ell}{L-\ell}$$ ……答

23章 熱と温度、気体の分子運動

水を鍋に入れ、ガスコンロで熱すると(**熱を与えると**)、水の温度が上がるよね。

ところで、日常生活でも使われている言葉、「**熱**」や「**温度**」とは、そもそも何者なんだ？

23-1 温度と熱の正体

① 絶対温度：T〔K(ケルビン)〕……分子運動の激しさを表す

水をうーんと拡大して見ると……、分子が見えてくるよね。一つひとつの分子は、めちゃくちゃな運動をしており、運動エネルギーをもっている。

この分子運動の激しさを表すものが、**温度**だ。

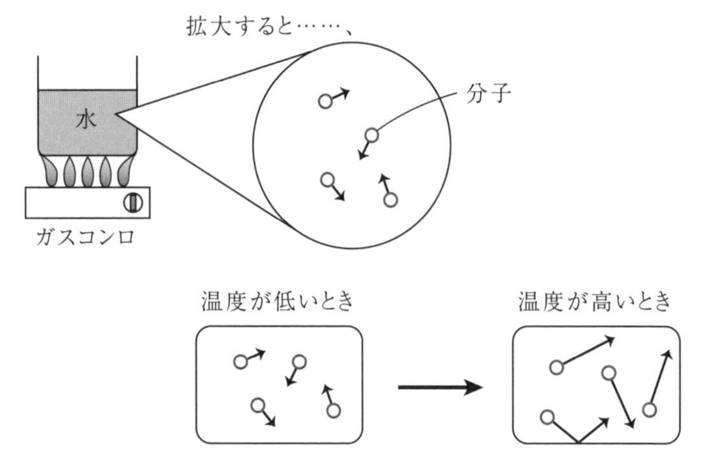

分子の運動エネルギー：K〔J〕と絶対温度：T〔K〕との間には、比例関係がある。

> 絶対温度：T〔K〕$\propto$ 分子の運動エネルギー：K〔J〕

なぜ、絶対温度と分子の運動エネルギーは、比例関係になるのか？

あとの演習問題で明らかにするね！

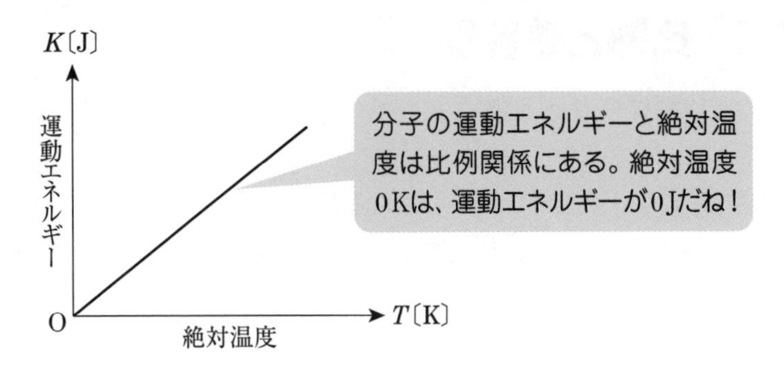

POINT

じつは、一つひとつの分子の速さはバラバラなので、運動エネルギーも、さまざまな値をとる。そこで、分子の運動エネルギーの平均をK〔J〕と考えようね。

② **熱：Q〔J〕……熱の正体はエネルギー**

水を熱すると(**熱を与えると**)、温度が上がるよね。温度が上がると、水分子の**運動エネルギーは増える**。

もし、分子の運動エネルギーの合計が、10J増えたとすると、熱することによって10Jのエネルギーを与えたことになる。

つまり、**熱を与える＝エネルギーを与える**ってことだから、熱の正体は、「エネルギー」なんだね。

今後は、熱を**熱エネルギー**と呼び、記号でQ〔J〕と表す。

運動エネルギー、位置エネルギーはすでに学んだけど、熱の正体は、「エネルギー」なんだね。

23-2 比熱と熱容量

液体または固体に与える熱エネルギー：Q〔J〕と、温度変化：ΔT〔K〕の関係を考える。

次の図のように、質量：m〔g〕、絶対温度：T〔K〕の物体に、Q〔J〕の熱エネルギーを与える。このとき、物体の温度がΔT〔K〕だけ上昇(変化)したとしよう。

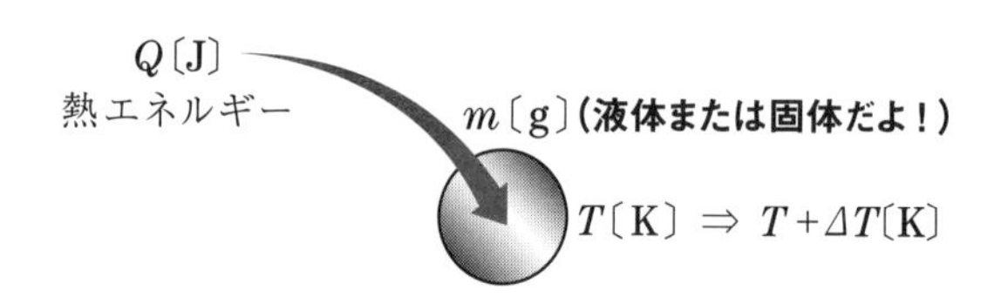

物体に与えた熱Qは、物体が**吸収**した熱なので、吸収を示す添字(そえじ)：inを用いて、**吸収熱**をQ_{in}と表す。Q_{in}は、次のことが言えるよ！

❶ 吸収熱：Q_{in}は、上昇温度：ΔT〔K〕に比例する。
(吸収熱が大きいほど、上昇温度も大きいよね！)

❷ 吸収熱：Q_{in}は、物体の質量：m〔g〕に比例する。
(上昇温度：ΔTが同じならば、物体の質量：m〔g〕が大きいほど、多くの熱が必要ってことだね。)

そこで、物体の吸収熱：Q_{in}は、比例定数をcとして、次のように表すことができるんだ。

物体の吸収熱：$Q_{\text{in}} = mc\Delta T$
〔J〕〔g〕〔K〕

吸収熱が大きいと上昇温度も大きくなり、質量が大きいほど、より多くの熱が必要ってことだね！

上式の比例定数：c〔J/g·K〕は、物質の種類で決まり、**比熱**という。

例　**水の比熱**：$c = 4.2$ J/g·K

さらに、mc(質量×比熱)を、$mc=C$と置き換えると、吸収熱：Q_{in}は、次のように表すことができるよね。

物体の吸収熱：$Q_{in}=C\Delta T$

$mc=C$と置き換えたCを、**熱容量**というんだ。

熱容量：C〔J/K〕$=mc$(質量×比熱)

補足　Q_{in}(吸収熱)とQ_{out}(放出熱)の関係

物体は熱エネルギーを吸収するだけでなく、**放出**する場合があるよね。放出を示す添字：outを用いて、**放出熱**をQ_{out}と表すよ。

〈例〉

熱容量：$C=10$J/Kの物体の温度が、300Kから310Kに変わった。吸収熱：Q_{in}〔J〕は、いくらかな？

$Q_{in}=C\cdot\Delta T=10\times(310-300)=+100$〔J〕

では、物体の温度が300Kから290Kに変わった場合の吸収熱：Q_{in}は、いくらかな？

ΔTは温度変化だから、**ΔT＝後の温度－最初の温度**だよ。

$$Q_{in}=10\times(\underbrace{290}_{後}-\underbrace{300}_{前})=-100\text{J}$$

吸収熱が、-100Jとは、100Jの熱を放出していることを表しているよね。よって、放出熱$Q_{out}=+100$Jとなり、吸収熱Q_{in}と符号が逆だよね。次のことを、ルールとして覚えておこう！

吸収熱と放出熱は符号が逆：$Q_{out}=-Q_{in}$

基本演習1

熱容量60J/Kの容器に、200gの水を入れて温度を測定したところ、20℃であった。

ガスコンロを利用して、容器を熱したところ、水の温度は50℃まで上昇した。

水と容器に与えらえられた熱エネルギーを求めよ。ただし、水の比熱を4.2J/g·Kとする。

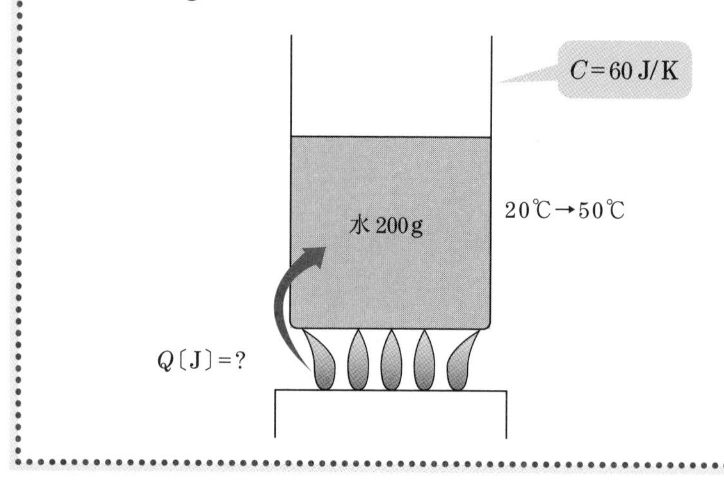

解答

物体の吸収熱Q_{in}は、物体の質量：m〔g〕、比熱：c、温度変化：ΔTを用いて、次の式で表すことができるよね。

$$\textbf{吸収熱}：Q_{\mathrm{in}} = mc\Delta T$$

mcは、水と容器の合計を考えよう。容器のmcは、熱容量60 J/Kだね。

$$\textbf{熱容量}：C〔\mathrm{J/K}〕= mc（質量×比熱）$$

$$Q_{\mathrm{in}} = (\underbrace{200 \times 4.2}_{\text{水}} + \underbrace{60}_{\text{容器}}) \times (50 - 20)$$

$$= 900 \times 30$$

$$= 27000 = 2.7 \times 10^4〔\mathrm{J}〕 \cdots\cdots \text{答}$$

基本演習2

温度20℃、熱容量C〔J/K〕の物体Aと、温度80℃、熱容量$4C$〔J/K〕の物体Bを接触させた。

2物体の間だけで熱のやり取りがあったとして、熱平衡に達した際の両者の温度を求めよ。

解答

低温物体Aと高温物体Bを接触させると、熱は高温物体Bから低温物体Aに移動するよね。

このため、物体Aの温度は上昇し、物体Bの温度は下降し、最終的に両者が同じ温度：t〔℃〕となる。

2物体が同じ温度となったところで、熱の移動が止まるが、この状態を**熱平衡**っていうんだ。

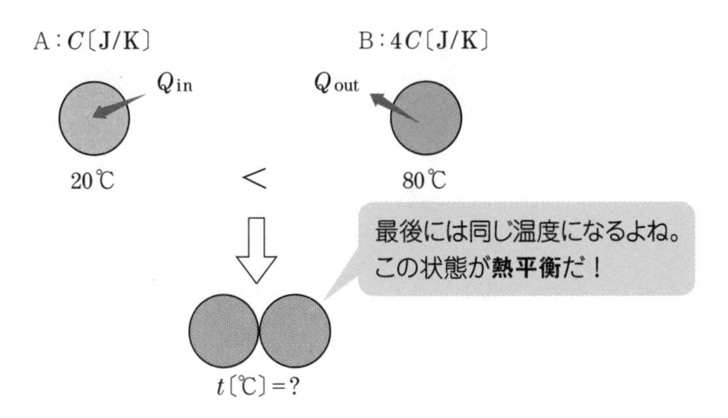

低温物体Aの吸収熱をQ_{in}、Bの放出熱をQ'_{out}と表すと、次の関係が成り立つ。

低温物体の吸収熱＝高温物体の放出熱

$$Q_{\text{in}} = Q'_{\text{out}}$$

この関係を、**熱量保存の法則**という。

$Q_{\mathrm{in}} = mc\Delta T = C$(熱容量)$\Delta T$を用いて、$Q_{\mathrm{in}}$と$Q'_{\mathrm{out}}$を計算しよう。

物体Aの吸収熱：$Q_{\mathrm{in}} = C(t-20)$　……①
物体Bの放出熱：$Q'_{\mathrm{out}} =$ ？

Q'_{out}は、**吸収熱と放出熱は符号が逆**のルールにしたがって、$Q'_{\mathrm{out}} = -Q'_{\mathrm{in}}$と書き換えよう。

$$Q'_{\mathrm{out}} = -Q'_{\mathrm{in}} = -4C(t-80) \quad \cdots\cdots ②$$

熱量保存の法則より、①＝②が成り立つね。

$$C(t-20) = -4C(t-80)$$

両辺をCで割り、tについて求める。

$$(1+4)\,t = 20 + 4 \times 80 = 340$$

よって、$t = 68$ ℃　……答

本章の初めに分子の運動エネルギー：K〔J〕と絶対温度：T〔K〕との間には、比例関係があることを学んだね。

絶対温度：T〔K〕$\propto$ 分子の運動エネルギー：K〔J〕

この関係を、次の演習問題で明らかにしよう！

演習問題

(この問題で、温度：Tと分子の運動エネルギー：Kの関係を考えるよ！)

次の図のように、一辺の長さLの立方体容器があり、その中に質量mの単原子分子が1モル入っている。立方体の辺にそって、x軸、y軸、z軸をとる。$x=L$の壁Aに衝突する前の、1つの分子の速度を$v=(v_x, v_y, v_z)$とする。次の問いに答えよ。

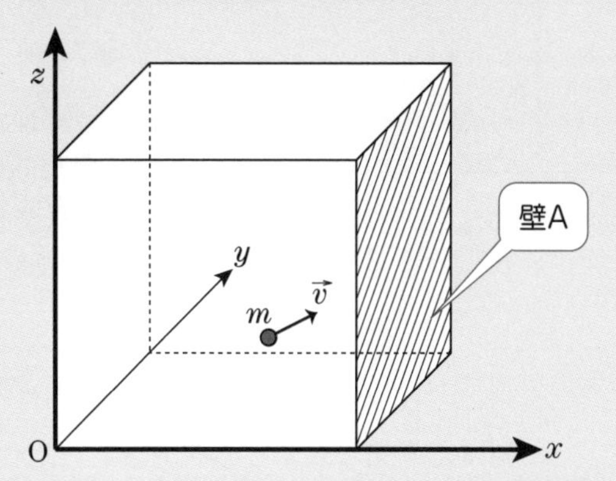

(1) 1つの分子が、$x=L$の壁Aに衝突する場合、壁に及ぼす力積の大きさを求めよ。ただし、なめらかな壁との弾性衝突と考えよ。

(2) 1つの分子が、単位時間に壁Aに当たる回数を求め、単位時間当たりの力積を求めよ。

(3) 壁Aが全分子から受ける力：Fを、アボガドロ数：Nと、${v_x}^2$の平均値：$\overline{{v_x}^2}$を用いて求めよ。

(4) 壁Aが全分子から受ける圧力：Pを、容器の体積：Vと、アボガドロ数：N、速さの2乗：v^2の平均値：$\overline{v^2}$を用いて求めよ。

(5) (4)の結果と、状態方程式を比較することによって、分子1個当たりの運動エネルギーの平均値：$\frac{1}{2}m\overline{v^2}$を、気体の温度：$T$と、気体定数：$R$を用いて求めよ。

(6) 単原子分子の気体の内部エネルギー：Uを、温度：Tと、気体定数：Rを用いて求めよ。

解答

(1)　なめらかな壁なので、摩擦力は0だね。よって、分子が受ける力は壁に対して直角となり、速度はx成分だけが変わる。また、弾性衝突(反発係数：$e=1$)なので、x成分の速度は方向が変わるだけで、大きさは変わらずだね。

次の図は、x軸とy軸の2次元で捉(とら)えてるよ！

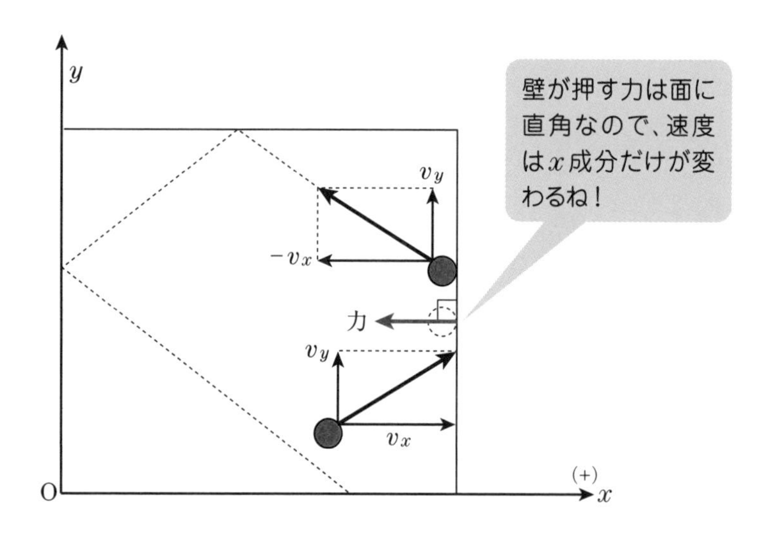

まず、**分子が受けた**力積を、運動量の変化で計算しよう。

> 15章のおさらいだよ！
>
> $$F \cdot \Delta t = \Delta(mv)$$
>
> **物体に与えた力積＝物体の運動量の変化**

分子が受けた力積$=m(-v_x)-mv_x=-2mv_x$

壁Aは、分子が受けた力の**反作用**による力積を受けるので、逆向き($+x$方向)で、同じ大きさとなる。

壁Aが受けた力積$=+2mv_x$ ……答

(2)　分子のx方向の運動に注目すると、次の図のように、$x=0$と$x=L$の2枚の壁の往復運動となるよね。

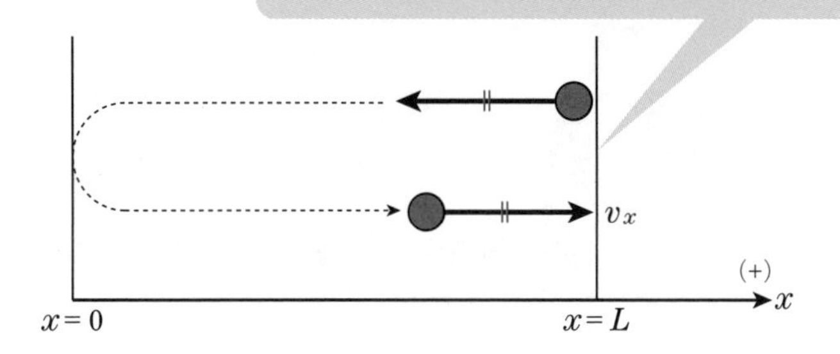

1往復する時間：tは、進んだ距離$2L$をx方向の速度v_xで割ったものであり、$t=\dfrac{2L}{v_x}$となる。

壁A($x=L$)に単位時間(1s間)に当たる回数は、1sを往復に要した時間：$t=\dfrac{2L}{v_x}$で割ることによって計算できるよね。

$$1\text{s間に壁Aに当たる回数}=\frac{1}{t}=\frac{v_x}{2L}〔\text{回/s}〕 \cdots\cdots \text{答}$$

また、単位時間(1s間)に受けた力積は、(1)で求めた壁Aが1回の衝突で受けた力積$2mv_x$に、1s間に当たる回数$\dfrac{v_x}{2L}$を掛けたものとなる。

$$\text{単位時間当たりの力積}=2mv_x\times\frac{v_x}{2L}=\frac{m{v_x}^2}{L} \cdots\cdots \text{答}$$

ところで、**力積は力と時間の積**なので、壁Aが分子から受ける力をf(＝一定とみなす)とすると、単位時間当たりの力積は$f\times(1\text{s})$となる。

よって、上記の結果は、壁Aが1つの分子から受ける力：fを計算したことになるんだ。

$$1\text{つの分子から受ける力}：f=\frac{m{v_x}^2}{L}$$

(3)　1モルの全分子から受ける力：Fは、(2)で求めた1個の分子から受ける力：fに、1モル当たりの分子の個数：$\boldsymbol{N}$(**アボガドロ数**)を掛ければ計算できるね！

$f=\dfrac{m{v_x}^2}{L}$の${v_x}^2$は、一つひとつの分子でバラバラな値だ。

そこで、${v_x}^2$の**平均値**を$\overline{{v_x}^2}$と表し、「平均値×個数」でFを求めよう！

あるクラスでテストを行った場合、テストの合計点は**平均点×人数**で計算できることと同じだね！

1モルの全分子から受ける力：$F=\dfrac{m\overline{{v_x}^2}}{L}\times N$ ……答

(4)　圧力：Pは、$P=\dfrac{F〔\mathrm{N}〕}{S〔\mathrm{m}^2〕}$だね。壁Aの面積$S=L^2$と(2)の結果より、

$F=\dfrac{m\overline{{v_x}^2}}{L}\times N$を代入すると、次のように計算できる。

$$圧力：P=\frac{F}{L^2}=\frac{m\overline{{v_x}^2}}{L^3}\times N$$

立方体容器の体積Vは、$V=L^3$なので、圧力Pは、体積Vを用いて、次のように表すことができる。

$$P=\frac{m\overline{{v_x}^2}}{V}\times N$$

次に、$\overline{{v_x}^2}$を、速さの2乗の平均値：$\overline{v^2}$を用いて書き換えることを考える。

まず1つの分子に注目すると、速さvと各成分v_x、v_y、v_zの間には、次の三平方の定理が成り立つ。

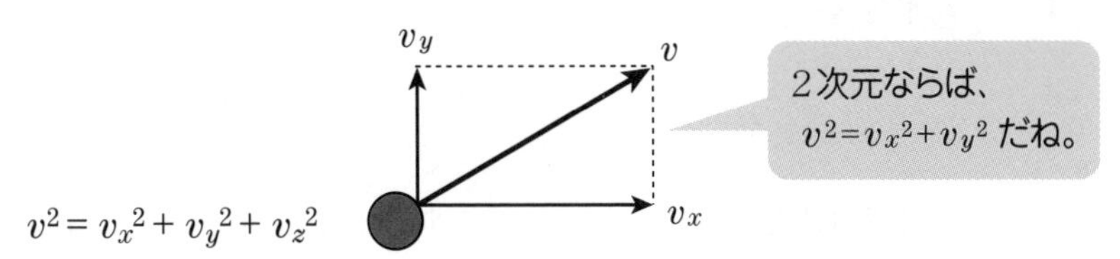

次に、すべての分子のv^2は、バラバラな値をとっているので、**平均値**を考えると、次の関係が成り立つ。

$$\overline{v^2} = \overline{v_x{}^2} + \overline{v_y{}^2} + \overline{v_z{}^2} \quad \cdots\cdots ①$$

上式は、平均値の関係であるが、次のように考えると理解しやすい。

あるクラスで、英語、数学、物理のテストを行った場合、3科目の合計の平均は**科目ごとの平均点の和**に等しいよね！

また、分子はランダムに運動しており、x軸、y軸、z軸方向に対して、**運動に偏りがない**ことが、特徴なんだ。

これを**等方性**といい、次のように式で表すことができる。

$$\text{分子運動の等方性の関係：}\overline{v_x{}^2} = \overline{v_y{}^2} = \overline{v_z{}^2} \quad \cdots\cdots ②$$

②を①に代入し、$\overline{v_x{}^2}$を、$\overline{v^2}$を用いて表そう。

$$\overline{v^2} = \overline{v_x{}^2} + \overline{v_x{}^2} + \overline{v_x{}^2} \qquad \therefore \quad \overline{v_x{}^2} = \frac{1}{3}\overline{v^2}$$

上記の関係を、圧力：$P = \dfrac{m\overline{v_x{}^2}}{V} \times N$の式に代入し、$\overline{v^2}$を用いて表すと、次のようになる。

$$\text{圧力：}P = \frac{m\overline{v^2}}{3V} \times N \quad \cdots\cdots \text{答}$$

(5)　(4)で求めた圧力：$P=\dfrac{m\overline{v^2}}{3V}\times N$の両辺に、体積：$V$を掛けて，次のように変形する。

$$PV=\frac{1}{3}m\overline{v^2}\times N \qquad \cdots\cdots①$$

一方、**状態方程式**：$PV=nRT$に、モル数：$n=1\,\text{mol}$を代入する。

$$PV=1RT \qquad \cdots\cdots②$$

①＝②より、分子１個の運動エネルギーの平均値：$\dfrac{1}{2}m\overline{v^2}$について求めよう！

①＝②より、

$$\frac{1}{3}m\overline{v^2}\times N=1RT$$

よって、$\dfrac{1}{2}m\overline{v^2}=\dfrac{3}{2}\cdot\dfrac{R}{N}T$ ……答

上式から、**運動エネルギーの平均値は、絶対温度Tに比例する**ことがわかるよね！

これは、本章の初めに登場した、分子の運動エネルギー：K〔J〕と絶対温度：T〔K〕との間にある比例関係の証明になってるよ!!

(6)　**内部エネルギー：U〔J〕**とは、分子の**運動エネルギーの和**だ。(5)で求めた分子1個の運動エネルギーの平均値に、1モルの分子数：N(アボガドロ数)を掛けて、内部エネルギーを計算しよう。

内部エネルギー：$U=\dfrac{1}{2}m\overline{v^2}\times N=\dfrac{3}{2}\cdot\dfrac{R}{N}T\times N=\dfrac{3}{2}RT$ ……答

上記の結果から、内部エネルギー：Uは、絶対温度：Tに比例することがわかるよね！

内部エネルギー$U=\dfrac{3}{2}RT$は、**単原子分子(原子1個からなる分子)**の場合だ。単原子分子は大きさを無視できるので、**並進運動**に対する運動エネルギー：$\dfrac{1}{2}m\overline{v^2}$だけを考えればよい。

ところが、**多原子分子(複数の原子からなる分子)**の場合、大きさが無視できないので、運動エネルギーは、**並進運動**に対する運動エネルギー以外に、**回転のエネルギー**が加わって、単原子分子の内部エネルギー：$U=\dfrac{3}{2}RT$より大きくなるんだ。

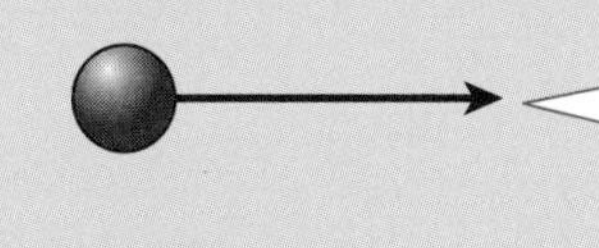

単原子分子は、運動の要素が真っ直ぐに進む**並進運動のみ**だ！

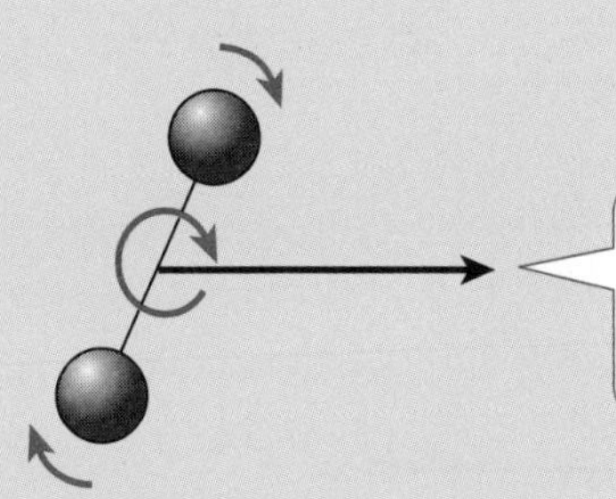

多原子分子は、運動の要素が真っ直ぐに進む**並進運動**以外に**回転運動**が加わる。

気体分子の運動から、圧力：Pを下のように導いたけど、もっと簡単に求める方法ないのかなぁ……。

圧力：$P=\dfrac{m\overline{v^2}}{3V}\times N$

■気体分子の運動から圧力Pを簡単に求める裏技

気体分子の運動の問題で一番手間どるのが、分子の**運動に偏りがない等方性**の扱いだよねぇ……。

とにかく、圧力：Pを手っ取り早く計算したいのであれば、次のように考える。

分子の運動に偏りがないのだから、$\frac{1}{3}$ずつの分子がx方向、y方向、z方向のみに、同じ速さv（平均値）で運動していると考える。

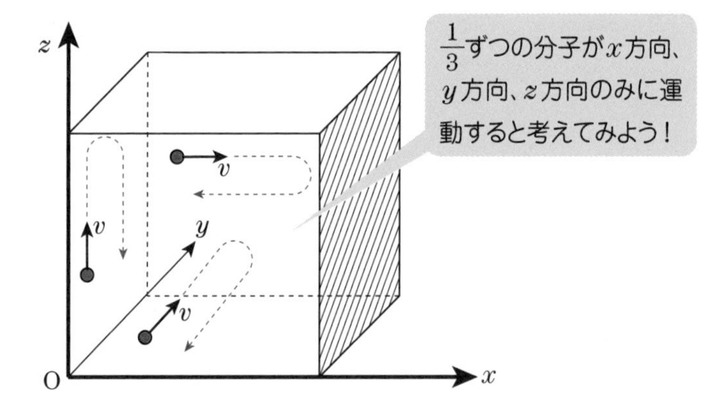

分子のx方向の運動に注目すると、$x=0$と$x=L$の2枚の壁の間で、速さvの単純な往復運動となっている。

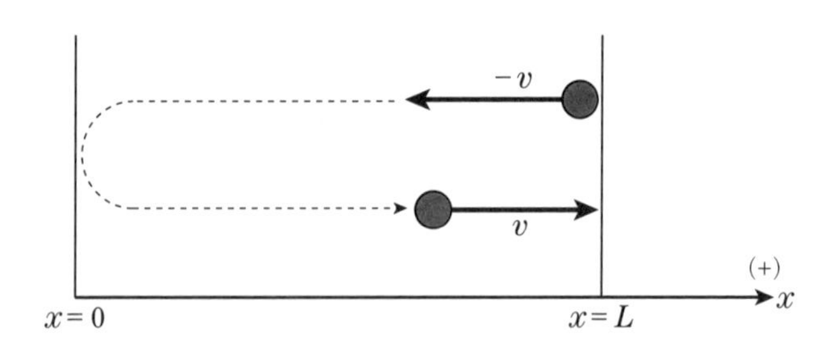

壁Aが受けた力積、単位時間当たりの衝突回数を求めるプロセスは、普通の解法と同じだね。

- 1回の衝突で壁Aが受けた力積$=2mv$

- 単位時間に壁Aに当たる回数$=\dfrac{v}{2L}$

- 単位時間当たりの力積$(=f\times 1)=2mv\times\dfrac{v}{2L}=\dfrac{mv^2}{L}$

と、ここまでの流れは同じだ。

x方向に運動する分子数は、全分子数：Nの$\dfrac{1}{3}$だよね。よって、全分子から受ける力：Fは、1個当たりの力：$f=\dfrac{mv^2}{L}$を用いて、次のように計算できる。

$$F=\frac{mv^2}{L}\times\frac{N}{3}=\frac{Nmv^2}{3L}$$

次に、圧力：Pは、$\dfrac{\text{力}}{\text{面積}}(=L^2)$より計算する。$v^2$を$\overline{v^2}$に置き換えて計算すると、次のようになる。

$$\text{圧力}：P=\frac{F}{L^2}=N\frac{m\overline{v^2}}{3L^3}=\frac{Nm\overline{v^2}}{3V}\ \cdots\cdots\text{答}$$

分子の運動に偏りがないってことを簡単に考えるには、$\dfrac{1}{3}$ずつの分子がx方向、y方向、z方向のみに運動するって考えていいんだね！

応用問題

(1)　単原子分子1個あたりの平均運動エネルギーを、ボルツマン定数kと絶対温度Tを用いて表せ。

(2)　気体分子の根2乗平均速度$\sqrt{\overline{v^2}}$を、分子量Mと絶対温度Tを用いて表せ。

解答

(1)　前問で登場した、気体分子運動論の問題の流れなら、次のように計算する。

気体の体積V、分子の質量m、速さv、分子数Nを用いて圧力Pは次のように計算できたよね。

分子1個が壁に衝突した際の力積
⇒単位時間当たりの衝突回数
⇒1〔s〕あたりの力積＝力
⇒気体の圧力$P=\dfrac{Nm\overline{v^2}}{3V}$

上式の両辺に体積Vを掛けて、式を変形する。

$$PV=\frac{1}{3}Nm\overline{v^2}\ \cdots\cdots①$$

気体n〔mol〕の状態方程式を示すと、次のとおりだ。

$$PV=nRT\ \cdots\cdots②$$

①、②は共に$PV=\cdots\cdots$で始まっているので、イコール(＝)で結ぶことができるね。

分子数Nは、モル数nとアボガドロ数N_0(1モルあたりの分子数だ)を用いて、$N=nN_0$と表すことができる。

①＝②より、次の関係が成り立つ。

$$\frac{1}{3}nN_0m\overline{v^2}=nRT$$

$m\overline{v^2}=\dfrac{3RT}{N_0}$、両辺を2で割り算する。

分子1個あたりの平均運動エネルギー：$\dfrac{1}{2}m\overline{v^2}=\dfrac{3}{2}\dfrac{R}{N_0}T$

上式で登場した、$\dfrac{R(\text{気体の定数})}{N_0(\text{アボガドロ数})}$は気体の種類によらない定数だよね。この定数を$k$と表し、**ボルツマン定数**って呼ぶんだ。

ボルツマン定数$k=\dfrac{R(\text{気体の定数})}{N_0(\text{アボガドロ数})}$

ボルツマン定数kを用いて、分子1個あたりの平均運動エネルギーは次のように表すことができる。

分子 1 個あたりの平均運動エネルギー：$\dfrac{1}{2}m\overline{v^2}=\dfrac{3}{2}kT$ ……答

(2)　(1)と同じ流れで、①＝②より次の関係が得られる。

$$\frac{1}{3}nN_0m\overline{v^2}=nRT$$

$$\overline{v^2}=\frac{3RT}{mN_0} \quad \cdots\cdots③$$

上式の分母＝mN_0は、分子1モルあたりの質量だね。分子量Mは1モルあたりの質量なので、mN_0は分子量Mに等しいね。

注 分子量Mの単位はg(グラム)なので、必ずkgに直そう

$mN_0=M\times10^{-3}$〔kg〕を③に代入する。

$$\overline{v^2}=\frac{3RT}{M\times10^{-3}}$$

根2乗平均速度とは、分子の速さの2乗の平均値である$\overline{v^2}$に$\sqrt{\ }$を与えた値なんだ。よって、上式の両辺に$\sqrt{\ }$を取ると次のようになる。

根2乗平均速度：$\sqrt{\overline{v^2}}=\sqrt{\dfrac{3RT}{M\times10^{-3}}}$ ……答

■別解

この問題が、気体分子運動論の問題の流れならば普通の解法でいいだろう。ところが、分子運動とは無関係な問題で、根2乗平均速度が突如問われる場合があるんだ。この場合、改めて分子運動論を考えて、次の流れをたどっていくのは大変だよね……。

分子1個が壁に衝突した際の力積
⇒単位時間当たりの衝突回数
⇒1〔s〕あたりの力積＝力
⇒圧力P＝？

そこで、**内部エネルギーを出発点**にして計算する方法を覚えよう。

内部エネルギーは、絶対温度Tとモル数nに比例し、定積モル比熱C_Vを用いて次のように表すことができる。

内部エネルギーの一般式：$U=nC_VT$

単原子分子の定積モル比熱：$C_V=\frac{3}{2}R$を上式に代入する。

単原子分子の内部エネルギー：$U=\frac{3}{2}nRT$

内部エネルギーは、分子の運動エネルギーの総和なので、次のように表すことができる。

$U=\frac{3}{2}nRT=\frac{1}{2}m\overline{v^2}\times nN_0$(分子の平均運動エネルギー×分子数)

$\frac{1}{2}m\overline{v^2}=\frac{3}{2}\frac{R}{N_0}T=\frac{3}{2}kT$ ……答

(2)　根二乗平均速度$\sqrt{\overline{v^2}}$も、内部エネルギーを出発点として計算する。

注意！

多原子分子の根二乗平均速度を求める場合も、**単原子分子の内部エネルギー$U=\frac{3}{2}nRT$を出発点**として考える。

次の図のように単原子分子は原子1個からなるので、運動は並進運動のみである。

一方多原子分子は、重心の運動は並進運動だが、重心の周りの回転運動が加わる。

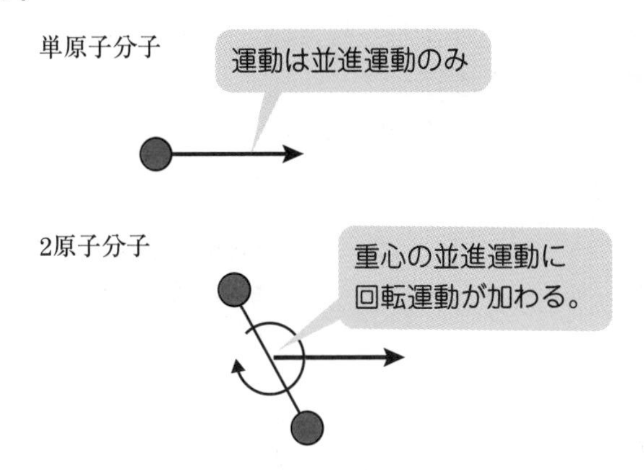

単原子分子の内部エネルギー：$U=\frac{1}{2}m\overline{v^2}$（並進）$\times nN_0$

これに対し多原子分子の内部エネルギーは、次のようになる。

$$U'=\left(\frac{1}{2}m\overline{v^2}（並進）+回転のエネルギー\right)\times nN_0$$

つまり、多原子分子の内部エネルギーU'は単原子分子に比べ、**回転のエネルギー分だけ多い**ことがわかるよね。

根2乗平均速度$\sqrt{\overline{v^2}}$は、**並進運動の速さ**なのだから、回転の要素が邪魔になる。よって、多原子分子の場合も、並進運動の要素である$\sqrt{\overline{v^2}}$を求める場合、単原子分子の内部エネルギーを出発点にする必要があるんだ。

内部エネルギー：$U=\frac{3}{2}nRT=\frac{1}{2}m\overline{v^2}\times nN_0$

上記の関係より、$\overline{v^2}$について求めると次のようになる。

$$\overline{v^2}=\frac{3RT}{mN_0}$$

$mN_0=M\times10^{-3}$〔kg〕を上式に代入する。

$$\overline{v^2}=\frac{3RT}{M\times10^{-3}}$$

$$\sqrt{\overline{v^2}}=\sqrt{\frac{3RT}{M\times10^{-3}}}$$ ……答

24章 熱力学第一法則

圧縮発火器という実験器具があるんだ。次の図のように、シリンダーに空気と綿を入れて、ピストンを一気に押し込む。このとき、綿は発火し、一瞬にして燃え尽きてしまうんだ。

これは、圧縮によって、急激に温度が上がったのだが、なぜこのような現象が起こるのだろう？

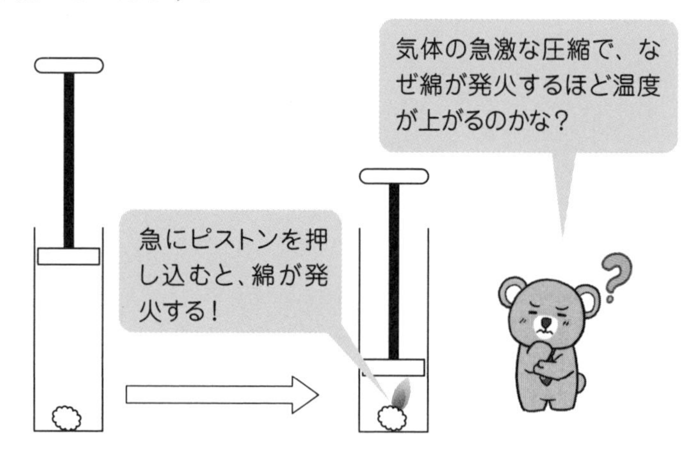

24-1 気体の吸収熱：Q_{in}〔J〕

前章で、液体または固体の吸収熱は、次のように表すことができたよね。

液体または固体の吸収熱：$Q_{in} = mc\Delta T$
〔J〕〔g〕〔K〕

では、気体が吸収する熱：Q_{in}は、どう表すことができるのかな？

まず、気体は液体または固体と違い、同じ熱エネルギーを与えても、上昇温度：ΔT〔K〕は同じになるとは限らない。

なぜなら、気体は**圧力：Pと体積：Vの2つが変化する**ので、状態変化によって、上昇温度：ΔT〔K〕は、さまざまな値をとるんだ。

やっかいだよねぇ……。そこで、**定積変化**と**定圧変化**の2つの特別な状態変化に注目し、気体の吸収熱：Q_{in}を考えるよ。

■①定積変化

次の図のように、容器にn〔mol〕の気体を封じ込め、**体積：Vを一定**に保ちながら熱を与え、温度がΔT〔K〕上昇したとしよう。

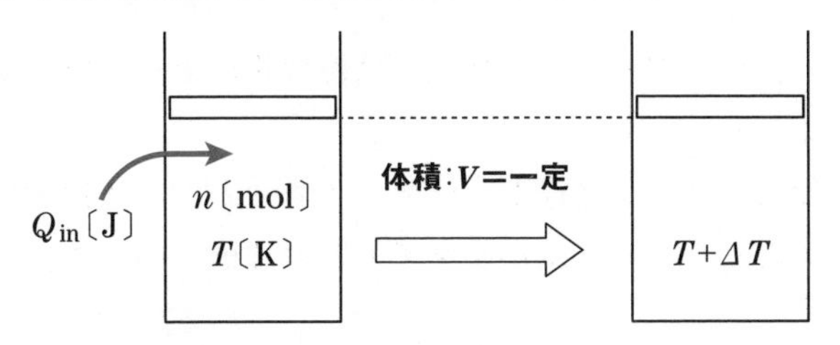

定積変化での吸収熱Q_{in}は、モル数nと上昇温度ΔTに比例し、次のように表すことができる。

定積変化の吸収熱：$Q_{in}=nC_V\Delta T$

上記の式に登場したC_Vは、添字(そえじ)のVが体積Vを一定に保った場合の比熱を表す。これを特に、**定積モル比熱**という。

■②定圧変化

n〔mol〕の気体を封じ込め、**圧力：Pを一定**に保ちながら熱を与え、温度がΔT〔K〕上昇したとしよう。

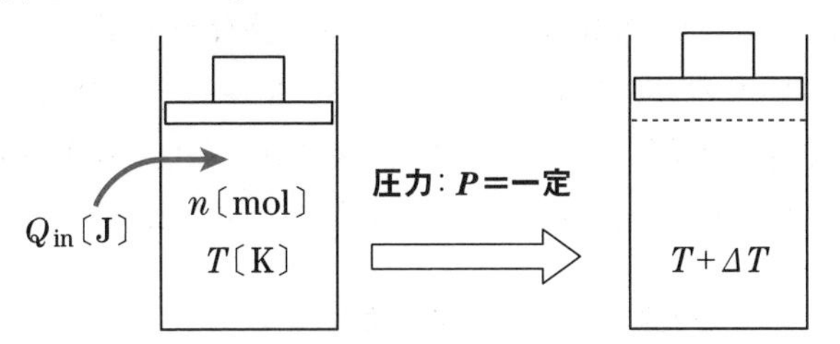

定圧変化での吸収熱Q_{in}は、モル数nと上昇温度ΔTに比例し、次のように表すことができる。

定圧変化の吸収熱：$Q_{in}=nC_P\Delta T$

上記の式に登場したC_Pは、添字のPが圧力Pを一定に保った場合の比熱を表す。これを特に、**定圧モル比熱**という。

$$\textbf{気体の吸収熱}：Q_{\text{in}}=n\begin{Bmatrix} C_V(V=\text{一定}) \\ C_P(P=\text{一定}) \end{Bmatrix}\Delta T$$

液体または固体と異なり、気体は、**状態変化によって比熱が異なる**ことに、注意しよう！

定積モル比熱：C_Vと、**定圧モル比熱**：C_Pの間には、**気体定数**Rを用いて、次の関係があるんだ。この関係を**マイヤーの法則**というよ。

$$\textbf{マイヤーの法則}：C_P=C_V+R$$

（**証明は後ほど**）

24-2 内部エネルギー：U〔J〕＝分子の運動エネルギーの和

前章の演習問題の最後に、1molの**単原子分子**の**内部エネルギー**（＝分子の運動エネルギーの和）が、$U=\frac{3}{2}RT$と表すことができたよね。もし、気体のモル数がn〔mol〕ならば、当然、次のように表現できる。

$$\text{単原子分子}n\text{〔mol〕の内部エネルギー}：U=n\frac{3}{2}RT$$

ただし、酸素O_2や二酸化炭素CO_2のような**多原子分子**の場合、回転のエネルギーが加わるので、単原子分子の内部エネルギーより大きくなるよ。

一般的に気体の内部エネルギーは、モル数n〔mol〕と絶対温度T〔K〕に比例し、定積モル比熱C_Vを用いて、次のように表すことができるんだ。

$$\textbf{内部エネルギーの一般式}：U=nC_VT$$

（なぜ、比例定数がC_Vとなるかは、**後ほど証明！**）

上記の一般式と、**単原子分子の内部エネルギー**の式：$U=n\frac{3}{2}RT$を比較すると、次のことがわかる。

$$\textbf{単原子分子の定積モル比熱}：C_V=\frac{3}{2}R$$

気体の温度がT〔K〕から$(T+\Delta T)$〔K〕に上昇すると、内部エネルギーは、$U=nC_VT$から$nC_V(\mathrm{T}+\Delta T)$に増加する。

よって、内部エネルギーの増分ΔUは、次のように表すことができるよね。

内部エネルギーの増分：$\Delta U=nC_V\Delta T$

24-3 気体が外部にする仕事：W_{out}

次の図のように、断面積S〔m^2〕のシリンダー内で、圧力P〔Pa〕の気体が膨張し、ピストンがΔx〔m〕だけ移動したとしよう。

このとき、気体がピストンを押し上げる力をF〔N〕とし、**気体が外部(ピストン)にした仕事**：W_{out}は、$W_{\mathrm{out}}=F\Delta x$だね。

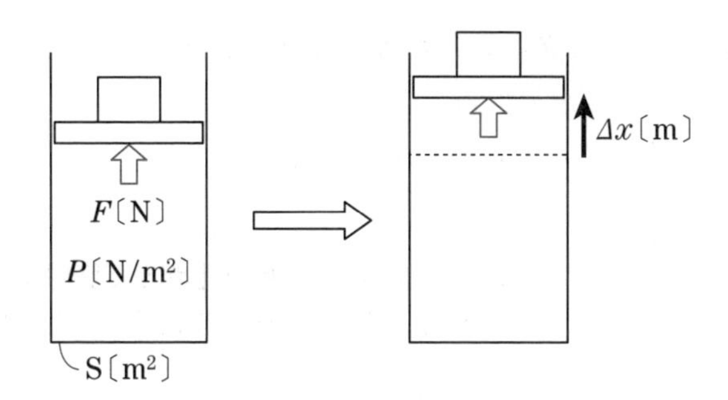

圧力：$P=\dfrac{F〔N〕}{S〔\mathrm{m}^2〕}$より、$F=PS$を、$W_{\mathrm{out}}=F\Delta x$に代入しよう。

$$W_{\mathrm{out}}=PS\cdot\Delta x=P(S\Delta x)$$

$S\Delta x$は、体積V〔m^3〕の増分だね。そこで、$S\Delta x$をΔV〔m^3〕と表すと、次のように表すことができる。

気体が外部にする仕事：$W_{\mathrm{out}}=P\Delta V$

24-4 熱力学の第一法則

今まで登場した、**吸収熱**：Q_{in}、**内部エネルギー**：U、**気体が外部にした仕事**：W_{out}の関係を考えよう。

気体に熱エネルギーを与えると、与えたエネルギーは、どのようなことに使われるかな？

まず、次のことをイメージしてみよう！　缶ジュースのような密閉された容器をガスコンロにかけて、熱エネルギーを与えてみるんだ。

すると……、どうなる？

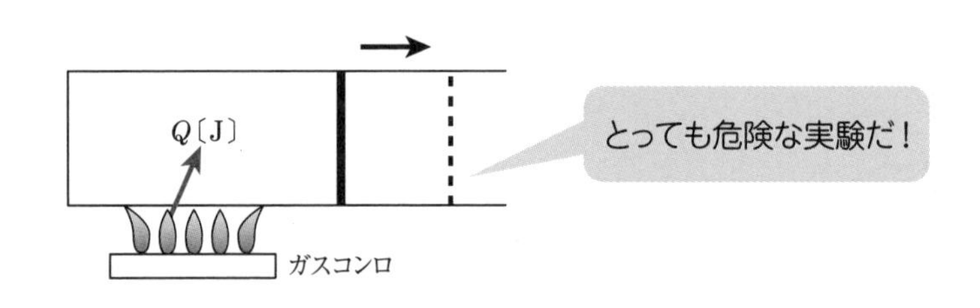

気体を熱すると……、次のことが考えられるよね！

❶ 温度T〔K〕が上昇する。
❷ 気体が膨張する＝体積V〔m^3〕が増える

気体を熱すると、温度が上がって膨張するってことを、エネルギーで捉えると、どんな関係が成り立つかな？

❶ 温度T〔K〕が上がると、**内部エネルギーU〔J〕が増えた**ね。

この増分をΔU〔J〕と表しておく。

❷ 体積Vが増えると、気体は**外部に仕事した**ことになるね。

この仕事をW_{out}と表しておく。

結局、気体に与えた熱エネルギー：Q_{in}は、内部エネルギーの増分ΔUと外部にした仕事W_{out}に使われたから、次の式が成り立つ。

熱力学の第一法則　$Q_{\text{in}}=\Delta U+W_{\text{out}}$
吸収熱＝内部エネルギーの増加＋外部にした仕事

この関係が、熱力学第一法則だ!!

上記の法則は、Q_{in}、ΔU、W_{out}のうち**2つわかれば残り1つが自動的に決まる**ことを表しているんだよ。

例えば、気体の吸収熱Q_{in}が30Jで、気体が外部にした仕事W_{out}が10Jならば、内部エネルギーの増分：ΔUは、熱力学の第一法則で計算できる。

$$Q_{\text{in}}=\Delta U+W_{\text{out}}$$

$$30=\Delta U+10 \qquad \therefore \quad \Delta U=20\,\text{〔J〕}$$

次に、さまざまな状態変化を熱力学の第一法則で捉(とら)えてみよう！

(1)　**定積変化**(内部エネルギー：$U=nC_VT$の証明)

定積変化を、熱力学第一法則：$Q_{\text{in}}=\Delta U+W_{\text{out}}$にあてはめてみよう。

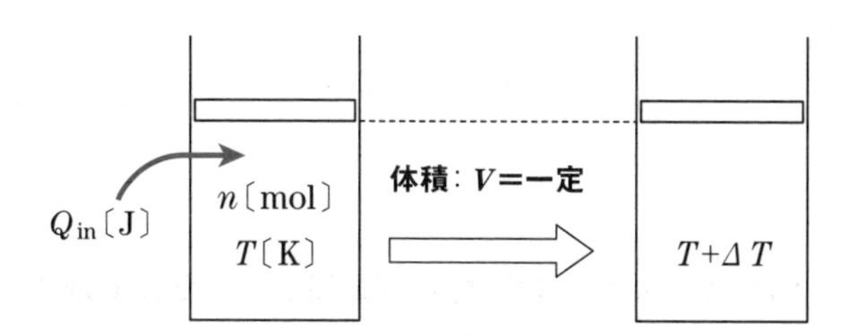

体積Vが一定ならば、仕事$W_{\text{out}}=P\Delta V$は、0Jだね。よって、定積変化では、$Q_{\text{in}}=\Delta U+0$(吸収熱＝内部エネルギーの変化)が成り立つ。

定積変化の吸収熱は、**定積モル比熱**：C_Vを用いて、$Q_{\text{in}}=nC_V\Delta T$だよね。これを上式に、あてはめると次のようになる。

$$\Delta U=Q_{\text{in}}=nC_V\Delta T$$

つまり、**内部エネルギーの増分**：ΔUは、**定積モル比熱**：C_Vを使って表すことができる。

よって、モル数：nと絶対温度：Tに比例する**内部エネルギー**：Uは、**定積モル比熱**：C_Vを用いて、次のように表すことができるんだ。

内部エネルギー：$U=nC_VT$

(2)　**定圧変化**（マイヤーの法則$C_P=C_V+R$の証明）

次のように、圧力Pを一定に保ちながら、体積がΔVだけ増加、温度がΔTだけ増加する**定圧変化**に注目しよう！

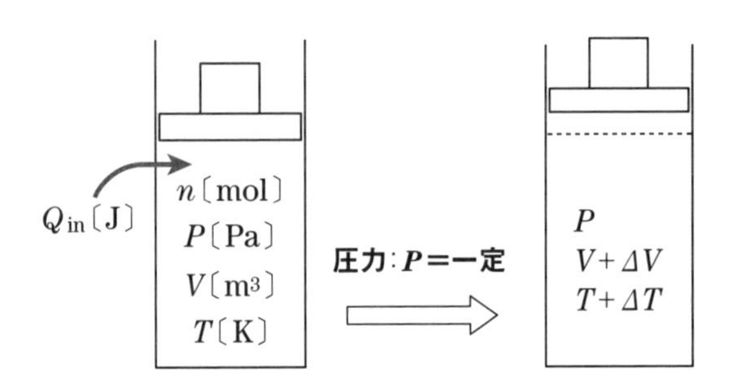

吸収熱：Q_{in}は、**定圧モル比熱：**C_Pを用いて、次のように表すことができたよね。

吸収熱：$Q_{in}=nC_P\Delta T$　……①

内部エネルギーの増分：ΔUは、上昇温度：ΔTと定積モル比熱：C_Vを用いて、次のように表すことができる。

POINT

内部エネルギーの変化は温度変化ΔTだけで決まり、圧力P、体積Vの変化は全然関係ないよ！

内部エネルギーの変化：$\Delta U=nC_V\Delta T$　……②

気体が外部にした仕事：W_{out}は、公式より、圧力：Pと体積の増加分：ΔVを用いて、次のように表すことができる。

気体が外部にした仕事：$W_{out}=P\Delta V$

上記の式を、状態方程式を利用し、温度変化：ΔTを用いて、表すことを考える。

状態方程式を、最初と最後の状態にあてはめると、次のようになる。

最初：$PV=nRT$　……㋐

最後：$P(V+\Delta V)=nR(T+\Delta T)$　……㋑

㋑から㋐を引くと、$P\Delta V=nR\Delta T$となり、W_{out}にあてはめると、次のように計算できる。

$$W_{out}=P\Delta V=nR\Delta T \quad \cdots\cdots③$$

①、②、③を熱力学の第一法則：$Q_{in}=\Delta U+W_{out}$にあてはめよう。

$$nC_P\Delta T=nC_V\Delta T+nR\Delta T$$

よって、$C_P=C_V+R$ となる。この式が、マイヤーの法則なんだね！

(3) 断熱変化

さて、気体が入っている容器は熱の出入りができない**断熱材**でできているとしよう。容器の内外で熱の出入りができない状態変化、これが断熱変化だ。断熱変化は、次のように式で表すことができる。

> **断熱変化** ➡ 吸収熱：$Q_{in}=0\text{J}$

本章の最初に登場した圧縮発火器だが、急にピストンを押し込む場合は、熱の出入りがない、断熱変化とみることができるんだ。

まず、体積：Vが減ったから、体積の変化：ΔVは負となるので、気体が外部にした仕事：$W_{out}=P\Delta V$も負(－)となる。

熱力学の第一法則：$Q_{in}=\Delta U+W_{out}$に、$Q_{in}=0\text{J}$を代入すると、次のようになる。

$$0=\Delta U+W_{out}$$

上記の式でW_{out}は負(－)だから、内部エネルギー：ΔUは正(＋)だ。

したがって、内部エネルギー：$\Delta U=nC_P\Delta T$より、ΔTは正(＋)となるので、温度Tが上昇する。

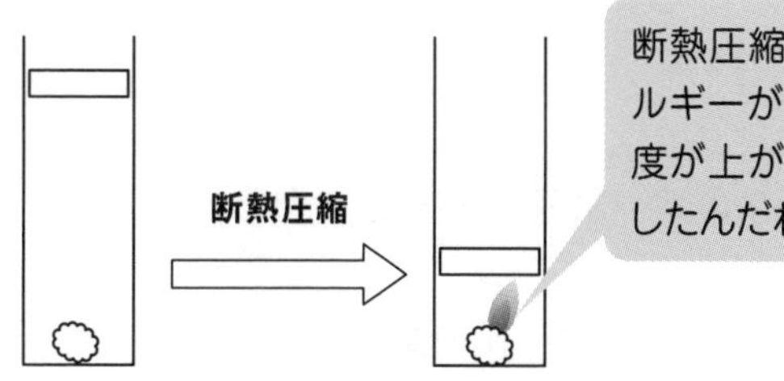

断熱圧縮では、内部エネルギーが増えるので、温度が上がって、綿が発火したんだね！

24-5 熱効率：e（効率を表す英単語efficiencyの頭文字）

自動車のエンジンは、ガソリンを燃やして得た熱エネルギーを仕事に変える装置なのだが、このような装置を**熱機関**という。熱機関の能力はズバリ、**熱効率**で決まるのだ。

熱機関を動かすために次図のように温度T_1〔K〕の高熱源と温度T_2〔K〕の低熱源の2つの熱源を用意する。

熱機関が高熱源から受け取る熱をQ_1〔J〕、低熱源に放出する熱エネルギーをQ_2〔J〕、熱機関が**1サイクル**の過程で、熱機関が外部にした仕事をW〔J〕とする。

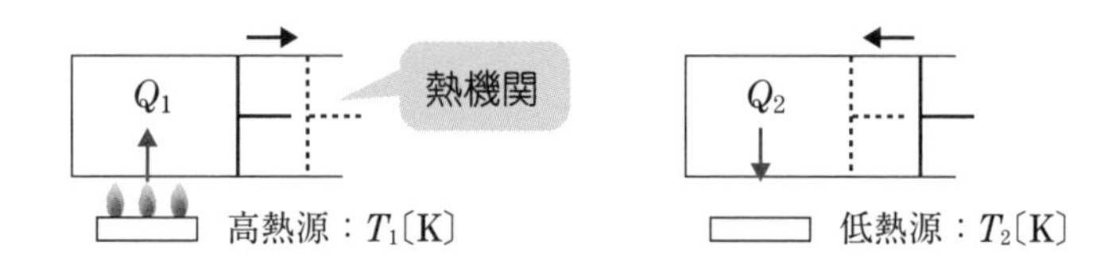

熱機関の熱効率：とは、高熱源から受け取った熱Q_1〔J〕に対しての仕事W〔J〕の割合だ。注意したいのは、熱効率は必ず**1サイクル**（一巡して元の状態に戻す）で定義する。エンジンはまさに膨張収縮を1サイクルとする往復運動を車輪の回転運動に変える装置なのだ。

熱効率は効率を表す英単語efficiencyの頭文字eを使って次のように定義される。

熱効率：$e = \dfrac{W\text{（1サイクルで外部にした仕事）}}{Q_1\text{（正味の吸収量）}}$

分母の正味の吸収熱とは、実際に熱機関が得た熱を表す。ここで、改めて熱力学第一法則を確認するよ。

熱力学の第一法則：$Q_{\text{in}} = \Delta U + W_{\text{out}}$

1サイクルの過程ではスタートとゴールの温度Tは同じなので、内部エネルギーの増加ΔUは0だ。

熱機関に与えた熱の合計Qは、放出熱を－と考えて$Q=Q1-Q2$〔J〕と計算できる。以上を熱力学第一法則に当てはめると次のようになるよ。

$$Q1-Q2=0+W$$

つまり、1サイクルの仕事Wは吸収熱Q_1と放出熱Q_2の差で表現できる。改めて**熱効率：*e***を表すと次のようになる。

$$\textbf{熱効率}：e=\frac{W}{Q_1}=\frac{Q_1-Q_2}{Q_1}=1-\frac{Q_2}{Q_1}$$

例としてガソリンの燃焼によって車のエンジンに10〔J〕の熱を与え、排気ガスを通じて8〔J〕の熱を排出したとしよう。この場合のエンジンの熱効率：eは次のように計算できる。

$$\text{エンジンの熱効率}：e=\frac{10-8}{10}=0.2\,(20\%)$$

補足

仮に、捨てる熱Q_2が0〔J〕ならば、熱効率eは1、つまり100％となり究極のエンジンとなるのだが、これは不可能であると証明されている。熱効率を最大値にする過程を発見者の名にちなんで**カルノーサイクル**という。カルノーサイクルの熱効率は高熱源の温度T_1〔K〕と低熱源の温度T_2〔K〕を用いて次のように表すことができる。これは熱効率の最善解なのだ。

$$\text{カルノーサイクルの熱効率}：e=1-\frac{T_2}{T_1}$$

低熱源の温度T_2が絶対温度0〔K〕でない限り、熱効率を100％とするのは不可能であり。この原理を**熱力学の第二法則**という。

基本演習

気体の圧力を1.0×10^5Paに保ちながら、2.0×10^4Jの熱を加えたところ、体積が$6.0\times10^{-2}\mathrm{m}^3$増加した。

(1)　気体が外部にした仕事を求めよ。

(2)　内部エネルギーの増分を求めよ。

解答

(1)　気体が外部にした仕事W_{out}は、圧力Pと体積の増分ΔVを用いて、次のように表すことができるよね。

気体が外部にした仕事：$W_{out}=P\Delta V$

$$W_{out}=1.0\times10^5\mathrm{Pa}\times6.0\times10^{-2}\mathrm{m}^3=6.0\times10^3\mathrm{J}$$ ……答

(2)　問題文に、気体の吸収熱Q_{in}が与えられてるよね。前問で気体の仕事W_{out}を計算したので、すでに、Q_{in}とW_{out}の2つがわかっている。

よって、残り1つの内部エネルギーの増分ΔUは、熱力学の第一法則で計算できるよね！

熱力学の第一法則：$Q_{in}=\Delta U+W_{out}$

熱力学の第一法則は、2つわかれば、残り1つは決まるって式なんだね！

$$\begin{aligned}\Delta U&=Q_{in}-W_{out}\\&=2.0\times10^4-6.0\times10^3\\&=2.0\times10^4-0.60\times10^4\\&=1.4\times10^4\text{〔J〕}\end{aligned}$$ ……答

演習問題

ピストンを備えた容器の中に、1molの単原子分子の気体を入れ、その状態(圧力、体積、絶対温度)を変化させる。

最初は、容器内の気体が状態A(P_0、V_0、T_0)にあり、その後、次の$P-V$グラフのように、気体の状態を状態A→状態B(P_1、V_0、$2T_0$)→状態C(P_0、V_1、$2T_0$)→状態Aと、ゆっくりと変化させる。

状態Bから状態Cの変化は等温変化である。次の問いに答えよ。必要ならば、気体定数Rを用いよ。

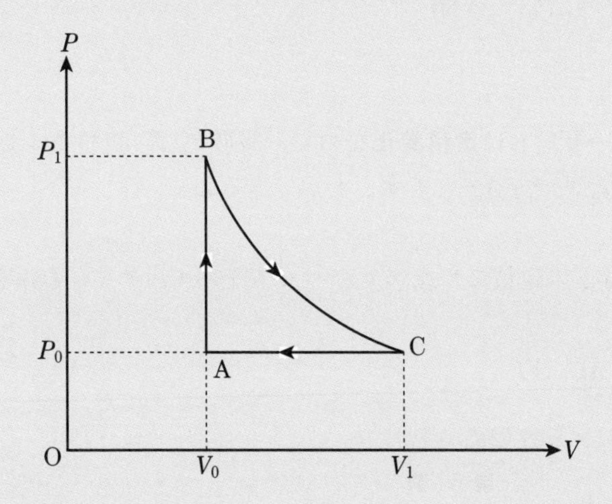

(1) 状態Bの圧力P_1を、P_0を用いて表せ。

(2) 状態A→状態Bでの気体の吸収熱Q_{AB}を、T_0とRを用いて求めよ。

(3) 状態B→状態Cで気体が吸収した熱がQ_{BC}であった場合、気体が外部にした仕事W_{BC}を、Q_{BC}を用いて表せ。

(4) 状態C→状態Aでの気体の吸収熱Q_{CA}を、T_0とRを用いて求めよ。

解答

問題文に**単原子**とあるので、気体の**定積モル比熱**は$C_V=\frac{3}{2}R$だね。

(1)　前章で登場したボイル・シャルルの法則を、状態A→状態Bにあてはめて計算しよう！

ボイル・シャルルの法則：$\frac{PV}{T}=$一定

$$\frac{P_0V_0}{T_0}=\frac{P_1V_0}{2T_0}$$

$$\therefore \quad P_1=2P_0 \cdots\cdots \text{答}$$

(2)　状態A→状態Bは**定積変化**なので、吸収熱は、定積モル比熱：C_Vを用いて、$Q_{\text{in}}=nC_V\Delta T$と表すことができるね。

単原子分子の定積モル比熱：$C_V=\frac{3}{2}R$をあてはめて、Q_{AB}を計算しよう！

$$Q_{AB}=nC_V\Delta T$$

$$=1\times\frac{3}{2}R(\underbrace{2T_0}_{\text{後}}-\underbrace{T_0}_{\text{前}})$$

$$=\frac{3}{2}RT_0 \cdots\cdots \text{答}$$

(3)　状態B→状態Cは温度Tが一定なので、内部エネルギーの変化：ΔUが0になるよね。

なぜなら、内部エネルギーの変化は、$\Delta U=nC_V\Delta T$と表すことができるので、温度変化：$\Delta T=0$を代入すると、$\Delta U=0$となるからだ。

熱力学第一法則：$Q_{\text{in}}=\Delta U+W_{\text{out}}$に、問題文に与えられた気体の吸収熱：$Q_{BC}$と$\Delta U=0$を代入すると、次のようになる。

$$Q_{BC}=0+W_{BC}$$

よって、等温変化では、気体が外部にした仕事：W_{BC}は、吸収熱：Q_{BC}に等しいことがわかるよね。

気体が外部にした仕事：$W_{\mathrm{BC}} = Q_{\mathrm{BC}}$ ……答

(4) 状態C→状態Aは定圧変化なので、吸収熱：Q_{in}は、定圧モル比熱：C_Pを用いて、$Q_{\mathrm{in}} = nC_P\Delta T$と表すことができる。また**マイヤーの法則**を用いて、C_Pは次のように計算できる。

マイヤーの法則：$C_P = C_V + R$

単原子分子の定積モル比熱：$C_V = \frac{3}{2}R$を代入する。

$$C_P = \frac{3}{2}R + R = \frac{5}{2}R$$

以上をもとに、吸収熱 を計算しよう！

$$\begin{aligned} Q_{\mathrm{CA}} &= nC_P\Delta T \\ &= 1 \times \frac{5}{2}R(\underbrace{T_0}_{後} - \underbrace{2T_0}_{前}) \\ &= -\frac{5}{2}RT_0 \end{aligned}$$
……答

ところで、吸収熱が負(－)とは、何を意味してるかな？
そう、状態C→状態Aは、熱を**放出**していると、判断できるよね。

状態C → 状態Aでは、$\frac{5}{2}RT_0$の熱を放出していたんだね！

応用問題

シリンダーとピストンからなる容器に圧力$P=1\times10^5$〔Pa〕、体積$V=1\times10^{-5}$〔m^3〕の理想気体が入っている。次の問いに答えよ。

(1)　シリンダーと外部との熱のやり取りがあり、気体の温度を一定に保ちながらピストンを引く場合のグラフの番号を選べ。

(2)　シリンダーとピストンが断熱材でできており、外部との熱の出入りがない状態でピストンを引く場合のグラフの番号を選べ。

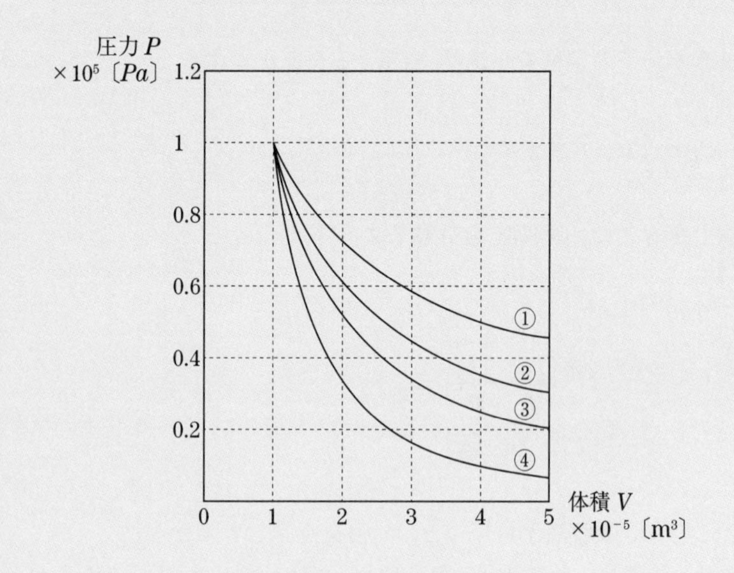

解答

(1)　状態方程式$PV=nRT$より、温度：$T=$一定ならば、$PV=$一定だね。スタートは、圧力$P=1\times10^5$〔Pa〕、体積$V=1\times10^{-5}$〔m^3〕なので、$PV=1$で一定となる。体積が増加し、$V=5\times10^{-5}$〔m^3〕となった場合、$PV=1$となるような圧力を考えよう。

$P\times5\times10^{-5}=1$より、圧力Pは0.2×10^{-5}〔Pa〕だ。

よって、等温変化のグラフは③ ……答

(2) 問題文に「**断熱材**」とあったら要注意だ。外部との熱の出入りがない状態変化を**断熱変化**という。断熱変化は吸収熱Q_{in}が0の状態変化だ。

重要！ 断熱変化⇒吸収熱$Q_{in}=0$

体積が増加し、$V=5\times10^{-5}$〔m^3〕となった場合の圧力Pが等温変化の場合に比べて大きいか小さいかを考えよう。

ここで熱力学の第一法則が登場。

$Q_{in}=\Delta U+W_{out}$

吸収熱は内部エネルギーの増加と外部にする仕事に使われる。まず、断熱変化は熱の出入りがないので、$Q_{in}=0$だね。体積Vが増加する場合、気体は外部に仕事をするので$W_{out}>0$だ。

以上を第一法則に当てはめると次のようになる。

$0=\Delta U+W_{out}(>0)$

よって、内部エネルギーの変化：$\Delta U<0$となり、内部エネルギーUは減少することがわかる。

内部エネルギーUは、モル数n〔mol〕、絶対温度T〔K〕、定積モル比熱C_Vを用いて次のように表すことができる。

内部エネルギー：$U=nC_VT$（モル数n、絶対温度Tに比例）

断熱膨張では、内部エネルギーUが減少したので温度Tは減少だ。

同じ体積$V=5\times10^5$〔m^3〕で比較すると、等温変化に比べ温度が低いので圧力Pはより小さくなる。

よって等温変化を表すグラフ③より、圧力が小さくなった④を選ぶことができる。

断熱変化のグラフは④ ……答

別解

平衡が保たれた(気体の移動がない)断熱変化の場合、圧力Pと体積Vの間には次の**ポアソンの法則**が成り立つ。

> 断熱変化で成り立つ**ポアソンの法則**
>
> $PV^{\gamma}=$一定
>
> γは**比熱比**と呼ばれる定数、$\gamma=\dfrac{C_P(\text{定圧モル比熱})}{C_V(\text{定積モル比熱})}$

C_P、C_Vは次のマイヤーの法則が成り立つ。

マイヤーの法則：$C_P=C_V+R$

よって、比熱比γは$\gamma>1$だね。

等温変化は、$PV=$一定なので、次の関係が成り立つ。

等温変化：$P=\dfrac{\text{一定}}{V}$

一方断熱変化は、ポアソンの法則より、次の関係が成り立つ。

断熱変化：$P=\dfrac{\text{一定}}{V^{\gamma}}$

上記の2式を比較すると、同じ体積Vの増加に対して、等温変化より断熱変化のほうが、圧力Pの減り方が大きいことがわかるね。

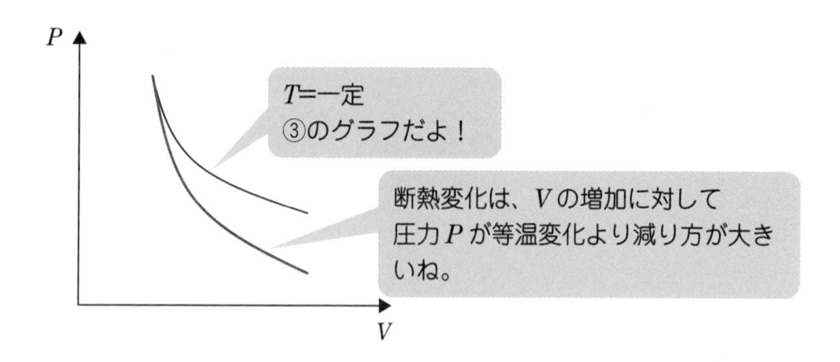

よって断熱膨張は等温変化(③のグラフ)より、圧力の減り方が大きい④が答えとなる。

参考 ポアソンの法則の証明

ポアソンの法則は高校物理の範囲を超えているが、証明方法は次のとおりだ。

n〔mol〕の気体の圧力P、体積V、温度Tが$P+\Delta P$、$V+\Delta V$、$T+\Delta T$に断熱変化する場合を考える。ただし$\Delta P \ll P$、$\Delta V \ll V$、$\Delta T \ll T$とする。

> **注** ≪の記号は十分に小さいを表す。

状態方程式をスタートと最後にあてはめる。

スタート：$PV=nRT$……①

最後：$(P+\Delta P)(V+\Delta V)=nR(T+\Delta T)$ ……②

②/①を計算すると次のようになる。

$$\frac{P+\Delta P}{P}\cdot\frac{V+\Delta V}{V}=\frac{T+\Delta T}{T}$$

$$\left(1+\frac{\Delta P}{P}\right)\left(1+\frac{\Delta V}{V}\right)=1+\frac{\Delta T}{T}$$

$\dfrac{\Delta P}{P}\times\dfrac{\Delta V}{V}$は2次の微小量なので、0とみなすと次のようになる。

$$\frac{\Delta P}{P}+\frac{\Delta V}{V}\fallingdotseq\frac{\Delta T}{T}\cdots\cdots③$$

熱力学の第一法則を考える。

$Q_{in}=\Delta U+W_{out}$ より、

断熱変化なので$Q_{in}=0$

内部エネルギーの変化は公式通りに$\Delta U=nC_V\Delta T$……④

体積の増加ΔVがきわめて小さいので、気体が外部にする仕事は近似的に次のように計算できる。

$W_{out}\fallingdotseq P\Delta V$……⑤

$Q_{in}=0$、④、⑤を、第一法則にあてはめる。

$0=nC_V\Delta T+P\Delta V$……⑥

①より$P=\dfrac{nRT}{V}$ →⑥：$0=nC_V\Delta T+P\Delta V$に代入する。

$$0 = nC_V \Delta T + \frac{nRT}{V}\Delta V$$

$$\frac{\Delta T}{T} = -\frac{R}{C_V}\frac{\Delta V}{V}$$ →③：$\frac{\Delta P}{P} + \frac{\Delta V}{V} \fallingdotseq \frac{\Delta T}{T}$に代入。

$$\frac{\Delta P}{P} + \frac{\Delta V}{V} = -\frac{R}{C_V}\frac{\Delta V}{V}$$

$$\frac{\Delta P}{P} = -\frac{C_V + R}{C_V}\frac{\Delta V}{V}$$

マイヤーの法則より、$C_V + R = C_P$

$\frac{C_V + R}{C_V} = \frac{C_P}{C_V} = \gamma$（比熱比）とおくと次のようになる。

$$\frac{\Delta P}{P} = -\gamma\frac{\Delta V}{V}$$

ココから先は高校物理の範囲を超えるよ。

ΔP、ΔV→0の極限を考え、両辺を積分する。

$$\int \frac{1}{P}dP = -\gamma \int \frac{1}{V}dV$$

$\int \frac{1}{x}dx = \log x + C$（積分定数）より、

$$\log P = -\gamma \log V + C$$

$$\log P + \log V^{\gamma} = C$$

$$\log PV^{\gamma} = C$$

よって、PV^{γ}＝一定（ポアソンの法則だ！）

索　引

ア 行

カ 行

サ 行

タ 行

ナ 行

ハ 行

マ 行

ユ 行

ラ 行

ワ 行

ご案内！

本書『改訂新版 鈴木誠治の 物理が初歩からしっかり身につく 力学・熱力学編』と合わせて、「波動・電磁気・原子編」も活用しながら、物理をものにしよう！

『改訂新版 鈴木誠治の 物理が初歩からしっかり身につく「波動・電磁気・原子編」』

2023年11月23日発売
A5判／400ページ
定価(本体1,500円＋税)
ISBN 978-4-297-13785-4

第1部 波動

第2部 電磁気

第3部 原子

〜著者プロフィール〜

鈴木 誠治（すずき せいじ）

河合塾講師。志望校合格のために一切の無駄を排除し最小限の努力で最大限の学習効果をあげさせる講義が持ち味。最近では、大学受験参考書にとどまらず、一般向けの本も執筆し、物理の面白さを世に広める活動もしている。
主な著書に『儲かる物理』（技術評論社）、『エントロピーの世界』（朝日新聞出版社）、『新しい高校教科書に学ぶ大人の教養高校物理』（秀和システム）がある。

カバーデザイン ●神原宏一（デザインスタジオ・クロップ）
カバー・本文イラスト ●サワダサワコ
本文制作・編集 ●株式会社トップスタジオ
DTP ●株式会社トップスタジオ

改訂新版 鈴木誠治の 物理が初歩からしっかり身につく 力学・熱力学編

2023年11月23日　初版　第1刷発行

著　者　鈴木誠治
発行者　片岡 巌
発行所　株式会社技術評論社
東京都新宿区市谷左内町21-13
電話　03-3513-6150 販売促進部
03-3267-2270 書籍編集部
印刷／製本 昭和情報プロセス株式会社

ISBN 978-4-297-13787-8 C7042
Printed in Japan

●本書に関する最新情報は、技術評論社ホームページ（http://gihyo.jp/）をご覧ください。

●本書へのご意見、ご感想は、技術評論社ホームページ（http://gihyo.jp/）または以下の宛先へ書面にてお受けしております。電話でのお問い合わせにはお答えいたしかねますので、あらかじめご了承ください。

〒162-0846
東京都新宿区市谷左内町21-13
株式会社技術評論社書籍編集部
『改訂新版 鈴木誠治の物理が初歩からしっかり身につく「力学・熱力学編」』係
FAX：03-3267-2271